电子信息前沿专著系列 · 第二期　　　"十四五"时期国家重点出版物出版专项规划项目

国家出版基金项目
NATIONAL PUBLICATION FOUNDATION

# 频率分集阵列
# 雷达信号处理技术

● 许京伟 廖桂生 张玉洪　著

Frequency Diverse Array
Radar Signal Processing Techniques

人民邮电出版社
北　京

**图书在版编目（CIP）数据**

频率分集阵列雷达信号处理技术 / 许京伟，廖桂生，张玉洪著. -- 北京：人民邮电出版社，2025. --（电子信息前沿专著系列）. -- ISBN 978-7-115-67789-1

Ⅰ．TN959

中国国家版本馆 CIP 数据核字第 202560VM04 号

## 内 容 提 要

本书介绍了频率分集阵列（FDA）雷达信号处理技术及其应用，内容涵盖 FDA 基本概念、相干 FDA 雷达角度依赖匹配接收技术、FDA-MIMO 雷达基本理论与目标参数估计、FDA 机载雷达距离模糊杂波抑制技术、FDA-MIMO 雷达空时距三维处理技术、FDA-MIMO 雷达抗主瓣转发欺骗干扰技术等，并讨论了工程应用的相关问题。

本书是作者在 FDA 雷达方面研究工作的总结和提炼，可供相关领域的研究人员、工程师和研究生等阅读参考。

◆ 著　　　　许京伟　廖桂生　张玉洪
　　责任编辑　郭　家
　　责任印制　马振武
◆ 人民邮电出版社出版发行　　北京市丰台区成寿寺路 11 号
　　邮编　100164　　电子邮件　315@ptpress.com.cn
　　网址　https://www.ptpress.com.cn
　　北京九天鸿程印刷有限责任公司印刷
◆ 开本：700×1000　1/16
　　印张：12.25　　　　　　　　　　2025 年 9 月第 1 版
　　字数：233 千字　　　　　　　　2025 年 9 月北京第 1 次印刷

定价：149.00 元

读者服务热线：(010)81055410　印装质量热线：(010)81055316
反盗版热线：(010)81055315

# 电子信息前沿专著系列·第二期

# 总　序

　　电子信息科学与技术是现代信息社会的基石，也是科技革命和产业变革的关键，其发展日新月异。近年来，我国电子信息科技和相关产业蓬勃发展，为社会、经济发展和向智能社会升级提供了强有力的支撑，但同时我国仍迫切需要进一步完善电子信息科技自主创新体系，切实提升原始创新能力，努力实现更多"从0到1"的原创性、基础性研究突破。《中华人民共和国国民经济和社会发展第十四个五年规划和2035年远景目标纲要》明确提出，要发展壮大新一代信息技术等战略性新兴产业。面向未来，我们亟待在电子信息前沿领域重点发展方向上进行系统化建设，持续推出一批能代表学科前沿与发展趋势，展现关键技术突破的有创见、有影响的高水平学术专著，以推动相关领域的学术交流，促进学科发展，助力科技人才快速成长，建设战略科技领先人才后备军队伍。

　　为贯彻落实国家"科技强国""人才强国"战略，进一步推动电子信息领域基础研究及技术的进步与创新，引导一线科研工作者树立学术理想、投身国家科技攻关、深入学术研究，人民邮电出版社联合中国电子学会、国务院学位委员会电子科学与技术学科评议组启动了"电子信息前沿青年学者出版工程"，科学评审、选拔优秀青年学者，建设"电子信息前沿专著系列"，计划分批出版约50册具有前沿性、开创性、突破性、引领性的原创学术专著，在电子信息领域持续总结、积累创新成果。"电子信息前沿青年学者出版工程"通过设立学术委员会和编辑出版委员会，以严谨的作者评审选拔机制和对作者学术写作的辅导、支持，实现对领域前沿的深刻把握和对未来发展的精准判断，从而保障系列图书的战略高度和前沿性。

　　"电子信息前沿专著系列"内容面向电子信息领域战略性、基础性、先导性的理论及应用。首期出版的10册学术专著，涵盖半导体器件、智能计算与数据分析、通信和信号及频谱技术等主题，包含清华大学、西安电子科技大学、哈尔滨工业大学（深圳）、东南大学、北京理工大学、电子科技大学、吉林大学、南京邮电大学等高等学校国家重点实验室的原创研究成果。

第二期出版的 9 册学术专著，内容覆盖半导体器件、雷达及电磁超表面、无线通信及天线、数据中心光网络、数据存储等重要领域，汇聚了来自清华大学、西安电子科技大学、国防科技大学、空军工程大学、哈尔滨工业大学（深圳）、北京理工大学、北京邮电大学、北京交通大学等高等学校国家重点实验室或军队重点实验室的原创研究成果。

本系列图书的出版不仅体现了传播学术思想、积淀研究成果、指导实践应用等方面的价值，而且对电子信息领域的广大科研工作者具有示范性作用，可为其开展科研工作提供切实可行的参考。

希望本系列图书具有可持续发展的生命力，成为电子信息领域具有举足轻重影响力和开创性的典范，对我国电子信息产业的发展起到积极的促进作用，对加快重要原创成果的传播、助力科研团队建设及人才的培养、推动学科和行业的创新发展都有所助益。同时，我们也希望本系列图书的出版能激发更多科技人才、产业精英投身到我国电子信息产业中，共同推动我国电子信息产业高速、高质量发展。

2024 年 8 月 22 日

# 前　言

　　相控阵技术通过相位调控实现天线波束扫描，在电子信息、生命科学、射电天文等领域具有广泛应用。然而，相控阵方向图仅在角度维调控电磁能量，无法分辨位于相同方向的目标和干扰，同频率同方向的主瓣干扰抑制是雷达领域的世界级难题。频率分集阵列（Frequency Diverse Array，FDA）技术通过引入阵元间发射载波频率（简称载频）的差异，形成了随角度和距离-时间耦合变化的电场方向图，具有时空耦合高维调控能力，相比于相控阵，增加了新的调控维度，突破了相控阵体制无法区分相同角度、不同距离的目标和干扰的局限性，为雷达领域带来新的突破，受到国内外研究人员的高度关注。

　　在对 FDA 的早期研究中，由于其方向图与传统相控阵的方向图概念之间存在很大的差异，人们的研究工作主要集中于 FDA 方向图的物理特性和原理验证上，FDA 的方向图能量发散和电场时变的问题在较长一段时间内一直没有得到广泛关注，这致使早期研究工作难以阐释 FDA 在实际中如何应用的问题。近年来，FDA 基础性问题已解决，其理论技术框架不断发展和完善，FDA 在广域目标探测、抗主瓣干扰、抗模糊杂波、多模式成像等方面的应用潜力也得到拓展。如何进一步挖掘和利用 FDA 时空耦合电磁调控所蕴含的新信息，值得持续开展深入研究。

　　本书总结梳理了作者近年来在 FDA 雷达信号处理技术及其应用方面的研究工作。全书共 7 章，具体安排如下：第 1 章概述了 FDA 的发展过程、研究现状和发展方向等，对研究发展过程中的概念争议进行了梳理分析，以便读者对 FDA 技术研究脉络形成准确的认知；第 2 章讨论了 FDA 基本概念，从一般性阵列信号模型出发，分析了 FDA 雷达信号模型，对比了 FDA 与传统相控阵的方向图差异；第 3 章介绍了相干 FDA 雷达角度依赖匹配接收技术，分析了 FDA 的时空频信号特征，讨论了同时多波束信号处理方法；第 4 章介绍了 FDA-MIMO 雷达基本理论与目标参数估计方法，涵盖 FDA-MIMO 雷达信号模型、距离依赖性补偿技术、距离-角度参数联合估计与性能分析等内容；第 5 章介绍了 FDA 机载雷达距离模糊杂波抑制技术，分析了一维线性和俯仰维 FDA 机载雷达信号模型；第 6 章介绍了 FDA-MIMO 雷达空时距三维处理技术，涵盖 FDA-MIMO 雷达信号建模分析、空时距三维处理技术及性能分析、非正侧视阵杂波功率谱特性及 FDA-MIMO 雷达杂波秩分析等内容；第 7 章介绍了 FDA-MIMO 雷达抗主瓣转发欺骗干扰技术，涵盖 FDA-MIMO 雷达信号模型及干扰特性、抗干扰原理和抗干扰方法等内容。

在本书的撰写过程中，徐艳红、王柯祎、阚庆云、武志霞等老师和同学对本书提出了宝贵意见并付出了辛勤劳动。本书的出版得到了人民邮电出版社郭家编辑的帮助。在此一并表示衷心感谢。

由于本人时间和水平有限，书中难免存在不足之处，恳请广大读者批评指正。

许京伟

# 目　录

第 1 章　绪论 ······················································································ 1

1.1　FDA 研究背景及发展过程 ································································ 1

　　1.1.1　研究背景 ·············································································· 1

　　1.1.2　发展过程 ·············································································· 2

1.2　基本概念 ······················································································ 4

　　1.2.1　波束扫描方式 ········································································ 4

　　1.2.2　FDA 基本概念 ······································································· 6

1.3　FDA 实验系统的研究现状 ······························································ 10

　　1.3.1　美国空军研究实验室的 FDA 实验系统 ········································ 10

　　1.3.2　英国伦敦大学学院的 FDA 实验系统 ··········································· 13

　　1.3.3　土耳其中东科技大学的 FDA 实验系统 ········································ 13

　　1.3.4　挪威国防研究机构的 FDA-MIMO 实验系统 ·································· 14

　　1.3.5　电子科技大学的 FDA 实验系统 ················································· 15

　　1.3.6　西安电子科技大学的 FDA 实验系统 ··········································· 16

1.4　FDA 技术研究现状 ········································································· 17

　　1.4.1　FDA 波束形成技术 ································································· 17

　　1.4.2　FDA 参数估计方法 ································································· 19

　　1.4.3　FDA 抗干扰技术 ···································································· 20

　　1.4.4　FDA 杂波抑制技术 ································································· 21

    1.4.5 FDA 雷达成像技术 ································································· 22

    1.4.6 相干 FDA 处理技术 ································································· 23

  1.5 FDA 雷达技术展望 ············································································ 24

    1.5.1 雷达电子干扰抑制 ································································· 24

    1.5.2 雷达杂波抑制 ········································································· 25

    1.5.3 参差重频脉组数缩减技术 ····················································· 25

    1.5.4 雷达多功能融合方法 ····························································· 25

  参考文献 ······························································································ 26

第 2 章 FDA 基本概念 ············································································· 32

  2.1 引言 ································································································ 32

  2.2 相控阵信号模型 ·············································································· 32

    2.2.1 一般性阵列信号模型 ····························································· 32

    2.2.2 ULA 信号模型 ······································································· 34

  2.3 FDA 雷达信号模型 ·········································································· 35

    2.3.1 相干 FDA 雷达信号模型 ························································ 35

    2.3.2 FDA-MIMO 雷达信号模型 ····················································· 38

  2.4 FDA 发射方向图 ············································································· 41

    2.4.1 性质分析 ··············································································· 41

    2.4.2 仿真分析 ··············································································· 42

  2.5 FDA 收发联合方向图 ······································································· 48

    2.5.1 发射与接收非互易性原理 ····················································· 48

    2.5.2 发射-接收二维联合波束 ······················································· 49

    2.5.3 空间覆盖能力 ········································································· 51

  2.6 本章小结 ························································································ 53

  参考文献 ······························································································ 53

**第 3 章　相干 FDA 雷达角度依赖匹配接收技术** ················· 56

　3.1　引言 ··········································································· 56

　3.2　相干 FDA 雷达信号建模分析 ·········································· 57

　3.3　相干 FDA 雷达信号处理 ················································ 60

　3.4　距离-角度分辨率性能 ···················································· 62

　3.5　发射方向图空域覆盖性 ·················································· 65

　　3.5.1　频率步进量与空间覆盖范围调整 ······························· 65

　　3.5.2　子阵相干 FDA 雷达 ·············································· 66

　3.6　同时多波束信号处理 ····················································· 68

　3.7　仿真分析 ······································································ 68

　　3.7.1　MTI 结果分析 ····················································· 69

　　3.7.2　分辨率性能分析 ···················································· 71

　　3.7.3　发射方向图覆盖性能分析 ········································· 72

　　3.7.4　同时多波束目标检测性能分析 ···································· 75

　3.8　本章小结 ······································································ 77

　　参考文献 ·········································································· 77

**第 4 章　FDA-MIMO 雷达基本理论与目标参数估计** ············ 79

　4.1　引言 ··········································································· 79

　4.2　FDA-MIMO 雷达信号模型 ············································· 80

　　4.2.1　信号模型分析 ······················································ 80

　　4.2.2　距离模糊问题 ······················································ 83

　　4.2.3　信号发射-接收二维功率谱特征 ·································· 83

　4.3　距离依赖性补偿技术 ····················································· 84

　　4.3.1　距离依赖性补偿方法 ·············································· 84

　　4.3.2　距离量化问题的影响 ·············································· 87

　　4.3.3　距离模糊信号分辨能力 ··········································· 87

4.4 距离-角度参数联合估计与性能分析 ·································· 89

　　4.4.1 距离-角度参数联合估计方法 ······························· 89

　　4.4.2 超分辨谱估计 ············································· 92

　　4.4.3 参数估计性能分析 ········································· 93

　　4.4.4 距离-角度参数联合估计仿真分析 ··························· 95

4.5 本章小结 ························································ 99

参考文献 ···························································· 100

第 5 章　FDA 机载雷达距离模糊杂波抑制技术 ···················· 102

5.1 引言 ····························································· 102

5.2 机载雷达杂波抑制概述 ··········································· 103

　　5.2.1 机载雷达阵列构型与杂波功率谱特性 ···················· 103

　　5.2.2 距离模糊问题分析 ········································· 106

5.3 一维线性 FDA 机载雷达信号模型 ································· 107

　　5.3.1 信号模型 ················································· 107

　　5.3.2 距离模糊杂波空时分布 ···································· 110

5.4 一维线性 FDA 机载雷达距离模糊杂波抑制技术 ··············· 112

　　5.4.1 距离模糊杂波抑制技术 ···································· 112

　　5.4.2 不同构型下的杂波功率谱 ·································· 116

　　5.4.3 性能分析 ················································· 117

5.5 俯仰维 FDA 机载雷达信号模型 ··································· 118

　　5.5.1 俯仰维 FDA 平面天线的收发等效形式 ·················· 118

　　5.5.2 信号模型及特性分析 ······································ 119

　　5.5.3 与平面相控阵雷达回波信号的对比分析 ·················· 121

5.6 俯仰维 FDA 机载雷达距离模糊杂波抑制技术 ················· 124

　　5.6.1 距离模糊数分析与参数设计 ································ 124

　　5.6.2 距离模糊杂波分离与抑制技术 ····························· 127

　　　　5.6.3　俯仰维预处理滤波器设计 ································· 132

　　　　5.6.4　性能分析 ······································································ 136

　　5.7　本章小结 ··········································································· 137

　　参考文献 ················································································ 137

第 6 章　FDA-MIMO 雷达空时距三维处理技术 ····················· 139

　　6.1　引言 ··················································································· 139

　　6.2　FDA-MIMO 雷达信号建模分析 ···································· 139

　　　　6.2.1　FDA-MIMO 雷达发射与接收 ··························· 139

　　　　6.2.2　FDA-MIMO 雷达信号处理及特性分析 ············ 142

　　6.3　空时距三维处理技术及性能分析 ································· 146

　　　　6.3.1　空时距三维处理技术 ······································· 146

　　　　6.3.2　降维处理器设计技术 ······································· 148

　　　　6.3.3　杂波抑制性能分析 ··········································· 149

　　6.4　非正侧视阵杂波功率谱特性 ········································ 151

　　6.5　FDA-MIMO 雷达杂波秩分析 ······································· 152

　　　　6.5.1　杂波秩估计基本方法 ······································· 152

　　　　6.5.2　阵列构型与杂波秩估计 ··································· 157

　　6.6　本章小结 ··········································································· 161

　　参考文献 ················································································ 162

第 7 章　FDA-MIMO 雷达抗主瓣转发欺骗干扰技术 ············· 163

　　7.1　引言 ··················································································· 163

　　7.2　FDA-MIMO 雷达信号模型及干扰特性 ······················ 164

　　　　7.2.1　构建信号模型 ··················································· 164

　　　　7.2.2　干扰特性分析 ··················································· 166

　　7.3　FDA-MIMO 雷达抗干扰原理 ······································· 169

7.3.1 抗主瓣转发欺骗干扰基本原理 ·········································· 169

7.3.2 抗干扰约束条件 ························································· 172

7.3.3 抗干扰约束条件分析 ··················································· 173

7.4 FDA-MIMO 雷达抗干扰方法 ··············································· 174

7.4.1 传统自适应波束形成方法 ············································ 174

7.4.2 训练样本挑选自适应波束形成方法 ································· 177

7.5 本章小结 ····································································· 181

参考文献 ·········································································· 181

**中国电子学会简介** ··························································· 182

# 第1章　绪论

## 1.1　FDA 研究背景及发展过程

### 1.1.1　研究背景

频率分集阵列（Frequency Diverse Array，FDA）也称频控阵，由美国空军研究实验室 Antonik 博士和 Wicks 博士等提出[1-3]，是在美国波形分集（Waveform Diversity，WD）研究计划的背景下产生的新概念、新技术。

2002 年，美国空军研究实验室 Wicks 博士发起了关于波形分集技术的研讨，确定了在波形分集广泛领域内开展研究的长期计划，研究目标包括：（1）解决包括雷达在内的电子系统中日益突出的频谱资源冲突问题；（2）挖掘不断发展的数字波形产生技术和自适应数字信号处理技术[4]。在波形分集研究计划这一背景下，2006 年，美国空军研究实验室 Antonik 博士和 Wicks 博士等提出了 FDA 新概念和新技术。FDA 是指在相控阵的天线阵元（简称阵元）之间引入发射频率差异，例如，在均匀线性阵列（Uniform Linear Array，ULA）的发射阵元之间引入均匀步进的发射频率，且频率步进量远小于天线的参考载频。Antonik 等初步分析和验证了 FDA 方向图的基本特性[3]。

FDA 的早期研究主要由美国波形分集研究计划所涉及的研究人员开展，他们开展了对 FDA 相关特性的分析与探索。2006 年，Antonik 博士首次在国际会议中公开了 FDA 的研究进展，提出了 FDA 距离-角度波束形成的新概念，这与传统的波束形成概念存在很大差异。Antonik 在其论文中指出：传统天线方向图是角度的函数，而 FDA 方向图是距离和角度的函数，引入 FDA 增加了波束扫描的灵活性[1-2]。实际上，FDA 的距离-角度依赖方向图是随着时间变化的，Antonik 起初并没有发现这一点，直到 2009 年他才在他的博士论文中对这一点进行了修正[3]。受到早期的距离-角度依赖方向图能灵活控制自由度这一点的吸引，国际上很多研究人员开始了对 FDA 的研究和分析。由于 FDA 的方向图概念与传统相控阵的方向图概念有很大差异，FDA 概念提出以后，人们的研究工作主要是对 FDA 距离-角度波束形成的概念进行分析、电磁仿真与实验验证[4-9]。

随着研究的不断深入，人们对 FDA 方向图的理解更深入，对发射调制的设计和利用方法也更灵活，FDA 发射调控为信号处理带来了更多的自由度，衍生出一系列新技术和新应用，包括发射波束形成、抗干扰、杂波抑制、雷达成像、参数估计、目标检测等，引起了研究人员的广泛关注。这一阶段的研究多由国内的研究机构开展[10-13]，国外的一些研究机构也在同步开展研究。

西安电子科技大学廖桂生教授课题组是国内较早一批开展相关研究的小组。起初，该课题组开展 FDA 研究工作是为了解决导引头低空下视所面临的距离模糊杂波抑制问题，尝试分析 FDA 方向图的距离依赖性在解决距离模糊杂波抑制问题中的可行性。在研究过程中，该课题组发现 FDA 在信息表征域方面具有显著优势：相比已有的阵列天线，FDA 增加了距离信息或距离域的表达能力，增加了发射脉冲序列的分辨能力。因此，这一研究工作激发了该课题组对 FDA 距离域调控信息利用的进一步探索，该课题组提出了时空耦合电场控制与利用的新方法，开拓了FDA 雷达目标参数解模糊[14]、主瓣有源干扰抑制[15]、距离模糊杂波抑制[16]、高分辨宽测绘成像[17]等新研究方向。2016 年，西安电子科技大学开展 FDA 雷达原理样机研制与抗干扰技术实验验证。2016—2020 年，该课题组结合工程应用约束，发展了阵元脉冲编码（Element-Pulse Coding，EPC）新概念：通过在阵元和脉冲的二维空间中进行联合相位编码，实现雷达发射脉冲序列的分辨。EPC 技术进一步拓展了 FDA 的概念内涵，形成了波形分集阵列（Waveform Diverse Array，WDA）的概念，可以用于解决与距离折叠模糊相关的一类问题。

## 1.1.2　发展过程

FDA 技术自提出以来吸引了国内外大量研究人员的跟踪和关注，历经多年发展，初步形成了系统的理论、模型和方法。FDA 技术的发展过程大致可以分为以下两个阶段。

### 1. 第一阶段：FDA 概念形成与电场特性研究阶段

Antonik 博士提出 FDA 的距离-角度波束形成概念时忽略了时间变量。直到2009 年，Antonik 才在他的博士论文中修正了最初的概念和模型，增加了对时变性的分析[3]。

在第一阶段中，人们受到早期的距离-角度依赖方向图灵活控制自由度的吸引，开展了大量的研究工作，分析了 FDA 的距离-角度依赖方向图的特性，并且证明了 FDA 方向图是受控且可实现的，美国、英国、土耳其及我国的研究人员为此进行了大量的研究工作[1-13]。

FDA 距离-角度依赖方向图凭借其特性吸引了众多研究人员关注。研究人员开展了对 FDA 方向图控制方法的研究，试图寻找一种控制 FDA 方向图主瓣指向的方法。例如，试图控制方向图主瓣指向某个距离和角度位置，实现真正意义上的距离-角度依赖方向图控制[18-20]。然而，这种尝试仅在瞬时时刻有数学意义，在电磁波传播过程中没有物理意义。有些研究工作忽略了电磁波传播过程，仅考虑了 $t=0$ 时刻的情况，得出了片面的结论，导致人们陷入对 FDA 概念的理解误区，也引发了人们对 FDA 方向图时变性的广泛探讨[21-25]。上述错误概念产生的原因在于忽视了 FDA 方向图的时变问题，混淆了电场分布（对应电场方向图）和功率分布（对应功率方向图）的概念。在传统天线方向图的研究中，人们很少区分电场方向图和功率方向图，默认讨论的都是功率方向图。然而，在 FDA 雷达系统中，需要对电场和功率分别进行分析。下面对传统天线方向图与 FDA 方向图在概念上的本质区别进行进一步的阐述。

- FDA 方向图实质上指的是电场方向图，是在考虑阵列激励信号的条件下得到的时空耦合电场分布。该电场分布随时间的变化遵循电磁波传播的基本原理，即在电磁波传播的直线路径上，不同距离远场位置所历经的电磁波相位历程是完全相同的。文献[11]对 FDA 方向图特性进行了系统的分析与总结。

- 传统天线方向图通常指的是功率方向图，不随时间变化，在给定工作频点后，不论激励信号如何改变，测量结果都不变。在微波暗室中通过探头测量得到的是功率方向图。

基于上述概念可知，FDA 方向图的时变问题本质上源于电磁波传播。因此，从这一观点出发，很容易理解为什么 FDA 在距离-角度空域中形成固定波束是不可能的。实际上，在 2007—2010 年，研究人员独立开展了 FDA 方向图特性研究，最早指出了 FDA 方向图的时变性，并通过电磁仿真和实验验证，说明了 FDA 方向图的时空耦合特性，即距离-角度-时间的耦合变化特性，对 Antonik 的距离-角度依赖方向图概念进行了修正[5-6]。

### 2. 第二阶段：FDA 信息提取与利用研究阶段

在 FDA 早期研究中也开展了一些基于 FDA 的雷达应用研究，例如，文献[26]中研究了利用 FDA 距离-角度依赖方向图的距离弯曲特性提高杂波抑制性能，文献[27]中利用 FDA 距离-角度依赖方向图的波束展宽能力提升雷达成像分辨率。FDA 早期研究中对方向图的特性研究并不充分，并且在基于 FDA 方向图特性的应用分析过程中没有考虑 FDA 发射调制的作用机理，因此没有充分利用导向矢量中包含的距离和角度信息。

廖桂生教授课题组最早研究出 FDA 雷达在模糊混叠信号分离方面的数学原理[10-11]，提出基于 FDA 的目标参数解模糊方法，阐述了 FDA 在解决脉冲信号分辨问题上的重要优势，开拓了一系列研究方向，激发了众多研究人员的研究兴趣，并开发出雷达领域的许多研究热点，包含以下几个方面。

（1）目标参数估计：FDA 具有距离-角度依赖方向图，人们很早就提出利用这一技术进行距离和角度参数的估计。该技术可以解决连续波体制阵列雷达目标测距的问题。对于脉冲波体制雷达系统，传统测距方法是基于距离门时延进行的，利用大时宽带宽积信号可以实现很高的测距精度，那么基于 FDA 的目标参数估计有什么意义呢？廖桂生教授课题组提出了基于 FDA 的目标参数解模糊方法[14]，阐述了 FDA 距离-角度依赖方向图在解决脉冲信号分辨问题上的重要优势，揭示了 FDA 发射导向矢量中的距离信息与传统距离门对应的距离信息在本质上的区别。

（2）抗主瓣转发欺骗干扰：文献[15]提出了 FDA 雷达抗主瓣转发欺骗干扰抑制技术，这是 FDA 最早应用于欺骗干扰抑制的研究论文之一。2020 年，廖桂生教授课题组开展了抗干扰技术外场实验，验证了 FDA 雷达抗主瓣转发欺骗干扰的理论方法。该课题组在 FDA 抗干扰研究和实验验证方面取得了大量成果，基于 FDA 雷达的抗主瓣转发欺骗干扰抑制吸引了国内很多高校和科研院所的跟踪关注。挪威国防研究机构基于上述研究工作，开展了实验验证分析，结果表明 FDA 具备抗主瓣转发欺骗干扰能力[9]。

（3）距离模糊杂波抑制：基于 FDA 雷达对发射脉冲序列的分辨能力，并充分利用 FDA 发射导向矢量中包含的距离信息，文献[16]提出了距离模糊杂波分离与抑制的新方法，分别基于发射方位空域、俯仰空域、多维联合域实现了模糊杂波的分离与抑制的理论分析。然而，上述距离模糊杂波抑制的研究工作是在多输入多输出（Multiple-Input Multiple-Output，MIMO）体制下进行的，仍然受波形正交性的约束，因此，仍需要在波形设计方面开展进一步的研究。

（4）高分辨宽测绘成像：在高分辨宽测绘成像研究方面，FDA 距离-角度依赖方向图提供了解决距离模糊回波信号分离问题的新途径，利用该技术可以实现在不同距离区分别进行高分辨宽测绘成像处理[17]。FDA 利用发射端自由度实现不同距离模糊区信号的分离，不会消耗接收多通道的自由度，有利于低速动目标显示和参数估计。同样地，高分辨宽测绘成像方法仍然受波形正交性的约束，成像清晰度和对比度较低。

## 1.2 基本概念

### 1.2.1 波束扫描方式

雷达天线扫描方式与信号处理方式密切相关，它从机械扫描方式发展到相控阵扫描方式，再发展到 MIMO 全数字综合方式。机械扫描天线的方向图取决于天线口面的电流场分布，该电流场通常是连续的、稳定的，因此，该方向图在天线坐标系下是不变的，通过伺服的机械转动实现波束扫描。相控阵扫描天线通过天线阵面相位调控改变天线口面的电流场分布，从而实现波束扫描。MIMO 全数字综合方式通过发射正交（非相干）信号（且发射过程不形成方向图），在接收端通过数字信号处理形成发射方向图，从而实现波束扫描。FDA 本质上属于 MIMO 全数字阵列，不同天线发射信号之间的相关性与频率差有关，在接收端可以综合形成发射方向图[28]。FDA 与经典 MIMO 全数字阵列的不同之处在于：由于 FDA 发射端信号仅存在一个很小的频率偏差，因此在远场空间合成的电场方向图具有良好的规律性（时空耦合性、短时聚焦性）；而经典 MIMO 全数字阵列在远场空间合成的电场方向图不具有规律性。需要说明的是，FDA 与经典 MIMO 全数字阵列在时间平均统计意义下的功率方向图都近似呈无方向性。图 1.1 给出了相控阵方向图和 FDA 方向图对比。

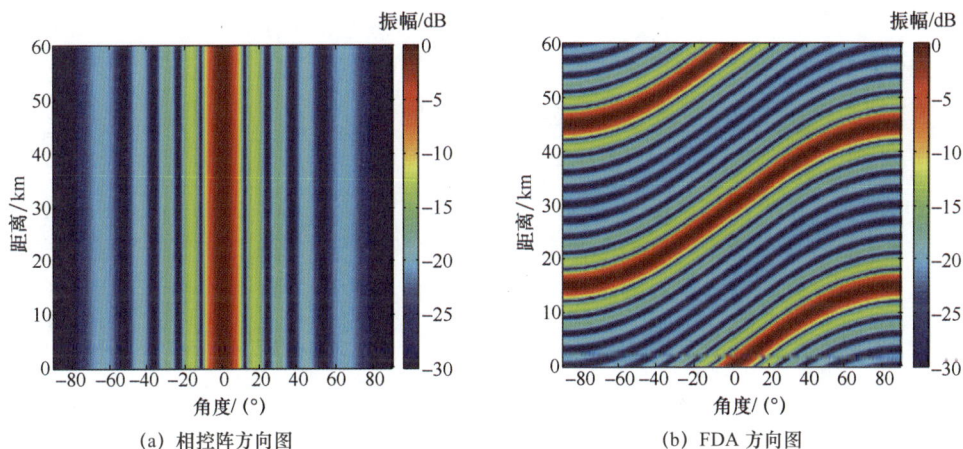

(a) 相控阵方向图　　　　　　　　　(b) FDA 方向图

图 1.1　相控阵方向图和 FDA 方向图对比

在连续波体制下，FDA 方向图可以理解为主瓣在距离-角度维随时间自动扫描的结果，因此，各个空间方向上的能量是相同的，类似于 MIMO 技术。由于存在这种自动扫描特性，FDA 的平均功率降低至相控阵的 $1/M$（$M$ 为 FDA 天线发射增益）。表 1.1 给出了相控阵、MIMO 和 FDA 3 种体制的方向图相关特性的比较。

表 1.1　3 种体制的方向图相关特性的比较

| 阵列体制 | 不同空间方向的时间响应特性 | 方向图的距离依赖性 | 主瓣 | 天线发射增益 |
|---|---|---|---|---|
| 相控阵 | 各向同性 | 与距离无关 | 稳定 | $M^2$ |
| MIMO | 各向异性 | 随距离变化，无规律 | 无 | $M$ |
| FDA | 各向异性 | 随距离变化，有规律 | 自动扫描 | $M$ |

## 1.2.2　FDA 基本概念

为便于理解，以 ULA 为例，第 $m$ 个阵元的发射载频表达式为

$$f_m = f_0 + (m-1)\Delta f \tag{1-1}$$

其中，$f_0$ 为参考载频，$\Delta f$ 为频率步进量。尽管 FDA 相对于常规相控阵的改变仅在载频上，但 FDA 方向图的概念与传统天线方向图的概念存在显著的差别：传统天线方向图仅是角度的函数，表达空间辐射的方向性，与时间无关；FDA 方向图不仅与角度有关，而且与距离、时间有关。

阵列天线方向图是由不同阵元发射信号在空间远场合成而形成的。对相控阵而言，如果发射载频相同，那么信号到达空间远场位置时对应的信号简化形式为

$$\begin{aligned} s_m &= \exp\left(\mathrm{j}2\pi f_0\left(t-\tau_m\right)\right) \\ &= \exp\left(\mathrm{j}2\pi f_0\left(t-\frac{R_0}{c}\right)\right)\exp\left(\mathrm{j}2\pi f_0\frac{d(m-1)\sin\theta}{c}\right) \end{aligned} \tag{1-2}$$

其中，$\mathrm{j}$ 是虚数单位，$\tau_m = \dfrac{R_0 - d(m-1)\sin\theta}{c}$ 表示时延，$R_0$ 表示参考阵元发射信号的传播距离，$\theta$ 表示发射信号偏离阵列法线的角度，$d$ 表示 ULA 的阵元间距，$c$ 表示光速。在空间远场位置，不同阵元之间的相位差仅与波程差 $\Delta R$ 有关，与 $R_0$ 无关。对 FDA 而言，信号到达空间远场位置时对应的信号简化形式为

$$\begin{aligned} s_m &= \exp\left(\mathrm{j}2\pi f_m\left(t-\tau_m\right)\right) \\ &\approx \exp\left(\mathrm{j}2\pi f_0\left(t-\frac{R}{c}\right)\right)\exp\left(\mathrm{j}2\pi(m-1)\Delta f\left(t-\frac{R}{c}\right)+\mathrm{j}2\pi f_0\frac{d(m-1)\sin\theta}{c}\right) \end{aligned} \tag{1-3}$$

其中，$R$ 是发射信号的传播距离。注意到式（1-3）近似过程中省略了相位中关于 $m$ 的二次项，即 $2\pi\Delta f d(m-1)^2\sin(\theta)/c$，通常情况下，当频率步进量远小于参考载频和基带信号带宽时，省略关于 $m$ 的二次项是合理的。关于二次相位问题的其他分析和讨论，可参阅相关文献[11,16]。由式（1-3）可知，在空间远场位置，不同阵元之间的相位差不仅与波程差 $\Delta R$ 有关，而且与传播距离有关。

图 1.2 给出了两个阵元情况下的简化示意，其中，$\Delta R=d\sin\theta$。相控阵的远场方向图受不同阵元之间的相位差 $\Delta\phi = 2\pi\dfrac{f_0 d\sin\theta}{c}$ 影响，因此，该方向图仅与角度有关。

FDA 的远场方向图受阵元之间的相位差 $\Delta\phi = 2\pi\dfrac{f_0 d\sin\theta}{c} + 2\pi\Delta f\left(t-\dfrac{R}{c}\right)$ 影响，因此，该方向图不仅与角度有关，而且与距离、时间有关。

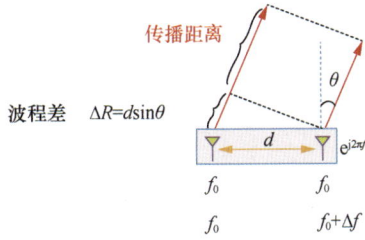

传播距离

波程差 $\Delta R = d\sin\theta$

**图 1.2 两个阵元情况下的简化示意**

为了进一步说明相控阵方向图与 FDA 方向图的差异，这里以 ULA 为例，分析两种体制下的方向图。假设 ULA 的阵元间距 $d = \lambda_0 / 2$，其中，$\lambda_0 = c / f_0$ 为参考波长。阵列的加权矢量为全 1 矢量，空间远场点距离为 $R$。

对于相控阵，它的工作频率均为 $f_0$，远场电场分布为

$$F^{\mathrm{PA}}(t,R,\theta) = \exp\left( \mathrm{j}2\pi f_0\left( t - \frac{R}{c} \right) \right) \sum_{m=1}^{M} \exp\left( \mathrm{j}2\pi \frac{f_0 d(m-1)\sin\theta}{c} \right)$$

$$= \exp\left( \mathrm{j}2\pi f_0\left( t - \frac{R}{c} \right) \right) \exp\left( \mathrm{j}\pi (M-1)\frac{f_0 d\sin\theta}{c} \right) \frac{\sin\left( \pi M \dfrac{f_0 d\sin\theta}{c} \right)}{\sin\left( \pi \dfrac{f_0 d\sin\theta}{c} \right)} \quad (1\text{-}4)$$

其中，$M$ 为阵列中的阵元数目。电场方向图为

$$F^{\mathrm{PA}}(\theta) = \sum_{m=1}^{M} \exp\left( \mathrm{j}2\pi \frac{f_0 d(m-1)\sin\theta}{c} \right)$$

$$= \exp\left( \mathrm{j}\pi (M-1)\frac{f_0 d\sin\theta}{c} \right) \frac{\sin\left( \pi M \dfrac{f_0 d\sin\theta}{c} \right)}{\sin\left( \pi \dfrac{f_0 d\sin\theta}{c} \right)} \quad (1\text{-}5)$$

综上可得，相控阵方向图仅是角度的函数。

对于 FDA，电磁波空间合成所得的远场电场分布可以表示为

$$F^{\mathrm{FDA}}(t,R,\theta) = \sum_{m=1}^{M} \exp\left( \mathrm{j}2\pi f_m\left( t - \frac{R - d(m-1)\sin\theta}{c} \right) \right) \quad (1\text{-}6)$$

FDA 的电场分布与传统相控阵的电场分布不同，它的电场分布中的距离、角度和时间因素不可分离，因此 FDA 方向图是距离-角度-时间三维依赖的。经过简单的数学推导，进一步将 FDA 的远场电场分布表示为

$$F^{\text{FDA}}\left(t,R,\theta\right) = \exp\left(\text{j}2\pi f_0\left(t - \frac{R}{c}\right)\right)\exp\left(\text{j}\pi\left(M-1\right)\left(\Delta f\left(t - \frac{R}{c}\right) + \frac{f_0 d\sin\theta}{c}\right)\right)$$

$$\times \frac{\sin\left(\pi M\left(\Delta f\left(t - \frac{R}{c}\right) + \frac{f_0 d\sin\theta}{c}\right)\right)}{\sin\left(\pi\left(\Delta f\left(t - \frac{R}{c}\right) + \frac{f_0 d\sin\theta}{c}\right)\right)} \quad\quad (1\text{-}7)$$

式（1-7）等号右侧的第一个指数项与式（1-4）等号右侧的第一项相同，表示电磁波的传播过程。其余的部分共同反映 FDA 方向图的特性，即它是随时间慢变的，可表示为

$$F\left(t,R,\theta\right) = \exp\left(\text{j}\pi\left(M-1\right)\left(\Delta f\left(t - \frac{R}{c}\right) + \frac{f_0 d\sin\theta}{c}\right)\right)$$

$$\times \frac{\sin\left(\pi M\left(\Delta f\left(t - \frac{R}{c}\right) + \frac{f_0 d\sin\theta}{c}\right)\right)}{\sin\left(\pi\left(\Delta f\left(t - \frac{R}{c}\right) + \frac{f_0 d\sin\theta}{c}\right)\right)} \quad\quad (1\text{-}8)$$

由此可见，Antonik 定义的 FDA 距离-角度依赖方向图实质上是 FDA 方向图在电场分布中随时间慢变的部分，包含激励信号的影响。而传统意义的天线方向图是不依赖于激励信号的。这是相控阵与 FDA 在方向图定义上的本质区别。

综上所述，FDA 的基本特征是：方向图的振幅响应和相位响应均是距离-角度-时间三维依赖的。其中，角度周期与阵元间距和参考载频有关；距离与时间是共生共存的一对变量，距离周期（单程）$R_{\text{u}} = c / \Delta f$，时间周期 $T_{\text{u}} = 1 / \Delta f$。

下面进一步给出关于连续波 FDA 方向图特性的分析。

● 固定空间距离 $R$ 可以得到方向图与时间和角度的函数关系，函数的物理意义是以阵列为球心、距离阵列为 $R$ 的球面上不同角度、不同时刻的电场分布，换句话说，就是电磁波穿越空间球面过程所对应的电场振幅响应。这样的方向图也是通常情况下得到的FDA的测量电场方向图，比相控阵的测量电场方向图更复杂。相控阵的测量电场方向图不依赖于距离，当然也与时间无关。

● 固定时间 $t$ 可以得到方向图与距离和角度的函数关系。在某一瞬时时刻，空间不同距离和角度的电场强度的测量难度大。随着时间 $t$ 改变，电场的空间分布也相应地改变。

● 固定角度 $\theta$ 可以得到方向图与距离和时间的函数关系，函数的物理意义是电磁波在某空间方向上的电场分布。这一函数关系对于雷达回波信号处理至关重要。众所周知，相控阵方向图是角度的函数，且不同空间方向对应的信号包络的相位响应是完全相同的，即具有各向同性，因此，空间波束形成和快时间匹配滤波是独立可分离的。而在 FDA 体制下，在任意空间方向上，信号包络

的振幅响应和相位响应均是变化的，并且不同空间方向上的振幅响应和相位响应也不同，即具有各向异性，因此，空间波束形成和快时间匹配滤波往往是耦合在一起不可分离的。

图 1.3 给出了距离 $R$=3km 的空间球面上，FDA 辐射的电场强度随角度和时间的变化。图 1.4 给出了不同瞬时时刻，FDA 辐射的电场强度随距离和角度的变化。仿真实验中的角度范围为-90º～90º，距离范围为 1.5～4.5km。由仿真结果可以直观地看出 FDA 方向图的时变效应。图 1.5 给出了 FDA 在不同角度某一距离点对应的电场强度随时间的变化。仿真实验中仅给出了一个时间周期内的电场强度，选取的距离 $R$=3km，发射的基带波形为线性调频信号。

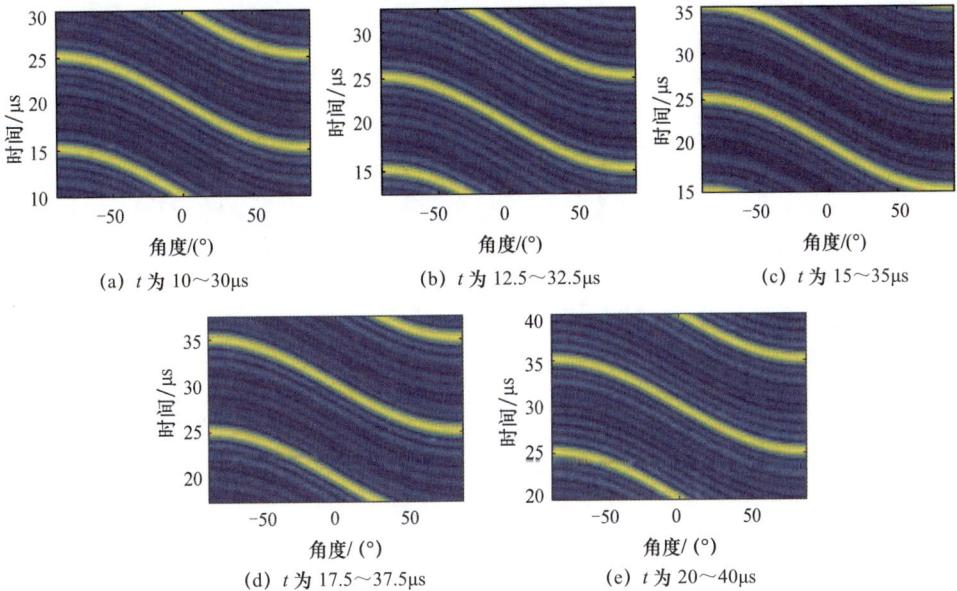

(a) $t$ 为 10～30μs    (b) $t$ 为 12.5～32.5μs    (c) $t$ 为 15～35μs

(d) $t$ 为 17.5～37.5μs    (e) $t$ 为 20～40μs

图 1.3　电场强度随角度和时间的变化（$R$=3km）

注：图中的黄色条纹表示的是电场强度最大位置处，其他为旁瓣区域，后面出现的同类电场强度分布图不再进行逐一说明。

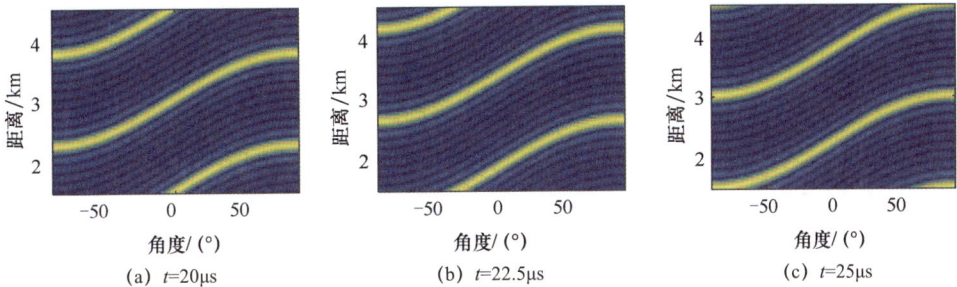

(a) $t$=20μs    (b) $t$=22.5μs    (c) $t$=25μs

图 1.4　电场强度随距离和角度的变化（$R$ 为 1.5～4.5km）

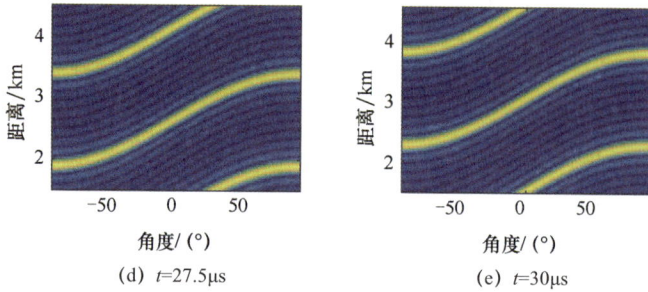

(d) $t$=27.5μs　　　　　(e) $t$=30μs

图 1.4　电场强度随距离和角度的变化（ $R$ 为 1.5～4.5km ）（续）

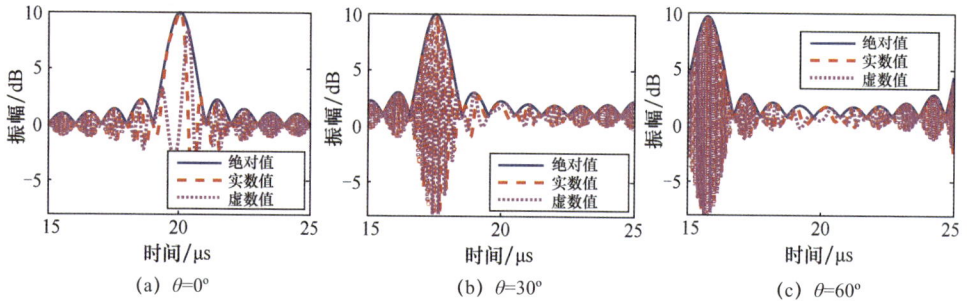

(a) $\theta$=0°　　　　(b) $\theta$=30°　　　　(c) $\theta$=60°

图 1.5　FDA 在不同角度某一距离点对应的电场强度随时间的变化（ $R$=3km ）

# 1.3　FDA 实验系统的研究现状

## 1.3.1　美国空军研究实验室的 FDA 实验系统

美国空军研究实验室的 Antonik 博士和 Wicks 博士于 2006 年提出 FDA 技术，并开展了原理样机研制与实验分析。Antonik 在他的博士论文中详细介绍了实验系统的设计方法和数据分析结果[3]。

发射天线工作于 S 波段，阵面为 3 行 5 列，每列合成一个子阵。每个子阵包含 3 个阵元，通过 4∶1 功分器进行激励，其中 1 路接匹配负载用于发射信号监测。天线子阵间距为 0.45 个波长（以中心频率 3.1GHz 为参考），不同子阵分别由独立的信号发生器进行激励，信号发生器产生单频连续波信号，并且不同信号发生器由统一频综进行同步激励。发射天线阵面及射频发射通道如图 1.6（a）所示。

为了分析 FDA 信号特征，接收端通过两个独立可移动的喇叭天线进行信号接收，将接收到的信号放大并混频得到 10MHz 中频信号，中频信号可以直接通过数字示波器进行观测和数据采集。射频接收通道如图 1.6（b）所示。

该实验系统位于美国空军研究实验室的 Rome 空军基地，该实验系统是发射与接收分置的，如图 1.6（c）和图 1.6（d）所示。

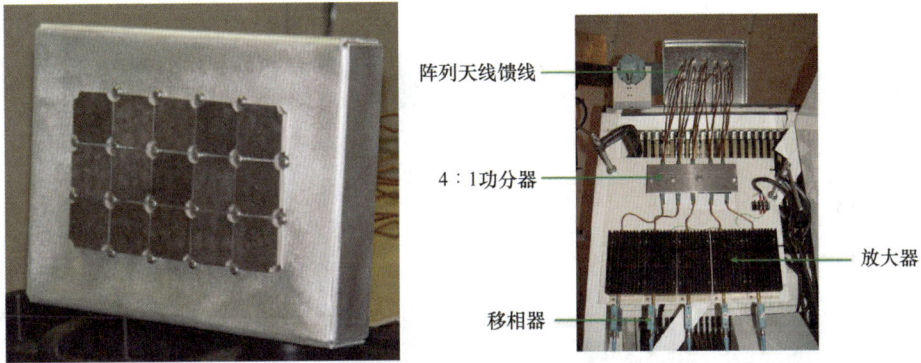

(a) 发射天线阵面及射频发射通道

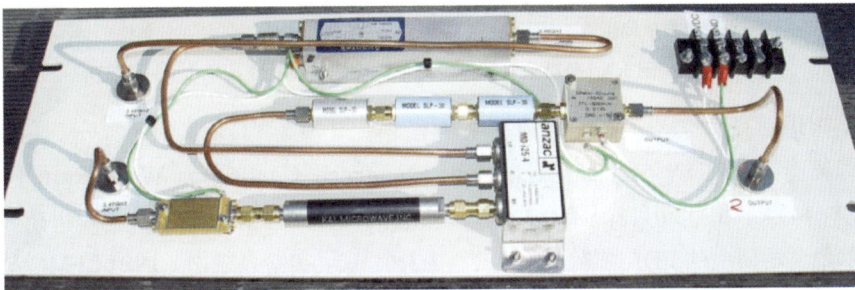

(b) 射频接收通道

(c) 从接收看向发射

(d) 从发射看向接收

图 1.6  美国空军研究实验室 FDA 实验系统的 FDA 雷达、仪器设备及实验场地

实验中通过对不同接收天线的信号进行对比，验证了 FDA 方向图的角度依赖性（自动扫描特性）和距离依赖性（时变性）。在角度依赖性的验证实验中，通过将喇叭天线放置在不同的角度，测量不同喇叭天线接收信号包络之间的时延，测量结果与理论分析结果基本吻合，验证了 FDA 发射信号的角度依赖性。在距离依赖性的验证实验中，将喇叭天线沿着雷达视线方向间隔放置，同样测量不同喇叭天线接收信号包络之间的时延，测量结果与理论分析结果基本吻合。图 1.7 给出了角度依赖性和距离依赖性的实验验证结果。

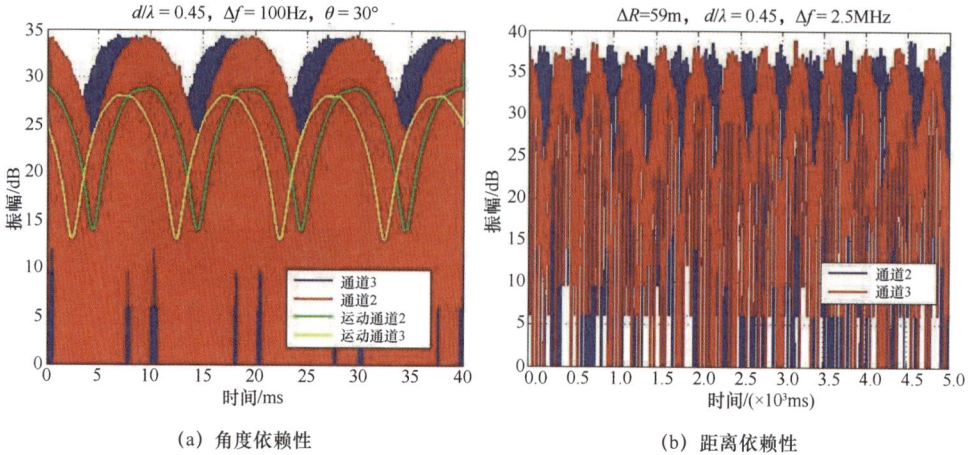

(a) 角度依赖性                        (b) 距离依赖性

图 1.7   角度依赖性与距离依赖性的实验验证结果

美国堪萨斯大学与美国空军研究实验室联合开展了 FDA 实验研究，实验验证了线性调频连续波 FDA（Linear Frequency Modulated Continuous Wave form FDA，LFMCW-FDA）雷达动目标显示技术。该实验的设计思想源于土耳其中东科技大学与阿塞尔桑公司研制的 FDA 实验系统（见 1.3.3 小节）。实验系统由 8 通道 LFMCW-FDA 发射机和单通道喇叭接收机组成，目标为运动车辆。收发系统由 Zynq UltraScale+ XCZU29DR RFSoC 进行同步控制、信号激励和信号接收。LFMCW 信号带宽为 81.92MHz，频率步进量为 204.8kHz，脉冲时间与频率步进量互为倒数，系统工作的中心频率为 3.3GHz。图 1.8 给出了实验系统照片和动目标显示结果。该实验系统有效验证了 FDA 雷达动目标显示可行性，说明 FDA 雷达适用于低分辨搜索模式，且具有更大的无模糊距离-多普勒域。

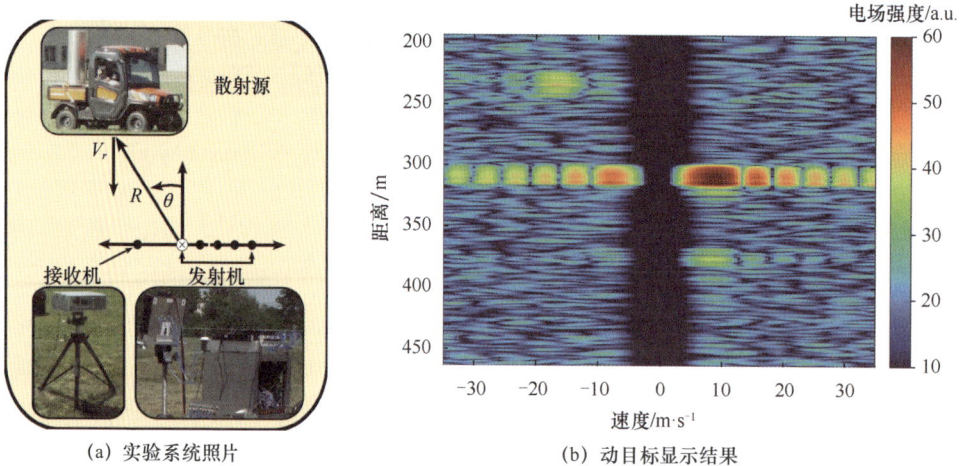

(a) 实验系统照片                        (b) 动目标显示结果

图 1.8   LFMCW-FDA 实验系统照片和动目标显示结果

## 1.3.2　英国伦敦大学学院的 FDA 实验系统

英国伦敦大学学院的 Huang 博士对 FDA 方向图特性、信号特性进行深入研究，通过 CST 电磁仿真软件进行了模型验证与电场分布时变性的研究[5]。Huang 针对低成本 FDA 实现方案进行了研究，提出了基于锁相环（Phase-Locked Loop，PLL）的 FDA 实现方案，并进行了设计加工和测试[5]。图 1.9 给出了 PLL 原理图和频率信号输出测试照片。

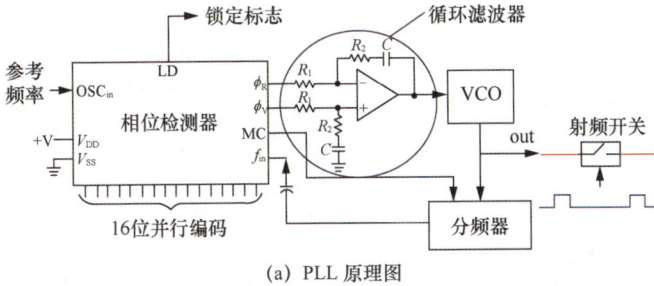

(a) PLL 原理图

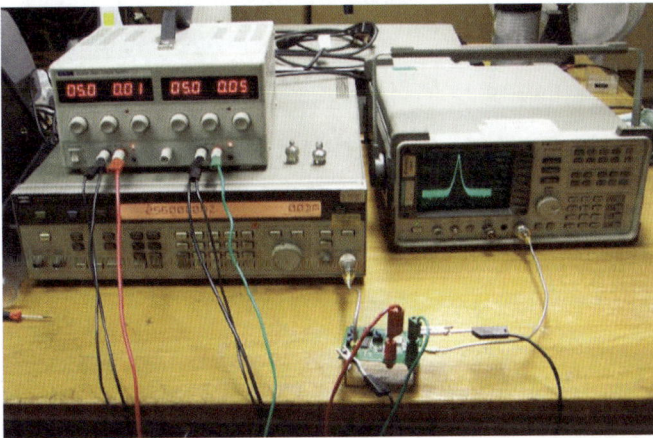

(b) 测试照片

图 1.9　英国伦敦大学学院的 FDA 实验系统

## 1.3.3　土耳其中东科技大学的 FDA 实验系统

土耳其中东科技大学 Demir 教授课题组与阿塞尔桑公司雷达和电子战系统业务部的 Hizal 博士带领的小组也是较早开展 FDA 技术研究的团队。2007 年，Secmen 等在论文中指出了 FDA 距离-角度依赖方向图的时间周期性变化问题。2011 年，Eker 和 Demir 等提出了 FDA 的低成本实现方案并进行了加工测试和实验验证[7]。该方案采用一个激励源，信号形式为线性调频（Linear Frequency Modulation，LFM）

信号，通过设计延迟线结构，使得激励源信号到每一个阵元的时延具有线性偏差，不同阵元的时延约为 0.55ns，这一时延差决定了不同天线信号的频率差。阵元采用对踵 Vivaldi 阵元，边缘的哑元接匹配负载。天线工作频率为 5～10GHz。图 1.10 给出了阵列天线正反面照片以及包含射频组件的测试系统照片。实验验证了波束方向图的时间相关性和距离相关性。阿塞尔桑公司雷达和电子战系统业务部的 Hizal 博士带领的小组，结合雷达系统与信号处理开展了较多的后续研究，该公司的 FDA 实验系统如图 1.11 所示。

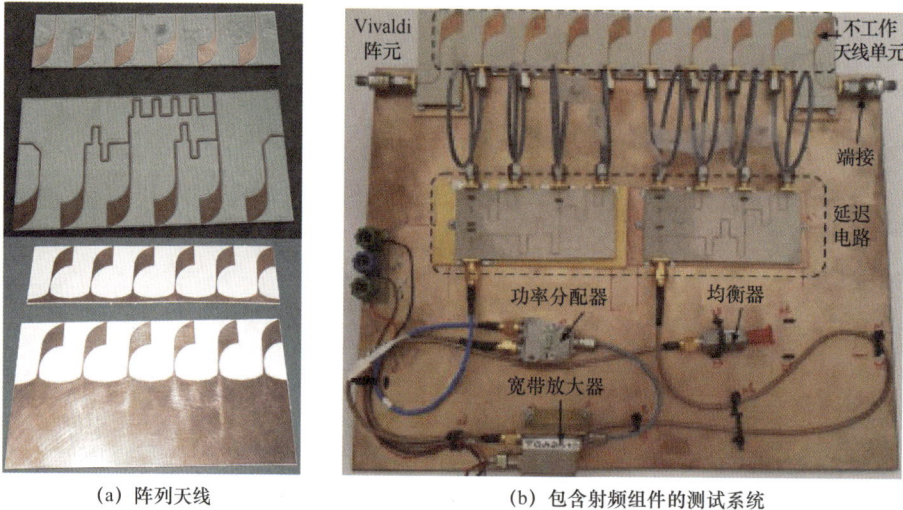

(a) 阵列天线　　　　　　　　(b) 包含射频组件的测试系统

图 1.10　土耳其中东科技大学的 FDA 实验系统

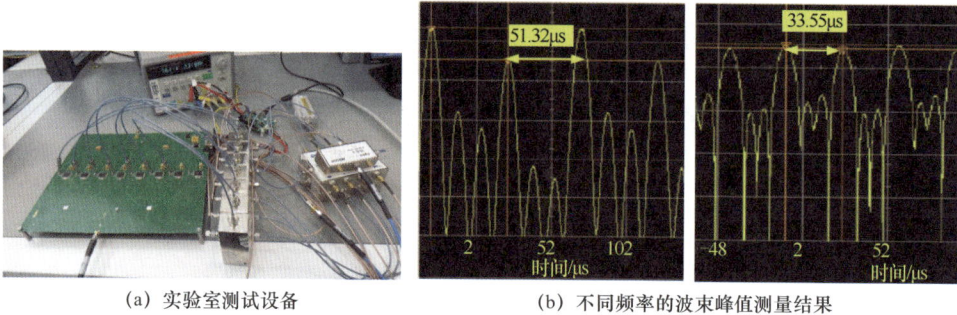

(a) 实验室测试设备　　　　　　(b) 不同频率的波束峰值测量结果

图 1.11　阿塞尔桑公司的 FDA 实验系统

## 1.3.4　挪威国防研究机构的 FDA-MIMO 实验系统

挪威国防研究机构的 Nysaeter 研制的实验系统和其抗干扰技术验证的思想源于廖桂生教授课题组的研究工作[15]。该实验系统前端为 8×8 收发独立的阵元，通过"两块射频板卡+子阵划分"的方式，得到 4 个 2×2 子阵，并采用正交波形。实验结果表明，在随机频率步进量条件下，干扰对于目标检测几乎没有影响。图 1.12 给出了该实验系统照片及其抗干扰处理结果。

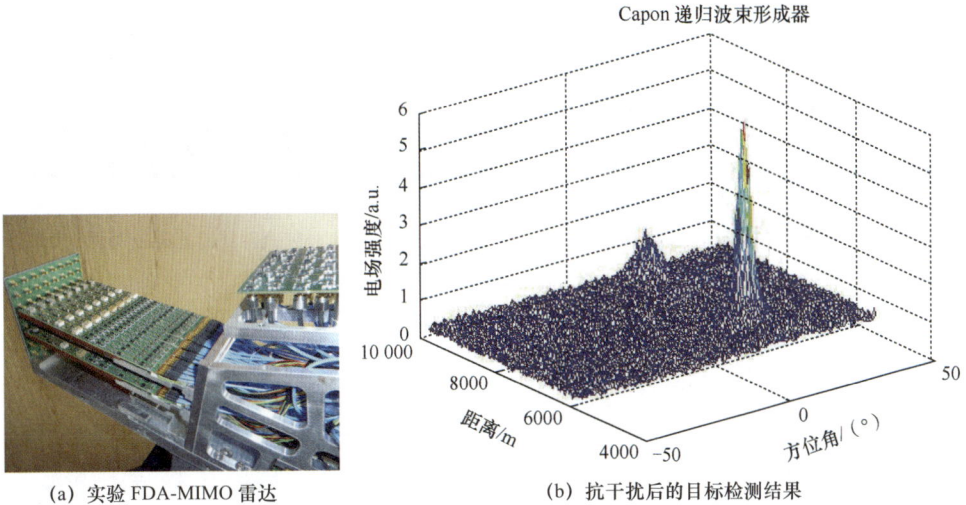

(a) 实验 FDA-MIMO 雷达　　　　(b) 抗干扰后的目标检测结果

图 1.12　挪威国防研究机构的 **FDA-MIMO** 实验系统

## 1.3.5　电子科技大学的 FDA 实验系统

电子科技大学王文钦教授课题组于 2017—2021 年研制了 L、X 和 Ku 波段的 3 款 FDA 雷达原理样机及其处理软件系统平台，并开展了对抗干扰实验，图 1.13 中给出了多通道信号源、FDA、仿真处理软件、实验现场数据记录等[12]。

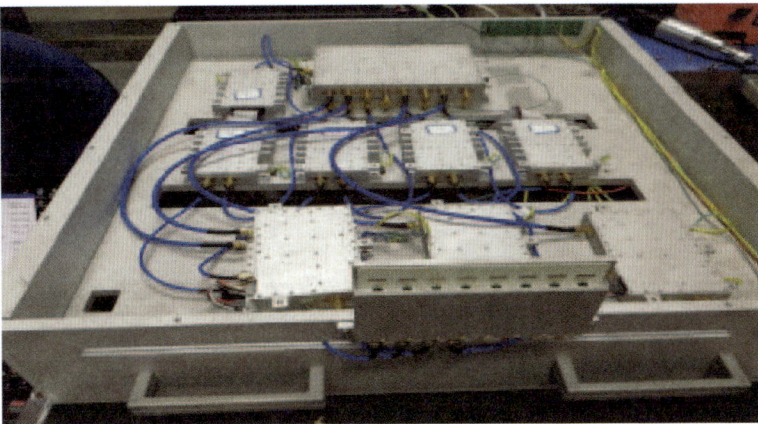

(a) 多通道信号源

图 1.13　电子科技大学的 **FDA** 实验系统的多通道信号源、**FDA**、仿真处理软件、实验现场数据记录

| (b) FDA | (c) 仿真处理软件 | (d) 实验现场数据记录 |

图 1.13　电子科技大学的 FDA 实验系统的多通道信号源、FDA、仿真处理软件、实验现场数据记录（续）

## 1.3.6　西安电子科技大学的 FDA 实验系统

西安电子科技大学廖桂生教授课题组开展了 FDA 雷达技术实验验证。2016年，西安电子科技大学开展 FDA 雷达原理样机研制，并主要验证文献[10]中的雷达抗干扰技术。该实验样机工作频段为 X 波段，阵面为 16×16 波导缝隙天线，每一列合成一个子阵，瞬时信号带宽为 80MHz，单通道辐射功率为 10W。该实验系统由两级本振进行混频，混频过程对于 16 个收发通道是完全一致的，具有频率偏差的发射信号是由中频数字发射板直接产生的，中频频率为 250MHz。中频数字发射板具备软件定义能力，可配置相控阵、MIMO、FDA 这 3 种不同的体制。接收端对 16 个收发通道的数据进行中频采样后，可以分别支持离线后处理和实时信号处理。2020 年，该课题组进行了外场实验，构建了雷达对抗实验环境，包括运动目标、主瓣有源干扰、旁瓣有源干扰。其中，运动目标由合作卡车模拟，卡车上携带的干扰机随车运动，用来模拟主瓣有源干扰。图 1.14给出了 FDA 实验系统的各要素、实验场景、实验数据及输出结果。实验验证了雷达抗干扰技术的可行性。

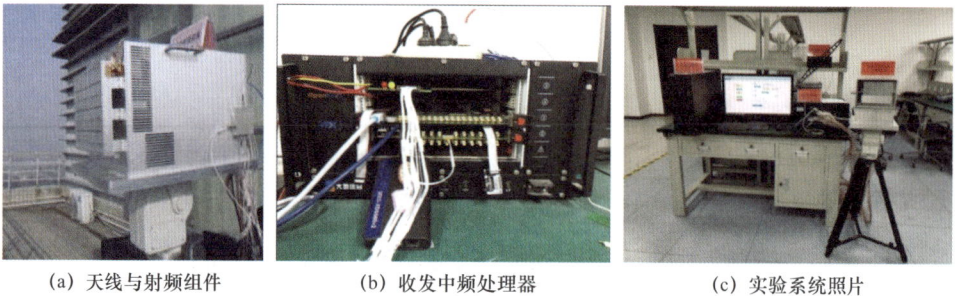

| (a) 天线与射频组件 | (b) 收发中频处理器 | (c) 实验系统照片 |

图 1.14　西安电子科技大学的 FDA 实验系统

(d) 雷达阵面视线方向场景

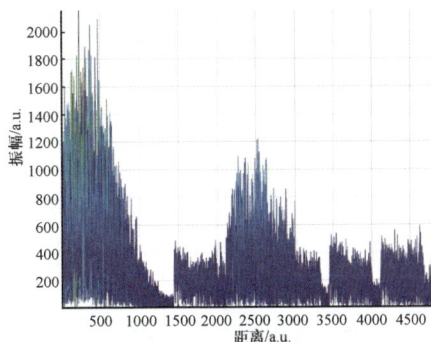

(e) 单通道回波采集结果

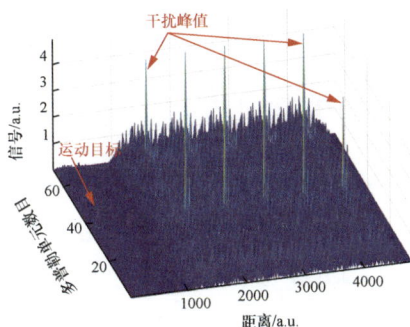

(f) 抗干扰前距离-多普勒图输出结果

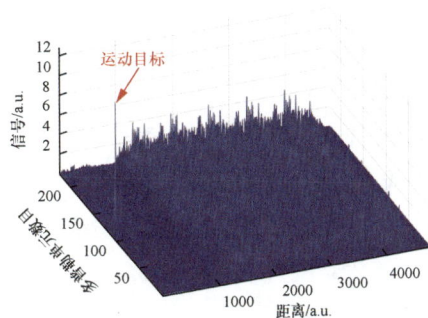

(g) 抗干扰后距离-多普勒图输出结果

**图 1.14　西安电子科技大学的 FDA 实验系统（续）**

# 1.4　FDA 技术研究现状

## 1.4.1　FDA 波束形成技术

（1）FDA 概念的提出与发展

FDA 的概念一经提出，就引起了研究人员的广泛关注。除 1.1.2 节已经介绍的相关内容，文献[6]最早从理论上给出了 FDA 方向图随时间、距离和角度的周期性变化关系，文献[5]中利用电磁仿真软件对 FDA 的辐射特性进行验证。文献[7]中提出了一种有效的低成本 FDA 实验系统设计方法，该方法采用 LFM 信号作为激励源，设计延迟线结构，使得激励源信号到每一个阵元的时延具有线性偏差。意大利的 Sammartino 等基于 FDA 思想，提出了频率分集双基雷达系统发射方向图设计方法，使得发射方向图具有距离依赖性[29]。

（2）距离-角度波束形成及错误概念修正的研究过程

文献[30]提出了距离-角度波束形成方法，指出 FDA 能够将发射能量聚焦到期

17

望的距离-角度空域,并说明了控制 FDA 方向图主瓣指向期望距离-角度空域的方法,这也是距离-角度波束驻留的早期尝试,有很多人受这一方法的误导。有人进一步提出了自适应的频率步进量选择方法,以提高 FDA 抗干扰的性能,并且该方法考虑了主瓣指向不同距离和角度的目标。文献[31]针对 FDA 方向图的时变问题,提出采用脉冲波体制的发射信号实现准静态的发射方向图设计,即通过对发射脉冲时间的约束,实现 FDA 方向图的准稳态。然而,该方法忽视了信号传播过程的时间约束,实际上,FDA 的发射电场的指向(相对于相位中心)在传播过程中是不变的。

文献[18]中提出了时变频率步进量设计方法,期望实现不随时间变化的距离-角度依赖方向图。这一工作是对时不变发射方向图最早的研究,然而,该研究在物理概念和数学分析方面存在误区,得出的结论导致了后续跟踪研究的错误。Khan在文献[19]中又给出了一种基于对数频偏设计的波束形成方法,所得的方向图也是某一瞬时时刻的结果。尽管 Khan 注意到了土耳其中东科技大学的 Secmen 在文献[6]中关于 FDA 方向图时变性的分析,但他没有给出正确的数学和物理解释,得到的研究结果仍是偏离物理机制的错误结果。更加糟糕的情况是,Khan 的研究工作对人们造成了错误引导,很多文献对这一错误结果进行了跟踪研究,得出了更多的错误结果。现有文献中所提出的关于实现发射方向图的距离-角度波束形成的方法大多是不可行的[32-35]。

尽管部分研究受到了一些错误概念的影响,仍有一些研究人员对 FDA 信号和方向图进行了深入的思考,对上述错误概念进行了剖析[11,21-24]。文献[11]中指出发射端的波束形成方法不能解决时变问题,并给出了对方向图特性的物理分析,考虑了脉冲信号传播过程的时间约束,分析了电磁波传播过程的电场特性。文献[21]中考虑了脉冲信号时间约束,分析了电磁波传播过程,指出了波束驻留的错误概念。文献[22]中以电场方向图功率峰值为例,说明了出现 $t=0$ 的错误原因,分析的出发点是基于电磁波传播时延。文献[23]给出了信号频率与相位的依赖关系,说明了时间与距离是一对互存变量,指出了部分文献对时变性分析的误区。文献[24]中以脉冲信号有效区间为分析出发点,给出了对时变性的分析结果。

需要指出的是,FDA 方向图时变问题是可以通过在接收端进行合理的接收处理来解决的,处理后可以获得 FDA 距离-角度二维方向图,文献[25]、[36]中的研究是典型代表。接收处理的基本思想是:在接收端对不同发射频率的信号进行分离,通过采用各自独立混频的处理方式,获得与时间无关的距离-角度依赖方向图。因此,可以在接收端对期望的距离-角度空域进行匹配接收处理。

受距离-角度波束形成概念的误导,特别是有些文献中指出能够将能量聚焦到期望的距离-角度空域,有些研究人员开展了相关的应用分析。文献[37]中提出利用 FDA 波束距离-角度调控能力实现低轨道卫星监测的思路,这就是受错误结论影响而形成的错误应用。显然，将能量聚集到空间某一特定距离-角度空域的思路并不可行。有些研究人员则考虑到了物理层安全通信的应用场景，试图屏蔽空间不同距离上的窃听者，这种应用吸引了大量研究人员关注[38]。

## 1.4.2 FDA 参数估计方法

通常，在传统阵列雷达系统中，目标角度通过阵列波束形成进行测量，目标距离通过时延进行测量，两者之间互不影响。然而，FDA 的发射频率差异带来了距离相关性，发射导向矢量中包含的距离信息可用来进行距离估计，这与传统雷达基于距离门索引（时延）的估计是不同的。因此，在 FDA 雷达中，不仅回波的时延可以表征目标距离信息，发射天线间的相位关系（发射导向矢量）也可以表征距离信息。值得说明的是，FDA 发射导向矢量中距离和角度信息耦合在一起，无法直接通过发射域信号处理确定目标的角度和距离。基于 FDA 雷达的上述特征，人们开展了 FDA 参数估计方法研究。

电子科技大学王文钦教授较早开展了基于 FDA 参数估计的研究工作，提出了发射两个脉冲进行目标角度和距离联合估计的方法，通过在第一个脉冲采用零频偏进行角度估计，在第二个脉冲采用有频偏进行距离估计，给出了 FDA 与相控阵相结合的参数估计方法[39]。土耳其的 Çetiner 等研究了脉冲波体制下的目标距离和角度参数解耦合方法，通过在发射端采用脉冲波体制 FDA，接收端采用相控阵，进行了信号脉冲压缩处理和参数估计，验证了 FDA 双脉冲参数估计方法[40]。王文钦等考虑了距离和角度联合估计的 FDA 子孔径方案，通过设计不同的孔径参数并进行优化实现距离和角度参数的估计与解耦合[41]，进一步提出了子阵优化技术，实现了运动目标的距离和角度参数估计。该方法综合利用了多个子阵间的方向图实现了距离-角度二维波束形成，并说明了基于 FDA 的参数估计工作的优势。

本书提出 FDA-MIMO 雷达基本原理，通过接收端多波形分离与数字混频处理技术，实现对不同发射天线的独立混频处理，从而解决 FDA 方向图时变问题，同时给出一种基于 FDA-MIMO 雷达的距离无模糊参数估计方法[14]。实际上，对于脉冲波体制雷达系统，提高时宽带宽积可以提高目标测距精度，该精度相比 FDA 的测距精度更高。

FDA-MIMO 雷达联合发射-接收二维空间，实现了距离-角度二维参数解耦，能够等效获得距离维可控自由度。因此，人们开发了大量基于 FDA-MIMO 的参数估计方法，分析了基于 FDA-MIMO 的目标距离和角度参数估计方法的克拉默-拉奥下界（Cramér-Rao Lower-Bound，CRB）性能。文献[42]中结合低空目标多径问题，探讨了基于 FDA-MIMO 的参数估计问题，利用 FDA-MIMO 雷达的距离维可控自由度，提升对相干多径信号的分辨和分离能力。文献[43]中讨论了长基线发射阵列栅瓣模糊条件下的目标角度和距离联合估计问题。文献[44]中研究了基于大频偏设计的 FDA-MIMO 目标角度和距离联合估计方法，解决了距离和角度耦合的问题，通过合成大带宽信号实现距离高分辨估计。文献[45]中研究了认知框架和非认知框架下的基于 FDA 的参数估计方法，拓展了 FDA 体制下介于贝叶斯 CRB 和期望 CRB 之间的半期望 CRB，修正了参数估计性能界。

参数估计方法的期望指标是高精度和高分辨，人们也研究了雷达超分辨参数估计问题。借鉴传统阵列天线波达方向（Direction Of Arrival，DOA）估计中的思路和方法，很多研究探讨了距离-角度联合超分辨谱估计的问题。文献[46]中提出了基于随机频率步进量设计的参数估计方法，讨论了基于匹配滤波和稀疏重构两种思路的参数估计方法，分析了频率步进量随机分布与参数估计性能之间的关系。人们借鉴了互质阵列基本思想，结合 FDA 雷达提出了距离-角度二维参数估计方法，提升了系统的目标参数辨识能力。文献[47]将互质阵列的概念推广至脉冲维，提出了距离-角度-多普勒三维参数估计方法，讨论了多维参数解耦和配对的问题。

### 1.4.3  FDA 抗干扰技术

传统相控阵雷达通过控制阵列加权系数实现波束控制，在目标方向形成最大指向，在干扰方向形成零陷，从而抑制干扰并接收有用信号。然而，相控阵方向图仅是角度的函数，当干扰与目标来自相同方向或者两者之间所形成的空间角度很小时，传统阵列难以兼顾干扰抑制和目标保护，抗干扰的性能损失很大。FDA 方向图具有距离-角度二维调控能力，可以区分在时延或距离上有差异的目标和干扰，为抗干扰抑制提供了新的技术途径。

在 FDA-MIMO 体制下，抗主瓣转发欺骗干扰抑制问题被转化为收发联合域波束形成问题。针对收发联合域波束形成抗干扰面临的协方差矩阵估计问题、目标约束问题、样本奇异问题、阵列误差问题等，人们开展了大量研究。文献[48]讨论了在欺骗干扰与目标混叠情况下，目标污染、目标约束失配等带来的自适应联合波束形成器损失问题，提出了基于特征向量分析方法的目标剔除思路，实现了密集假目标抑制；研究了非合作转发时序条件下的干扰样本挑选方法，提出了基于有效样本筛选的协方差矩阵估计方法，提高了抗干扰波束形成器的稳健性；研究了数据独立（非自适应）的抗干扰方法，即可以调整 FDA 雷达参数使得转发欺骗干扰位于波束零点附近；进一步分析了数据独立波束形成器的不稳健因素，说明了目标方向存在角度失配、阵列不一致等均会造成波束形成器零点偏离的问题,提出了基于预置多干扰的方向图零点展宽方法。文献[49]分析了 FDA-MIMO 雷达二次距离依赖性补偿方法在发射-接收二维联合抗干扰中的应用。文献[50]从波形设计的角度讨论了 FDA-MIMO 抗干扰性能优化问题。文献[51]讨论了阵元优选情况下的 FDA-MIMO 雷达抗主瓣转发欺骗干扰抑制技术,适用于部分阵元失效的情况。

实际雷达应用中存在很多主瓣内信号分辨和干扰抑制的问题,如雷达探测和成像中的自卫干扰、随队干扰。此外,雷达低空探测面临的多径问题也属于主瓣内信号分辨问题。文献[52]研究了低仰角情况下的多径相干干扰问题,采用 FDA-MIMO 技术对主瓣内的真目标和多径信号进行分离。

基于 FDA 雷达在发射-接收二维空间进行目标与干扰分离,有些研究进一步拓展了信号分辨的维度。文献[53]借鉴了最小冗余阵列和嵌套阵列概念,利用阵列相关处理中的相位差关系,拓展了发射阵列的等效相位中心数,实现了超越阵元数的干扰辨识和干扰抑制能力。考虑到非合作干扰机转发欺骗干扰的信号模型难以准确描述,人们研究了基于神经网络的处理方法,以提高模型和处理方法的非线性表征能力,进而提高干扰估计准确性和相应的抗干扰性能。文献[54]中讨论了 FDA-MIMO 雷达智能化抗干扰结构,引入了学习网络以提高协方差矩阵估计性能。

## 1.4.4　FDA 杂波抑制技术

杂波抑制是机载、星载和弹载等运动平台下雷达目标检测的关键,空时自适应处理(Space Time Adaptive Processing,STAP)技术采用空间-时间二维联合滤波,可以有效抑制多普勒谱扩展的地/海杂波,是运动平台杂波抑制的核心技术。经过几十年的技术发展,对于 STAP,已经形成了系统性的理论和方法。然而,对于非正侧面阵列构型情况,当存在距离模糊杂波时,目前的 STAP 方法仍存在较大的性能损失。由于存在距离折叠模糊问题,近距杂波与远距杂波在距离维重叠在一起且无法分离,传统 STAP 方法无法同时补偿重叠的距离模糊杂波。距离模糊杂波抑制问题在高速平台下非常突出,对于这一问题,仅采用系统设计进行模糊规避,在很多情况下无法解决。针对距离模糊杂波分离和抑制的问题,传统的思路是增加俯仰维信号处理能力,包括采用三维 STAP、俯仰维波束形成等方法或技术。

本书作者最早从 FDA 雷达接收信号处理的角度开展了 FDA 雷达距离模糊杂波抑制的系统性研究,提出了 FDA 雷达距离模糊杂波分离和抑制的理论方法,该方法在本质上利用 FDA 雷达区分不同脉冲信号的能力,实现了折叠的距离模糊杂波的分离。文献[16]提出了一维等距线阵 FDA-STAP 技术，将发射多通道阵列与接收脉冲进行联合处理，提出了二次距离依赖性补偿（Secondary Range-Dependent Compensation，SRDC）方法，解决了 FDA 引入的快时间距离空变因子的有效补偿问题，利用发射导向矢量中包含的距离模糊信息差异，将近距杂波和远距杂波在发射空间频域进行分离，可解决二重距离模糊杂波抑制问题。文献[55]提出了俯仰维 FDA-STAP 技术，利用了俯仰维频域杂波功率谱分布的特点，通过 FDA 增大了不同距离模糊杂波在俯仰维频域的差异，进而通过俯仰维波束形成进行预滤波，实现不同距离模糊杂波的分离，进而并行对各个距离模糊区进行杂波抑制，从而提高了模糊杂波分离能力和杂波抑制性能；提出了基于 FDA-MIMO 的 STAP 技术，在收发空域和多普勒域进行发射-接收脉冲的三维自适应处理，并将距离模糊杂波在发射-接收域进行分离，联合多普勒域进行自适应杂波补偿和杂波抑制，这等价于找到了一个新维度进行空时谱搬移，有效实现了距离模糊杂波抑制和动目标显示。文献[56]修正了 FDA-MIMO-STAP 距离模糊杂波秩的计算结果，证明了当空间无栅瓣且多普勒无模糊的情况下，距离模糊杂波抑制的最大距离模糊数为 $M$-1（$M$ 为阵元数目）。

文献[57]讨论了 FDA 雷达空时距联合信号处理器设计问题，分析了三维空间局域化处理、多波形分离等问题，讨论了不同参数条件下的三维处理器性能；讨论了 FDA 雷达高速目标多普勒功率谱扩展问题，提出了杂波抑制和多普勒解模糊处理方法；讨论了 FDA 雷达子空间杂波秩的计算和估计方法，该方法可用于 FDA 雷达杂波建模与分析；将张量处理应用于 FDA-MIMO-STAP 中，分析了利用 FDA 雷达空时距联合信号处理器进行距离模糊杂波抑制的性能优势。文献[58]针对天基预警雷达多重模糊杂波抑制的问题，将方位维 EPC 技术与俯仰维 FDA 技术相结合，拓展了 FDA 雷达距离模糊杂波分离能力，提高了杂波抑制性能。文献[59]提出了基于俯仰维 FDA 雷达的距离模糊杂波分离方法，利用了相干 FDA 发射空间角度与频率之间的耦合关系，同时结合了慢时间多普勒域的杂波分离技术，实现了不同距离模糊区回波信号的提取。

实际上，FDA 杂波抑制技术仍面临诸多问题：第一，需要在发射导向矢量中提取和利用距离模糊信息，因此发射通道分离受限于正交波形的分离性能；第二，杂波功率谱在距离上的扩展程度与频率步进量有关，SRDC 方法仅适用于频率步进量较小的情况。

## 1.4.5 FDA 雷达成像技术

雷达成像技术已经广泛应用于现代国防和民用领域，更高的分辨率和更大的成像幅宽是雷达成像技术追求的目标。FDA 雷达改变了天线辐射方式，FDA 方向图具有距离-角度-时间三维依赖特性，在天线扫描覆盖方式上与传统雷达不同。FDA 概念提出的早期，人们开展了基于 FDA 方向图特性的雷达高分辨成像方法研究，主要分析了方向图拥有的波束展宽能力，等效于利用天线方向图扫描达到聚束成像的效果。文献[60]考虑在距离-角度维进行自适应处理，这样做能够有效提高系统的抗干扰能力和距离旁瓣抑制能力。

本书作者最早开展了基于 FDA 的高分辨宽测绘成像方法研究，利用 FDA 雷达脉冲回波分离方法可以实现对距离模糊回波信号的分离和成像，从而缓解脉冲重频设计的冲突问题，以及雷达成像系统的最小天线面积约束问题。王寒冰等在文献[61]中提出了基于 EPC 技术的距离模糊回波分离方法，即不同距离区对应不同的发射方向图权矢量，在接收处理时，通过解码即可恢复特定区域的回波信号，从而实现不同距离模糊区回波信号的分离。张梦迪等在文献[62]中提出基于多子带 FDA 的高分辨宽测绘成像方法，通过子阵内 FDA 实现不同距离模糊区回波信号的分离，解决宽覆盖条件下不同距离模糊区回波信号分离问题，同时利用不同子阵间的大频偏信号进行频偏拼接处理，实现高分辨成像。

文献[63]～[64]中研究了基于俯仰维波束形成和方位维 FDA 相结合的高分辨宽测绘成像解模糊方法，解决了距离维周期性和非周期性模糊问题，大大提高了高分辨宽测绘成像的解模糊能力。

## 1.4.6　相干 FDA 处理技术

FDA 的早期研究主要停留在发射方向图分析层面，在很长一段时间内对接收处理的研究很少。为了区分方便，根据 FDA 雷达发射基带信号的正交性，将 FDA 雷达分为相干 FDA 雷达和正交 FDA 雷达，这两种体制对应的处理架构有很大的差异[11]。正交 FDA 雷达，也就是 FDA-MIMO 雷达，将 FDA 与 MIMO 技术相结合，在接收端实现了发射通道分离，并采用了各自独立的发射混频结构，实现了距离-角度维信息提取和利用，这种体制已经成为 FDA 领域的重要研究方向。相干 FDA 雷达的发射基带信号为相干信号，与最初提出的 FDA 雷达结构完全相同。相干 FDA 雷达的发射基带信号完全相同，当频率步进量较小时，在接收端难以分离发射通道，无法直接获得发射阵元或发射自由度，因此，该信号处理方法与 FDA-MIMO 体制下的信号处理方法存在较大差异。

文献[28]中讨论了相干 FDA 雷达信号接收问题，提出了距离-角度匹配接收处理方法，进一步讨论角度依赖匹配滤波处理方法，分析了相干 FDA 雷达距离分辨率、发射波束形成、同时多波束等基本问题，为相干 FDA 雷达技术研究提供了重要参考。基于相干 FDA 雷达的特性,可以充分利用 FDA 雷达发射覆盖性能,为宽覆盖广域目标长时间凝视处理提供基础。

相干 FDA 雷达具有宽发窄收的特点,发射方向图具有时间-角度耦合、频率-角度耦合等特点。由于空频耦合关系,基于 LFM 基带波形情况,相干 FDA 雷达在某一方向上辐射信号的有效带宽大大缩小。人们分析了距离分辨率与阵列规模的关系,提出了基于子阵优化相干 FDA 设计的距离分辨恢复方法。文献[65]利用相干 FDA 雷达空频耦合的特点,研究了分段 LFM 信号的波束形成方法。文献[66]研究了相干 FDA 雷达低旁瓣失配滤波器设计方法,并利用二阶凸锥规划数学优化方法,实现了宽覆盖和高分辨探测。人们还讨论了相干 FDA 雷达实现无人机监视的有效性,说明利用 FDA 的宽覆盖特性可以对低空慢速目标进行长时间观测,极大提高目标点迹数据率,并改善目标跟踪性能;综合利用权矢量设计和波形设计,在子脉冲内进行波形拼接设计,在雷达多功能辐射调控应用方面具有一定的参考价值。文献[67]基于 CRB 性能分析方法,讨论了相干 FDA 雷达的参数测量性能。

# 1.5 FDA 雷达技术展望

FDA 增加了发射端频率调控设计的自由度,延伸形成了 WDA 的概念,拓展了发射端频率、时延、相位等空时频联合调控设计能力,带来了更高的信号处理灵活性,在信号检测、杂波抑制、干扰抑制、参数估计等方面具有重要优势,是雷达系统体制和信号处理技术发展的新方向,对于解决复杂电磁和地理环境下的强干扰和强杂波抑制问题,以及进行目标多维度联合信号处理等具有重要意义。尽管已有的研究工作中开展了大量的 FDA 雷达理论和方法研究,但距离实际工程应用仍有差距,以下内容仍值得深入研究。

## 1.5.1 雷达电子干扰抑制

在已有的研究工作中,人们已经基本建立了 FDA 雷达抗主瓣转发欺骗干扰的模型,给出了抗主瓣转发欺骗干扰抑制的约束条件,分析了抗干扰性能的影响因素,并在实验中验证了抗干扰技术的效能。然而,在实际复杂电子干扰环境下,不仅存在转发欺骗干扰,还存在噪声类干扰,以及复合调制的干扰,而且这些干扰分布在空间主瓣和旁瓣方向上。因此,以下 3 个方向值得深入研究:FDA 雷达基带波形设计方法,FDA 雷达与时频捷变技术相结合,分布式孔径雷达相控阵与FDA 双模式协同方法。

## 1.5.2 雷达杂波抑制

已有研究从理论上阐述了 FDA 雷达实现距离模糊杂波抑制的优势，然而，现有研究的物理基础仍然是 FDA-MIMO 体制，杂波抑制性能受到正交波形设计的严重制约。特别是在复杂地/海背景下，杂波在角度维和距离维扩展，已有的正交波形均难以满足杂波抑制对积分旁瓣比的要求，导致杂波抑制性能提升空间十分有限。因此，杂波抑制技术仍然是运动平台下视工作下 FDA 面临的技术难点。以下 3 个方向值得进一步研究：多维度或变换域的通道分离与等效波形正交设计，基于非理想正交波形的杂波抑制性能分析，非均匀杂波抑制。

## 1.5.3 参差重频脉组数缩减技术

以全空域搜索警戒任务为例，FDA 雷达和相控阵雷达相比，在相同的系统规模和功率约束下，对目标的探测威力是相同的。上述结论成立的条件是 FDA 雷达对目标的有效积累时间是相控阵雷达的 $M$ 倍（$M$ 为 FDA 发射通道数）。相控阵雷达波束集中分布，在相干处理间隔内具有较高的平均功率。而 FDA 雷达具有宽发波束，等效雷达平均功率下降为相控阵雷达的 $1/M$（全空域覆盖情况），因此，只有通过将相干积累时间增大至相控阵雷达的 $M$ 倍，才能获得与相控阵雷达相同的对目标的探测威力。实际应用中存在如下两种情况：（1）对于中低速运动目标探测问题，通常在较长时间内目标的散射相干性强，相控阵雷达按照波位编排进行扫描，而 FDA 雷达利用宽发覆盖的特点，可以通过上述增加相干处理间隔的方式，得到近似相控阵雷达甚至超过相控阵雷达的探测性能；（2）对于高速运动目标探测问题，相控阵雷达在集中能量的同时也将采用尽可能长的相干处理间隔进行目标积累，此时，FDA 雷达在相干处理间隔上难以获得更多积累时间，探测性能将低于相控阵雷达的探测性能。因此，从雷达功率效率来看，FDA 雷达适用于低空目标监视场景，特别是中低速运动目标甚至集群目标探测的应用场景。

## 1.5.4 雷达多功能融合方法

雷达系统的功能通常是指具体工作模式和工作参数下的雷达行为，如空中动目标显示（Airborne Moving Target Indication，AMTI）、地面动目标显示（Ground Moving Target Indication，GMTI）、边搜索边跟踪（Track-While-Scan，TWS）、同时搜索和跟踪（Track And Scan，TAS）、条带式合成孔径雷达（StripMap Synthetic Aperture Radar，StripMap SAR）、扫描式合成孔径雷达（ScanSAR）等。而雷达系统的任务通常是指在雷达实战应用中完成应用目的的一系列行为的组合，例如，机载预警雷达完成一次预警任务通常会使用多种功能，如 AMTI、GMTI、全空域探测、重点扇区探测等。

现有雷达系统的不同功能往往是各自独立设计的，不同功能对空时频资源和雷达参数的设计要求差异很大，甚至存在设计冲突，常常出现不同功能之间难以兼容的问题。例如，动目标显示功能通常采用带宽为几兆赫兹的窄带信号，天线以机扫或相扫方式实现 360°区域或重点扇区的覆盖；而雷达成像功能的发射信号通常是几百兆赫兹以上的宽带信号，且天线波束扫描范围有限甚至指向固定。因此，现有雷达系统的不同功能之间通常采用时分的工作方式，同一功能之间存在数据和信息缺失问题，且不同功能之间切换时延大，难以满足瞬息万变的现代战争局势在动态和静态信息感知上的需求。

上述不同雷达功能之间的波束扫描、信号带宽冲突问题，需要从雷达发射端设计及相应信号处理上寻求解决途径，以实现雷达多功能同步。FDA 雷达通过发射端的空间、频率、相位等维度进行综合调控设计与优化，可形成时空耦合发射方向图，具有多功能发射信号共存调制能力，是极具潜力的雷达多功能融合处理技术。首先，FDA 方向图具有发射宽覆盖和接收窄波束重聚焦能力，为多功能雷达波束可重构提供了途径。其次，FDA 雷达具有窄带信号对齐和宽带信号拼接能力，为多功能雷达信号频谱可重构提供了思路。FDA 雷达通过空间波束与信号频谱的重构和信号处理，有望解决频谱和孔径共享的信号级融合难题，解决传统雷达多功能集成"相加而不相融"的问题，实现雷达目标探测与高分辨成像功能的收发全链路信号级融合，提升雷达多功能融合性能。

# 参考文献

[1]  ANTONIK P, WICKS M C, GRIFFITHS H D, et al. Range-dependent beamforming using element level waveform diversity[C]//2006 International Waveform Diversity & Design Conference. Lihue, HI, USA. IEEE, 2006: 140–144.

[2]  ANTONIK P, WICKS M C, GRIFFITHS H D, et al. Frequency diverse array radars[C]//2006 IEEE Conference on Radar. Verona, NY, USA. IEEE, 2006: 215–217.

[3]  ANTONIK P. An investigation of a frequency diverse array[D]. London: University College London, 2009.

[4]  WIESBECK W. Principles of waveform diversity and design[M]. USA: Piscataway, 2010.

[5]  HUANG J. Frequency diversity array: theory and design[D]. London: University College London, 2010.

[6]　SECMEN M, DEMIR S, HIZAL A, et al. Frequency diverse array antenna with periodic time modulated pattern in range and angle[C]//2007 IEEE Radar Conference. Waltham, MA, USA. IEEE, 2007: 427-430.

[7]　EKER T, DEMIR S, HIZAL A. Exploitation of linear frequency modulated continuous waveform (LFMCW) for frequency diverse arrays[J]. IEEE Transactions on Antennas and Propagation, 2013, 61(7): 3546-3553.

[8]　JONES A M, RIGLING B D. Planar frequency diverse array receiver architecture[C]// 2012 IEEE Radar Conference. Atlanta, GA, USA. IEEE, 2012: 145-150.

[9]　NYSAETER A. Adaptive suppression of smart jamming with FDA permutation[C]// 2022 IEEE Radar Conference (RadarConf22). New York City, NY, USA. IEEE, 2022: 1-5.

[10]　许京伟. FDA 雷达动目标显示方法研究[D]. 西安: 西安电子科技大学, 2015.

[11]　许京伟, 朱圣棋, 廖桂生, 等. 频率分集阵雷达技术探讨[J]. 雷达学报, 2018, 7(2): 167-182.

[12]　王文钦, 陈慧, 郑植, 等. 频控阵雷达技术及其应用研究进展[J]. 雷达学报, 2018, 7(2): 153-166.

[13]　兰岚, 许京伟, 朱圣棋, 等. 波形分集阵列雷达抗干扰进展[J]. 系统工程与电子技术, 2021, 43(6): 1437-1451.

[14]　XU J W, LIAO G S, ZHU S Q, et al. Joint range and angle estimation using MIMO radar with frequency diverse array[J]. IEEE Transactions on Signal Processing, 2015, 63(13): 3396-3410.

[15]　XU J W, LIAO G S, ZHU S Q, et al. Deceptive jamming suppression with frequency diverse MIMO radar[J]. Signal Processing, 2015(113): 9-17.

[16]　XU J W, ZHU S Q, LIAO G S. Range ambiguous clutter suppression for airborne FDA-STAP radar[J]. IEEE Journal of Selected Topics in Signal Processing, 2015, 9(8): 1620-1631.

[17]　WANG C H, XU J W, LIAO G S, et al. A range ambiguity resolution approach for high-resolution and wide-swath SAR imaging using frequency diverse array[J]. IEEE Journal of Selected Topics in Signal Processing, 2017, 11(2): 336-346.

[18]　KHAN W, QURESHI I M. Frequency diverse array radar with time-dependent frequency offset[J]. IEEE Antennas and Wireless Propagation Letters, 2014(13): 758-761.

[19]　KHAN W, QURESHI I M, SAEED S. Frequency diverse array radar with logarithmically increasing frequency offset[J]. IEEE Antennas and Wireless Propagation Letters, 2014(14): 499-502.

[20] WANG W Q, SO H C, SHAO H Z. Nonuniform frequency diverse array for range-angle imaging of targets[J]. IEEE Sensors Journal, 2014, 14(8): 2469-2476.

[21] CHEN B X, CHEN X L, HUANG Y, et al. Transmit beampattern synthesis for the FDA radar[J]. IEEE Antennas and Wireless Propagation Letters, 2018, 17(1): 98-101.

[22] FARTOOKZADEH M. Comments on "frequency diverse array antenna using time-modulated optimized frequency offset to obtain time-invariant spatial fine focusing beampattern"[J]. IEEE Transactions on Antennas and Propagation, 2019, 68(2): 1211–1212.

[23] CHEN K J, YANG S W, CHEN Y K, et al. Accurate models of time-invariant beampatterns for frequency diverse arrays[J]. IEEE Transactions on Antennas and Propagation, 2019, 67(5): 3022-3029.

[24] TAN M, WANG C Y, LI Z H. Correction analysis of frequency diverse array radar about time[J]. IEEE Transactions on Antennas and Propagation, 2021, 69(2): 834-847.

[25] XU Y H, XU J W. Corrections to "range-angle-dependent beamforming of pulsed-frequency diverse array"[J]. IEEE Transactions on Antennas and Propagation, 2018, 66(11): 6466-6468.

[26] BAIZERT P, HALE T B, TEMPLE M A, et al. Forward-looking radar GMTI benefits using a linear frequency diverse array[J]. Electronics Letters, 2006, 42(22): 1311.

[27] FAROOQ J, TEMPLE M A, SAVILLE M A. Application of frequency diverse arrays to synthetic aperture radar imaging[C]//2007 International Conference on Electromagnetics in Advanced Applications. Turin, Italy. IEEE, 2007: 447-449.

[28] XU J W, LAN L, LIAO G S, et al. Range-angle matched receiver for coherent FDA radars[C]//2017 IEEE Radar Conference (RadarConf). Seattle, WA, USA. IEEE, 2017: 324-328.

[29] SAMMARTINO P F, BAKER C J, GRIFFITHS H D. Frequency diverse MIMO techniques for radar[J]. IEEE Transactions on Aerospace and Electronic Systems, 2013, 49(1): 201-222.

[30] WANG W Q. Range-angle dependent transmit beampattern synthesis for linear frequency diverse arrays[J]. IEEE Transactions on Antennas and Propagation, 2013, 61(8): 4073-4081.

[31] XU Y H, SHI X W, XU J W, et al. Range-angle-dependent beamforming of pulsed frequency diverse array[J]. IEEE Transactions on Antennas and Propagation, 2015, 63(7): 3262-3267.

[32] GAO K D, WANG W Q, CHEN H, et al. Transmit beamspace design for multi-carrier

frequency diverse array sensor[J]. IEEE Sensors Journal, 2016, 16(14): 5709-5714.

[33] SHAO H Z, DAI J, XIONG J, et al. Dot-shaped range-angle beampattern synthesis for frequency diverse array[J]. IEEE Antennas and Wireless Propagation Letters, 2016(15): 1703-1706.

[34] BASIT A, QURESHI I M, KHAN W, et al. Beam pattern synthesis for an FDA radar with hamming window-based nonuniform frequency offset[J]. IEEE Antennas and Wireless Propagation Letters, 2017(16): 2283-2286.

[35] YAO A M, WU W, FANG D G. Frequency diverse array antenna using time-modulated optimized frequency offset to obtain time-invariant spatial fine focusing beampattern[J]. IEEE Transactions on Antennas and Propagation, 2016, 64(10): 4434-4446.

[36] XU Y H, LUK K M. Enhanced transmit–receive beamforming for frequency diverse array[J]. IEEE Transactions on Antennas and Propagation, 2020, 68(7): 5344-5352.

[37] ELBELAZI I M, WICKS M C. Frequency diverse array antenna for tracking low earth orbit satellite[C]//NAECON 2018 - IEEE National Aerospace and Electronics Conference. Dayton, OH, USA. IEEE, 2018: 516-520.

[38] DING Y, NARBUDOWICZ A, GOUSSETIS G. Physical limitation of range-domain secrecy using frequency diverse arrays[J]. IEEE Access, 2020(8): 63302-63309.

[39] WANG W Q, SHAO H Z. Range-angle localization of targets by a double-pulse frequency diverse array radar[J]. IEEE Journal of Selected Topics in Signal Processing, 2014, 8(1): 106-114.

[40] CETINER R, DEMIR S, HIZAL A. Range and angle measurement in a linear pulsed frequency diverse array radar[C]//2017 IEEE Radar Conference (RadarConf). Seattle, WA, USA. IEEE, 2017: 64-67.

[41] WANG W Q. Subarray-based frequency diverse array radar for target range-angle estimation[J]. IEEE Transactions on Aerospace and Electronic Systems, 2014, 50(4): 3057-3067.

[42] LI X X, WANG D W, MA X Y, et al. FDS-MIMO radar low-altitude beam coverage performance analysis and optimization[J]. IEEE Transactions on Signal Processing, 2018, 66(9): 2494-2506.

[43] HU Y M, DENG W B, ZHANG X, et al. FDA-MIMO radar with long-baseline transmit array using ESPRIT[J]. IEEE Signal Processing Letters, 2021, 28: 1530-1534.

[44] COHEN D, COHEN D, ELDAR Y C. High resolution FDMA MIMO radar[J]. IEEE Transactions on Aerospace and Electronic Systems, 2020, 56(4): 2806-2822.

[45] RUBINSTEIN N, TABRIKIAN J. Frequency diverse array signal optimization: from non-cognitive to cognitive radar[J]. IEEE Transactions on Signal Processing, 2021(69):

6206-6220.

[46]  LIU Y M, RUAN H, WANG L, et al. The random frequency diverse array: a new antenna structure for uncoupled direction-range indication in active sensing[J]. IEEE Journal of Selected Topics in Signal Processing, 2017, 11(2): 295-308.

[47]  LV W, MISHRA K V, CHEN S. Co-pulsing FDA radar[J]. IEEE Transactions on Aerospace and Electronic Systems, 2022, 59(2): 1107-1126.

[48]  LAN L, XU J W, LIAO G S, et al. Suppression of mainbeam deceptive jammer with FDA-MIMO radar[J]. IEEE Transactions on Vehicular Technology, 2020, 69(10): 11584-11598.

[49]  YUAN T, HE F, DONG Z, et al. Suppress mainlobe deceptive jamming target under unambiguous range compensation based on FDA-MIMO radar[J]. IEEE Transactions on Aerospace and Electronic Systems, 2024, 60(5): 6853-6868.

[50]  JIA W K, JAKOBSSON A, WANG W Q. Waveform optimization with SINR criteria for FDA radar in the presence of signal-dependent mainlobe interference[J]. Signal Processing, 2023(204): 108851.

[51]  SHAO X L, HU T Y, ZHANG J Y, et al. Joint antenna selection and beamforming for frequency diverse multiple-input multiple-output radar in mainlobe spectrum interferences and signal-dependent interferences coexistence scenarios[J]. IET Radar, Sonar & Navigation, 2023, 17(12): 1837-1846.

[52]  LIU Y B, WANG C Y, GONG J, et al. Discrimination of mainlobe deceptive target with meter-wave FDA-MIMO radar[J]. IEEE Communications Letters, 2022, 26(5): 1131-1135.

[53]  WU Z X, ZHU S Q, XU J W, et al. Interference suppression method with MR-FDA-MIMO radar[J]. IEEE Transactions on Aerospace and Electronic Systems, 2023, 59(5): 6250-6264.

[54]  DING Z H, XIE J W, LAN L, et al. An intelligent anti-interference scheme for FDA-MIMO radar under nonideal condition[J]. IEEE Transactions on Aerospace and Electronic Systems, 2024, 60(3): 3269-3281.

[55]  XU J W, LIAO G S, SO H C. Space-time adaptive processing with vertical frequency diverse array for range-ambiguous clutter suppression[J]. IEEE Transactions on Geoscience and Remote Sensing, 2016, 54(9): 5352-5364.

[56]  WANG K Y, LIAO G S, XU J W, et al. Clutter rank analysis in airborne FDA-MIMO radar with range ambiguity[J]. IEEE Transactions on Aerospace and Electronic Systems, 2022, 58(2): 1416-1430.

[57]  WEN C, PENG J Y, ZHOU Y, et al. Enhanced three-dimensional joint domain

localized STAP for airborne FDA-MIMO radar under dense false-target jamming scenario[J]. IEEE Sensors Journal, 2018, 18(10): 4154-4166.

[58] QIU Z Z, LIAO Z P, XU J W, et al. Range-ambiguous clutter suppression for space-based early warning radar using vertical FDA and horizontal EPC[J]. IEEE Geoscience and Remote Sensing Letters, 2023(20): 3502905.

[59] LIU Z X, ZHU S Q, XU J W, et al. Range-ambiguous clutter suppression for STAP-based radar with vertical coherent frequency diverse array[J]. IEEE Transactions on Geoscience and Remote Sensing, 2023(61): 5106517.

[60] HIGGINS T, BLUNT S D, SHACKELFORD A K. Space-range adaptive processing for waveform-diverse radar imaging[C]//2010 IEEE Radar Conference. Arlington, VA, USA. IEEE, 2010: 321-326.

[61] WANG H B, ZHANG Y H, XU J W, et al. A novel range ambiguity resolving approach for high-resolution and wide-swath SAR imaging utilizing space-pulse phase coding[J]. Signal Processing, 2020(168): 107323.

[62] ZHANG M D, LIAO G S, XU J W, et al. High-resolution and wide-swath SAR imaging with sub-band frequency diverse array[J]. IEEE Transactions on Aerospace and Electronic Systems, 2023, 59(1): 172-183.

[63] ZHOU Y S, WANG W, CHEN Z, et al. High-resolution and wide-swath SAR imaging mode using frequency diverse planar array[J]. IEEE Geoscience and Remote Sensing Letters, 2021, 18(2): 321-325.

[64] CHEN Z, ZHANG Z M, ZHOU Y S, et al. Elevated frequency diversity array: a novel approach to high resolution and wide swath imaging for synthetic aperture radar[J]. IEEE Geoscience and Remote Sensing Letters, 2020(19): 4001505.

[65] WANG H K, LIAO G S, XU J W, et al. Transmit beampattern design for coherent FDA by piecewise LFM waveform[J]. Signal Processing, 2019(161): 14-24.

[66] YU L, HE F, ZHANG Y S, et al. Low-PSL mismatched filter design for coherent FDA radar using phase-coded waveform[J]. IEEE Geoscience and Remote Sensing Letters, 2023(20): 3507405.

[67] GUI R H, WANG W Q, CUI C, et al. Coherent pulsed-FDA radar receiver design with time-variance consideration: SINR and CRB analysis[J]. IEEE Transactions on Signal Processing, 2018, 66(1): 200-214.

# 第2章　FDA基本概念

## 2.1　引言

　　FDA 的概念[1-4]一经提出就受到了研究人员的广泛关注，第 1 章已经对相关综述内容[5-17]进行了具体介绍，此处不赘述。

　　本章从一般性阵列信号模型出发，讨论 FDA 基本概念，分析相干 FDA 雷达信号模型[18]和 FDA-MIMO 雷达信号模型[19]，对比 FDA 与传统相控阵的电场方向图差异，重点探讨 FDA 时空耦合发射信号特征及 FDA 发射方向图，分析距离-角度-时间三维依赖的发射方向图的数学和物理原理。

## 2.2　相控阵信号模型

### 2.2.1　一般性阵列信号模型

　　考虑由 $M$ 个全向阵元按任意方式排列组成的阵列，分别将阵元从 1 到 $M$ 进行编号，并选择阵元 1 为参考点（可根据需要选定参考点），各个阵元相对于参考点的位置矢量为 $P_m$（ $m = 1, 2, \cdots, M$， $P_1 = 0$），如图 2.1 所示。

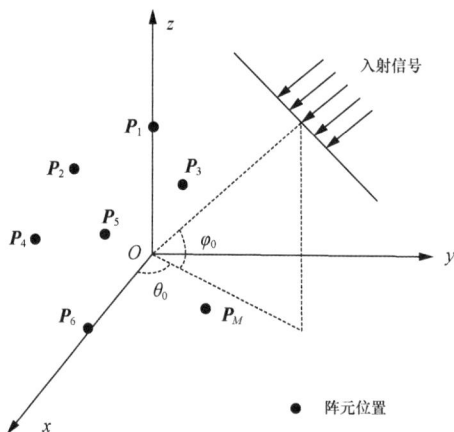

图 2.1　一般性阵列示意

考虑远场窄带信号，设参考点接收到的信号为

$$s(t) = a(t)\exp(\mathrm{j}2\pi f_0 t) \tag{2-1}$$

其中，$a(t)$ 表示信号包络，$f_0$ 表示参考载频，那么各阵元接收到的信号可表示为

$$\begin{pmatrix} x_1(t) \\ x_2(t) \\ \vdots \\ x_M(t) \end{pmatrix} = \begin{pmatrix} s(t-\tau_1) \\ s(t-\tau_2) \\ \vdots \\ s(t-\tau_M) \end{pmatrix} = \begin{pmatrix} a(t-\tau_1)\exp(\mathrm{j}2\pi f_0(t-\tau_1)) \\ a(t-\tau_2)\exp(\mathrm{j}2\pi f_0(t-\tau_2)) \\ \vdots \\ a(t-\tau_M)\exp(\mathrm{j}2\pi f_0(t-\tau_M)) \end{pmatrix} \tag{2-2}$$

其中，$x_m(t)$（$m=1,\,2,\,\cdots,\,M$）表示第 $m$ 个阵元接收到的信号，$\tau_m$ 表示信号到达第 $m$ 个阵元时相对于参考点的时延，显然，$\tau_1=0$。在远场窄带信号的假设下，由时延造成的信号包络在各阵元上的差异可以忽略，即

$$a(t-\tau_m) \approx a(t) \tag{2-3}$$

因此，式（2-2）可以进一步简化为

$$\begin{pmatrix} x_1(t) \\ x_2(t) \\ \vdots \\ x_M(t) \end{pmatrix} = a(t)\exp(\mathrm{j}2\pi f_0 t) \begin{pmatrix} \exp(-\mathrm{j}2\pi f_0\tau_1) \\ \exp(-\mathrm{j}2\pi f_0\tau_2) \\ \vdots \\ \exp(-\mathrm{j}2\pi f_0\tau_M) \end{pmatrix} = \boldsymbol{a}s(t) \tag{2-4}$$

其中，$\boldsymbol{a}$ 为阵列流形矢量，具体为

$$\boldsymbol{a} = \left( \mathrm{e}^{-\mathrm{j}2\pi f_0\tau_1}, \mathrm{e}^{-\mathrm{j}2\pi f_0\tau_2}, \cdots, \mathrm{e}^{-\mathrm{j}2\pi f_0\tau_M} \right)^{\mathrm{T}} \tag{2-5}$$

其中，$\tau_m$ 可表示为

$$\tau_m = \frac{\boldsymbol{u}^{\mathrm{T}} \boldsymbol{P}_m}{c} \tag{2-6}$$

其中，$c$ 表示光速，$\boldsymbol{u}$ 表示信号入射方向 $(\theta_0, \varphi_0)$ 对应的归一化方向矢量。根据图 2.1 中方位角 $\theta_0$ 和俯仰角 $\varphi_0$ 的定义方式，$\boldsymbol{u}=(\cos\varphi_0\cos\theta_0, \cos\varphi_0\sin\theta_0, \sin\varphi_0)^{\mathrm{T}}$。$2\pi f_0\tau_m$ 表示信号到达第 $m$ 个阵元后相对参考点的滞后相位。将式（2-6）代入 $2\pi f_0\tau_m$，并进一步推导

$$2\pi f_0\tau_m = 2\pi f_0\frac{\boldsymbol{u}^{\mathrm{T}}\boldsymbol{P}_m}{c} = \frac{2\pi}{\lambda}\boldsymbol{u}^{\mathrm{T}}\boldsymbol{P}_m = \boldsymbol{k}^{\mathrm{T}}\boldsymbol{P}_m \tag{2-7}$$

其中，$\lambda = c/f_0$ 为参考波长，$\boldsymbol{k} = \dfrac{2\pi}{\lambda}\boldsymbol{u}$ 为波束矢量。将式（2-7）代入式（2-5）后，式（2-5）可以进一步表示为

$$\boldsymbol{a} = \left( \mathrm{e}^{-\mathrm{j}\boldsymbol{k}^{\mathrm{T}}\boldsymbol{P}_1}, \mathrm{e}^{-\mathrm{j}\boldsymbol{k}^{\mathrm{T}}\boldsymbol{P}_2}, \cdots, \mathrm{e}^{-\mathrm{j}\boldsymbol{k}^{\mathrm{T}}\boldsymbol{P}_M} \right)^{\mathrm{T}} \tag{2-8}$$

由式（2-8）可见，阵列流形矢量包含阵列几何结构、信号频率以及来波方向等信息。

假设有 $K$（$K<M$）个具有相同中心频率的远场窄带信号同时入射该阵列，信号来波方向为 $\Theta_k=(\theta_k,\varphi_k)$，（$k=1,2,\cdots,K$），其中 $\theta_k$ 和 $\varphi_k$ 分别表示第 $k$ 个入射信号的方位角和俯仰角，那么各阵元接收到的信号可表示为

$$X(t)=A(\Theta)S(t) \tag{2-9}$$

其中，$X(t)$ 为 $M$ 维列向量，$A(\Theta)$ 为 $M\times K$ 维阵列流形矩阵，$S(t)$ 为 $K$ 维列向量。

$$X(t)=\left(x_1(t),x_2(t),\cdots,x_M(t)\right)^{\mathrm{T}} \tag{2-10}$$

$$A(\Theta)=\left(a(\Theta_1),a(\Theta_2),\cdots,a(\Theta_K)\right) \tag{2-11}$$

$$S(t)=\left(s_1(t),s_2(t),\cdots,s_K(t)\right)^{\mathrm{T}} \tag{2-12}$$

其中，矩阵 $A$ 的第 $k$ 列向量表示来波方向为 $\Theta_k$ 的信号对应的阵列流形矢量，具体表达式可通过式（2-8）得到。

## 2.2.2 ULA 信号模型

为了讨论方便，人们经常对 ULA 进行研究。以位于 $z$ 轴上的 $M$ 元 ULA 为例，如图 2.2 所示，阵元间距为 $d$，则第 $m$ 个阵元的位置矢量为

$$P_m=\left(0,0,(m-1)d\right)^{\mathrm{T}},\quad m=1,2,\cdots,M \tag{2-13}$$

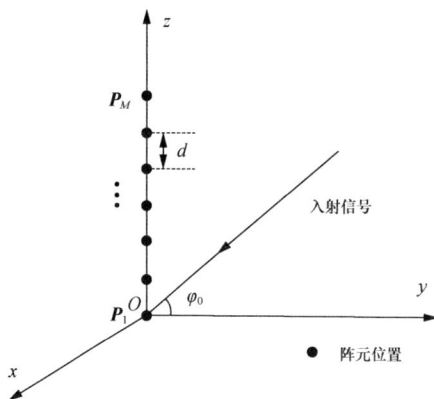

图 2.2　位于 $z$ 轴上的 $M$ 元 ULA

把式（2-13）代入式（2-8），即可得到 ULA 的阵列流形矢量

$$a=\left(1,\mathrm{e}^{-\mathrm{j}\frac{2\pi}{\lambda}d\sin\varphi_0},\cdots,\mathrm{e}^{-\mathrm{j}\frac{2\pi}{\lambda}(M-1)d\sin\varphi_0}\right)^{\mathrm{T}} \tag{2-14}$$

假设空间有 $K$（$K<M$）个信号入射此阵列，来波方向为 $\varphi_k$（$k=1,2,\cdots,K$），那么阵列流形矩阵 $A$ 可以表示为

$$A = \big(a(\varphi_1), a(\varphi_2), \cdots, a(\varphi_K)\big)$$

$$= \begin{pmatrix} 1 & 1 & \cdots & 1 \\ e^{-j\frac{2\pi}{\lambda}d\sin\varphi_1} & e^{-j\frac{2\pi}{\lambda}d\sin\varphi_2} & \cdots & e^{-j\frac{2\pi}{\lambda}d\sin\varphi_K} \\ \vdots & \vdots & & \vdots \\ e^{-j\frac{2\pi}{\lambda}(M-1)d\sin\varphi_1} & e^{-j\frac{2\pi}{\lambda}(M-1)d\sin\varphi_2} & \cdots & e^{-j\frac{2\pi}{\lambda}(M-1)d\sin\varphi_K} \end{pmatrix} \quad (2\text{-}15)$$

## 2.3　FDA 雷达信号模型

相控阵中每个阵元发射相同频率的信号，发射波束只与角度有关，与距离无关。FDA 在传统相控阵的基础上，在发射端阵元间引入频率步进量（频率步进量相对于参考载频很小），使得发射波束具有距离-角度二维依赖特性[1-4]。根据各阵元发射波形的特性，FDA 可以分为 3 类[13]：相干 FDA、相关 FDA、正交 FDA。相干 FDA 各阵元发射波形仅在发射载频上存在区别，基带信号包络保持一致，具有相干性。相关 FDA 各阵元发射波形不仅在发射载频上存在区别，而且基带信号包络之间存在一定的相关性。正交 FDA 各阵元发射波形不仅在发射载频上存在区别，而且基带信号包络之间满足正交性，类似于 MIMO 技术，因此又被称为 FDA-MIMO。

### 2.3.1　相干 FDA 雷达信号模型

考虑由 $M$ 个阵元组成的收-发共址的 ULA，如图 2.3 所示，其发射载频具有线性步进量，则第 $m$ 个阵元的发射载频可以表示为

$$f_m = f_0 + (m-1)\Delta f, \quad m = 1, 2, \cdots, M \quad (2\text{-}16)$$

其中，$f_0$ 为参考载频，$\Delta f$ 为频率步进量。需要说明的是，通常该频率步进量远小于参考载频和发射信号带宽，当 $\Delta f=0$ 时，FDA 退化为相控阵。

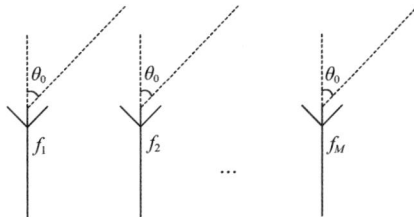

图 2.3　$M$ 个阵元组成的收-发共址的 ULA

对于连续波体制 FDA 技术，不同阵元发射频率步进的单频信号，第 $m$ 个阵元

发射的信号可以表示为

$$s_m(t) = \varphi(t)\exp(j2\pi f_m t) \tag{2-17}$$

其中，$\varphi(t)$ 为基带波形，如 LFM 信号、相位编码信号等。考虑远场窄带假设条件，对于空间中角度为 $\theta_0$、距离为 $R_0$ 的远场点目标，由第 $m$ 个阵元发射，经过该目标后向散射并由第 $n$ 个阵元接收的回波信号可以表示为

$$s_{m,n}(t - \tau_{m,n}) = \xi_s \varphi(t - \tau_{m,n})\exp(j2\pi f_m(t - \tau_{m,n})) \tag{2-18}$$

其中，$\xi_s$ 表示包含雷达发射和接收全链路的目标回波信号复系数；$\tau_{m,n}$ 表示双程时延，满足

$$\tau_{m,n} = \frac{2R_0 - (m-1)d\sin\theta_0 - (n-1)d\sin\theta_0}{c} = \tau_0 - \tau_m - \tau_n \tag{2-19}$$

其中，$d$ 为阵元间距，$c$ 为光速，$\tau_0$、$\tau_m$、$\tau_n$ 的具体表达式如下

$$\begin{cases} \tau_0 = \dfrac{2R_0}{c} \\[2mm] \tau_m = \dfrac{(m-1)d\sin\theta_0}{c} \\[2mm] \tau_n = \dfrac{(n-1)d\sin\theta_0}{c} \end{cases} \tag{2-20}$$

因此，由所有阵元发射，并由第 $n$ 个阵元接收的回波信号可以表示为

$$\begin{aligned} y_n(t) &= \sum_{m=1}^{M} s_{m,n}(t - \tau_{m,n}) \\ &= \xi_s \sum_{m=1}^{M} \varphi(t - \tau_{m,n})\exp(j2\pi f_m(t - \tau_{m,n})) \end{aligned} \tag{2-21}$$

考虑远场窄带假设条件，则 $\varphi(t - \tau_{m,n}) \approx \varphi(t - \tau_0)$，那么式（2-21）可以进一步表示为

$$\begin{aligned} y_n(t) &= \xi_s \sum_{m=1}^{M} \varphi(t - \tau_0)\exp(j2\pi f_m(t - \tau_{m,n})) \\ &\approx \xi_s \varphi(t - \tau_0)\exp(j2\pi f_0(t - \tau_0))\exp(j2\pi f_0 \tau_n) \\ &\quad \times \sum_{m=1}^{M} \exp(j2\pi f_0 \tau_m)\exp(j2\pi(m-1)\Delta f(t - \tau_0)) \\ &= \xi_s \varphi(t - \tau_0)\exp(j2\pi f_0(t - \tau_0))\exp\left(j2\pi\frac{d}{\lambda_0}(n-1)\sin\theta_0\right) \\ &\quad \times \sum_{m=1}^{M} \exp\left(j2\pi\frac{d}{\lambda_0}(m-1)\sin\theta_0\right)\exp(j2\pi(m-1)\Delta f(t - \tau_0)) \end{aligned} \tag{2-22}$$

上述推导中近似的条件是忽略阵元数的二次项，即忽略 $\exp\left(\mathrm{j}2\pi(m-1)^2\Delta fd\sin\theta_0/c\right)$ 和 $\exp\left(\mathrm{j}2\pi(m-1)(n-1)\Delta fd\sin\theta_0/c\right)$，$\lambda_0=c/f_0$ 为参考波长。经过与参考载频混频后，回波信号可以表示为

$$
\begin{aligned}
y_n(t)=\ &\xi_s\varphi(t-\tau_0)\exp(-\mathrm{j}2\pi f_0\tau_0)\exp\left(\mathrm{j}2\pi\frac{d}{\lambda_0}(n-1)\sin\theta_0\right)\\
&\times\sum_{m=1}^{M}\exp\left(\mathrm{j}2\pi(m-1)\left(\Delta f(t-\tau_0)+\frac{d}{\lambda_0}\sin\theta_0\right)\right)
\end{aligned}
\tag{2-23}
$$

将所有接收阵元的接收信号表示为一个 $M$ 维的列向量

$$
\begin{aligned}
\boldsymbol{y}(t)&=\left(y_1(t),y_2(t),\cdots,y_M(t)\right)^{\mathrm{T}}\\
&=\xi_s\varphi(t-\tau_0)\exp(-\mathrm{j}2\pi f_0\tau_0)P_{\mathrm{T}}(\theta,t-\tau_0)\boldsymbol{a}_{\mathrm{R}}(\theta_0)
\end{aligned}
\tag{2-24}
$$

其中，$P_{\mathrm{T}}(\theta,t-\tau_0)$ 为瞬时发射方向图，$\boldsymbol{a}_{\mathrm{R}}(\theta_0)$ 为接收导向矢量，具体表达式如下

$$
\begin{aligned}
P_{\mathrm{T}}(\theta_0,t-\tau_0)&=\sum_{m=1}^{M}\exp\left(\mathrm{j}2\pi(m-1)\left(\Delta f(t-\tau_0)+\frac{d}{\lambda_0}\sin\theta_0\right)\right)\\
&=\frac{\sin\left(M\pi\left(\Delta f(t-\tau_0)+\dfrac{d}{\lambda_0}\sin\theta_0\right)\right)}{\sin\left(\pi\left(\Delta f(t-\tau_0)+\dfrac{d}{\lambda_0}\sin\theta_0\right)\right)}\exp\left(\mathrm{j}(M-1)\pi\left(\Delta f(t-\tau_0)+\frac{d}{\lambda_0}\sin\theta_0\right)\right)
\end{aligned}
\tag{2-25}
$$

$$
\boldsymbol{a}_{\mathrm{R}}(\theta_0)=\left(1,\exp\left(\mathrm{j}2\pi\frac{d}{\lambda_0}\sin\theta_0\right),\cdots,\exp\left(\mathrm{j}2\pi\frac{d}{\lambda_0}(M-1)\sin\theta_0\right)\right)^{\mathrm{T}}
\tag{2-26}
$$

对于脉冲波体制 FDA 技术，需要在上述单频连续波信号的基础上加上脉冲包络，发射信号可以表示为

$$
s_m(t)=\mathrm{rect}\left(\frac{t}{T_{\mathrm{P}}}\right)\varphi(t)\exp(\mathrm{j}2\pi f_m t)
\tag{2-27}
$$

其中，$\mathrm{rect}(\cdot)$ 表示矩形脉冲包络，有

$$
\mathrm{rect}\left(\frac{t}{T_{\mathrm{P}}}\right)=\begin{cases}1,&|t|\leqslant T_{\mathrm{P}}/2\\0,&|t|>T_{\mathrm{P}}/2\end{cases}
\tag{2-28}
$$

其中，$T_{\mathrm{P}}$ 为脉冲宽度。脉冲波体制 FDA 接收到的回波信号为

$$
\begin{aligned}
\boldsymbol{y}'(t)&=\xi_s\mathrm{rect}\left(\frac{t-\tau_0}{T_{\mathrm{P}}}\right)\varphi(t-\tau_0)\exp(-\mathrm{j}2\pi f_0\tau_0)P_{\mathrm{T}}(\theta_0,t-\tau_0)\boldsymbol{a}_{\mathrm{R}}(\theta_0)\\
&=\xi_s\varphi(t-\tau_0)\exp(-\mathrm{j}2\pi f_0\tau_0)P_{\mathrm{T}'}(\theta_0,t-\tau_0)\boldsymbol{a}_{\mathrm{R}}(\theta_0)
\end{aligned}
\tag{2-29}
$$

具体推导过程同式（2-16）~式（2-24），其中 $P_{T'}(\theta_0, t-\tau_0)$ 表示脉冲波体制 FDA 对应的瞬时发射方向图，有

$$
\begin{aligned}
P_{T'}(\theta_0, t-\tau_0) &= \text{rect}\left(\frac{t-\tau_0}{T_P}\right)\sum_{m=1}^{M}\exp\left(j2\pi(m-1)\left(\Delta f\left(t-\tau_0\right)+\frac{d}{\lambda_0}\sin\theta_0\right)\right) \\
&= \text{rect}\left(\frac{t-\tau_0}{T_P}\right)\frac{\sin\left(M\pi\left(\Delta f\left(t-\tau_0\right)+\frac{d}{\lambda_0}\sin\theta_0\right)\right)}{\sin\left(\pi\left(\Delta f\left(t-\tau_0\right)+\frac{d}{\lambda_0}\sin\theta_0\right)\right)} \\
&\quad \times\exp\left(j(M-1)\pi\left(\Delta f\left(t-\tau_0\right)+\frac{d}{\lambda_0}\sin\theta_0\right)\right)
\end{aligned} \tag{2-30}
$$

对比式（2-25）和式（2-30）可见，相比于连续波体制 FDA 雷达信号模型，脉冲波体制 FDA 雷达信号模型仅多了一个矩形脉冲包络。

## 2.3.2 FDA-MIMO 雷达信号模型

考虑具有 $M$ 个发射阵元和 $N$ 个接收阵元的 MIMO 阵列，且发射、接收阵列均为等距线阵。对于 FDA-MIMO 体制，第 $m$ 个发射阵元发射的信号可以表示为

$$
s_m(t) = \varphi_m(t)\exp(j2\pi f_m t) \tag{2-31}
$$

其中，$\varphi_m(t)$ 表示第 $m$ 个发射阵元对应的基带调制信号。理论上，FDA-MIMO 的基带波形设计应满足正交条件，即

$$
\int \varphi_m(t)\varphi_{m'}^*(t-\tau)\exp(j2\pi\Delta f(m-m')t)\mathrm{d}t = 0, \ 1\leqslant m,m'\leqslant M, m\neq m', \forall\tau \tag{2-32}
$$

其中，$\tau$ 表示时延。

在实际应用中，FDA-MIMO 频率步进量可以在基带采用直接数字合成（Direct Digital Synthesizer，DDS）技术产生。DDS 技术具有高精度，且不受通道误差影响的优势。图 2.4 给出了一种 FDA-MIMO 发射波形实现结构。以第 $m$ 路信号产生为例，采用高精度的时钟参考信号，经过 DDS 后可得频率步进信号，在基带信号产生时进行频率步进信号的调制，并将频率步进信号与发射载频（正交）波形相乘后送入基带模拟通道，经上变频从天线辐射出去。其中，基带模拟通道由数模转换器（Digital-to-Analog Converter，DAC）和带通滤波器/低通滤波器（Bandpass Filter/Low-Pass Filter，BPF/LPF）组成。

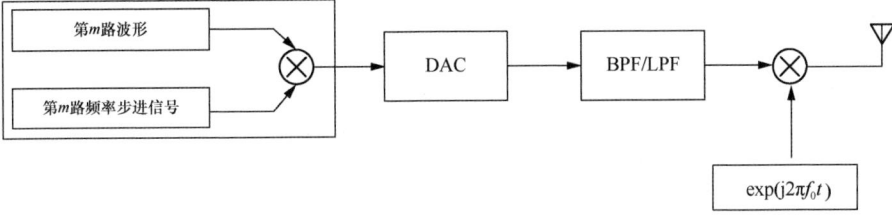

**图 2.4　FDA-MIMO 发射波形实现结构**

考虑远场窄带假设条件，对于空间中角度为 $\theta_0$、距离为 $R_0$ 的远场点目标，第 $n$ 个接收阵元接收到的来自第 $m$ 个发射阵元的回波信号可以表示为

$$s_{m,n}\left(t-\tau_{m,n}\right)=\xi_{s}\varphi_{m}\left(t-\tau_{m,n}\right)\exp\left(\mathrm{j}2\pi f_{m}\left(t-\tau_{m,n}\right)\right) \tag{2-33}$$

其中，$\xi_s$ 表示包含雷达发射和接收全链路的目标回波信号复系数；$\tau_{m,n}$ 表示对应第 $m$ 个发射阵元和第 $n$ 个接收阵元的回波时延差，满足

$$\begin{aligned}\tau_{m,n}&=\frac{2R_0-\left(m-1\right)d_{\mathrm{T}}\sin\theta_0-\left(n-1\right)d_{\mathrm{R}}\sin\theta_0}{c}\\&=\tau_0-\tau_m-\tau_n\end{aligned} \tag{2-34}$$

其中，$d_{\mathrm{T}}$ 表示发射阵元的阵元间距，$d_{\mathrm{R}}$ 表示接收阵元的阵元间距。因此，由所有阵元发射，并由第 $n$ 个阵元接收的回波信号可以表示为

$$\begin{aligned}y_n\left(t\right)&=\sum_{m=1}^{M}s_{m,n}\left(t-\tau_{m,n}\right)\\&=\xi_s\sum_{m=1}^{M}\varphi_m\left(t-\tau_{m,n}\right)\exp\left(\mathrm{j}2\pi f_m\left(t-\tau_{m,n}\right)\right)\end{aligned} \tag{2-35}$$

考虑远场窄带假设条件，则 $\varphi_m\left(t-\tau_{m,n}\right)\approx\varphi_m\left(t-\tau_0\right)$，忽略阵元数的二次项，经过与参考载频混频后，回波信号可以表示为

$$\begin{aligned}y_n\left(t\right)&=\xi_s\exp\left(-\mathrm{j}2\pi f_0\tau_0\right)\exp\left(\mathrm{j}2\pi\frac{d_{\mathrm{R}}}{\lambda_0}\left(n-1\right)\sin\theta_0\right)\\&\times\sum_{m=1}^{M}\varphi_m\left(t-\tau_0\right)\exp\left(\mathrm{j}2\pi\left(m-1\right)\left(\Delta f\left(t-\tau_0\right)+\frac{d_{\mathrm{T}}}{\lambda_0}\sin\theta_0\right)\right)\end{aligned} \tag{2-36}$$

随后对每一个接收阵元接收到的回波信号通过 $M$ 组匹配滤波器进行处理，FDA-MIMO 接收信号处理流程如图 2.5 所示，具体过程包含两步：第一步，对每个接收通道进行与 $\Delta f$ 相关的数字混频处理；第二步，对每个发射波形进行匹配滤波。下面以第 $n$ 个接收阵元为例进行详细阐释。

首先，对第 $n$ 个接收阵元接收到的回波信号进行数字混频处理，其经过第 $m$

个数字混频器后，输出的信号为

$$y_{m,n}(t) = \xi_\mathrm{s} \exp(-\mathrm{j}2\pi f_0 \tau_0) \exp\left(\mathrm{j}2\pi \frac{d_\mathrm{R}}{\lambda_0}(n-1)\sin\theta_0\right)$$

$$\times \left( \varphi_m(t-\tau_0)\exp(-\mathrm{j}2\pi(m-1)\Delta f \tau_0)\exp\left(\mathrm{j}2\pi(m-1)\frac{d_\mathrm{T}}{\lambda_0}\sin\theta_0\right) + \right.$$

$$\left. \sum_{m'=1,m'\neq m}^{M} \varphi_{m'}(t-\tau_0)\exp(\mathrm{j}2\pi\Delta f(m'-m)t)\exp\left(\mathrm{j}2\pi(m'-1)\left(-\Delta f \tau_0 + \frac{d_\mathrm{T}}{\lambda_0}\sin\theta_0\right)\right)\right)$$

$$（2\text{-}37）$$

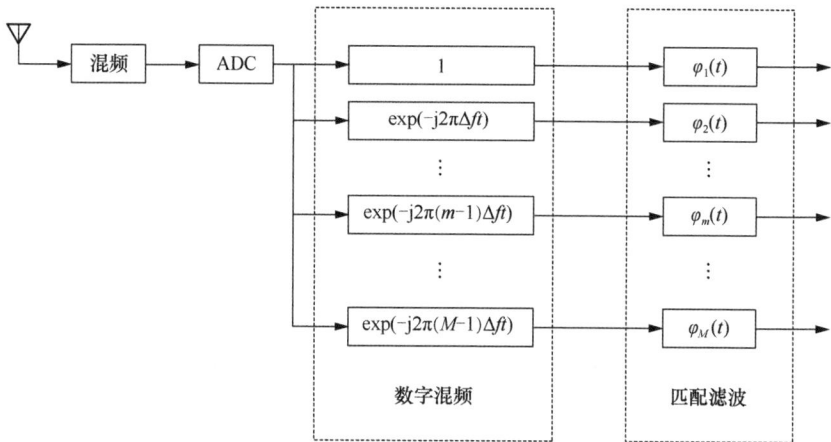

图 2.5　FDA-MIMO 接收信号处理流程

第 $m$ 路信号对应的匹配滤波器为

$$h_m(t) = \varphi_m^*(-t) \qquad （2\text{-}38）$$

第 $n$ 个接收阵元接收到的回波信号，在经过第 $m$ 路波形匹配滤波处理后，表示为

$$y_{m,n}(\tau-\tau_0) = y_{m,n}(t) \times h_m^*(t-\tau) \approx \xi_\mathrm{s} \exp(-\mathrm{j}2\pi f_0 \tau_0)\exp\left(\mathrm{j}2\pi\frac{d_\mathrm{R}}{\lambda_0}(n-1)\sin\theta_0\right)$$

$$\times \left( \mathrm{sinc}(\tau-\tau_0)\exp(-\mathrm{j}2\pi(m-1)\Delta f \tau_0)\exp\left(\mathrm{j}2\pi(m-1)\frac{d_\mathrm{T}}{\lambda_0}\sin\theta_0\right) \right.$$

$$+ \sum_{m'=1,m'\neq m}^{M} \varphi_{m'}(t-\tau_0)\varphi_m^*(t-\tau)\exp(\mathrm{j}2\pi\Delta f(m'-m)t)$$

$$\left. \times \exp\left(\mathrm{j}2\pi(m'-1)\left(-\Delta f \tau_0 + \frac{d_\mathrm{T}}{\lambda_0}\sin\theta_0\right)\right)\right)$$

$$（2\text{-}39）$$

考虑 FDA-MIMO 体制下的理想正交条件[即式（2-32）]，式（2-39）可以进一步简化为

$$
\begin{aligned}
y_{m,n}\left(\tau-\tau_0\right) = {} & \xi_s \exp\left(-\mathrm{j}2\pi f_0 \tau_0\right)\exp\left(\mathrm{j}2\pi\frac{d_{\mathrm{R}}}{\lambda_0}(n-1)\sin\theta_0\right) \\
& \times \mathrm{sinc}\left(\tau-\tau_0\right)\exp\left(-\mathrm{j}2\pi(m-1)\Delta f\tau_0\right)\exp\left(\mathrm{j}2\pi(m-1)\frac{d_{\mathrm{T}}}{\lambda_0}\sin\theta_0\right)
\end{aligned}
\tag{2-40}
$$

$N$ 个接收阵元的回波信号分别经过 $M$ 路波形匹配滤波处理后，可以表示为一个 $MN$ 维的列向量

$$
\begin{aligned}
\boldsymbol{y} &= \left(y_{1,1}\left(\tau-\tau_0\right), y_{1,2}\left(\tau-\tau_0\right), \cdots, y_{M,N}\left(\tau-\tau_0\right)\right)^{\mathrm{T}} \\
&= \xi_s' \boldsymbol{a}\left(R_0,\theta_0\right) \otimes \boldsymbol{b}\left(\theta_0\right)
\end{aligned}
\tag{2-41}
$$

其中，$\otimes$ 为克罗内克积运算符，$\xi_s' = \xi_s \exp\left(-\mathrm{j}2\pi f_0 \tau_0\right)\mathrm{sinc}\left(\tau-\tau_0\right)$ 表示目标经过匹配滤波处理后的回波信号复系数，$\boldsymbol{a}\left(R_0,\theta_0\right)$ 和 $\boldsymbol{b}\left(\theta_0\right)$ 分别表示发射导向矢量和接收导向矢量，具体表达式为

$$
\boldsymbol{a}\left(R_0,\theta_0\right) = \begin{pmatrix} 1, \exp\left(-\mathrm{j}4\pi\dfrac{\Delta f R_0}{c} + \mathrm{j}2\pi\dfrac{d_{\mathrm{T}}}{\lambda_0}\sin\theta_0\right), \cdots, \\ \exp\left(-\mathrm{j}4\pi\dfrac{\Delta f R_0}{c}(M-1) + \mathrm{j}2\pi\dfrac{d_{\mathrm{T}}}{\lambda_0}(M-1)\sin\theta_0\right) \end{pmatrix}^{\mathrm{T}}
\tag{2-42}
$$

$$
\boldsymbol{b}\left(\theta_0\right) = \left(1, \exp\left(\mathrm{j}2\pi\frac{d_{\mathrm{R}}}{\lambda_0}\sin\theta_0\right), \cdots, \exp\left(\mathrm{j}2\pi\frac{d_{\mathrm{R}}}{\lambda_0}(N-1)\sin\theta_0\right)\right)^{\mathrm{T}}
\tag{2-43}
$$

从式（2-42）和式（2-43）可以看出，FDA-MIMO 与传统的 MIMO 不同，其接收导向矢量仅与角度有关，但是发射导向矢量呈现距离-角度二维相关性，距离维信息为雷达提供了在发射域区分来自不同距离目标的能力。

## 2.4  FDA 发射方向图

### 2.4.1  性质分析

假设阵列发射单频连续波信号，在空间远场距离 $r$、角度 $\theta$ 处，发射方向图可以看作各个阵元发射信号在此处的相干叠加。考虑发射端不进行加窗处理，且发射权矢量为全 1 矢量，则 $M$ 元等距线性 FDA 的发射方向图可近似表示为

$$P_{\mathrm{FDA}}\left(r,\theta,t\right) = \sum_{m=1}^{M} \exp\left( \mathrm{j}2\pi f_m\left( t - \frac{r - d(m-1)\sin\theta}{c} \right) \right)$$

$$\approx \exp\left( \mathrm{j}2\pi f_0\left( t - \frac{r}{c} \right) \right) \sum_{m=1}^{M} \exp\left( \mathrm{j}2\pi f_0 \frac{d(m-1)\sin\theta}{c} + \mathrm{j}2\pi(m-1)\Delta f\left( t - \frac{r}{c} \right) \right)$$

$$= \exp\left( \mathrm{j}2\pi f_0\left( t - \frac{r}{c} \right) \right) \sum_{m=1}^{M} \exp\left( \mathrm{j}2\pi(m-1)\left( \Delta f\left( t - \frac{r}{c} \right) + \frac{d\sin\theta}{\lambda_0} \right) \right)$$

$$= \exp\left( \mathrm{j}2\pi f_0\left( t - \frac{r}{c} \right) \right) \exp\left( \mathrm{j}\pi(M-1)\left( \Delta f\left( t - \frac{r}{c} \right) + \frac{d\sin\theta}{\lambda_0} \right) \right)$$

$$\times \frac{\sin\left( M\pi\left( \Delta f\left( t - \frac{r}{c} \right) + \frac{d\sin\theta}{\lambda_0} \right) \right)}{\sin\left( \pi\left( \Delta f\left( t - \frac{r}{c} \right) + \frac{d\sin\theta}{\lambda_0} \right) \right)}$$

$$(2\text{-}44)$$

式（2-44）的推导过程忽略了阵元数的二次项。为了便于比较，此处给出相控阵的发射方向图

$$P_{\mathrm{PA}}\left(r,\theta,t\right) = \sum_{m=1}^{M} \exp\left( \mathrm{j}2\pi f_0\left( t - \frac{r - d(m-1)\sin\theta}{c} \right) \right)$$

$$= \exp\left( \mathrm{j}2\pi f_0\left( t - \frac{r}{c} \right) \right) \sum_{m=1}^{M} \exp\left( \mathrm{j}2\pi(m-1)\frac{d\sin\theta}{\lambda_0} \right) \qquad (2\text{-}45)$$

$$= \exp\left( \mathrm{j}2\pi f_0\left( t - \frac{r}{c} \right) \right) \exp\left( \mathrm{j}\pi(M-1)\frac{d\sin\theta}{\lambda_0} \right) \frac{\sin\left( M\pi\frac{d\sin\theta}{\lambda_0} \right)}{\sin\left( \pi\frac{d\sin\theta}{\lambda_0} \right)}$$

式（2-44）等号右侧的第一个指数项与式（2-45）等号右侧的相同，表示电磁波的传播过程，其余的部分共同反映 FDA 发射方向图的特性，即它是随时间慢变的。当 $\Delta f = 0$ 时，式（2-44）简化为式（2-45），也就是说，FDA 发射方向图在此时退化为传统相控阵的发射方向图。

## 2.4.2 仿真分析

下面分别对连续波体制、脉冲波体制下的 FDA 发射方向图进行仿真分析，并且与相控阵发射方向图进行对比，仿真参数如表 2.1 所示。

表 2.1　仿真参数

| 参数 | 参数值 | 参数 | 参数值 |
|---|---|---|---|
| 雷达波长 | 0.03m | 参考载频 | 10GHz |
| 阵元间距 | 0.015m | 频率步进量 | 10kHz |
| 发射通道数目 | 10 | 脉冲持续时间 | 100μs |

## 1. 连续波体制 FDA 发射方向图

下面给出连续波体制 FDA 在不同时刻的发射方向图，其物理意义是在某一瞬时时刻，发射波束在空间不同距离、不同方向上的电场强度。图 2.6 给出了连续波体制 FDA 发射方向图随距离和角度的变化，分别取 $t$=100μs、125μs、175μs、200μs 这 4 个瞬时时刻，发射波束指向设置为 0°，分析方向图在距离和角度维的分布情况。

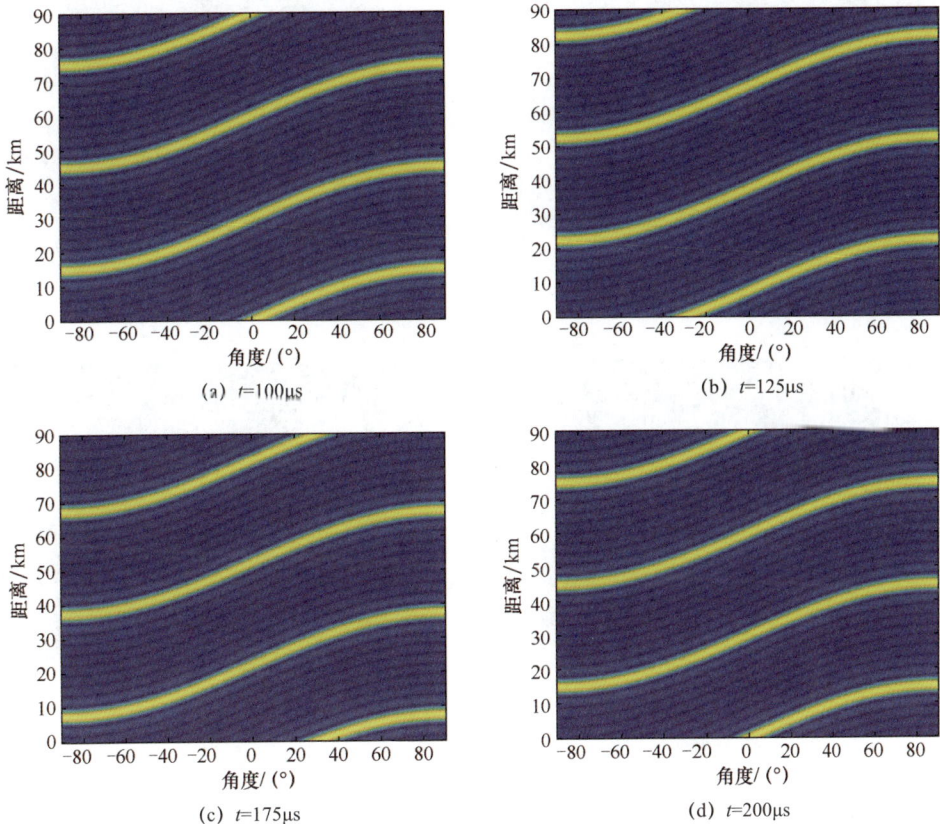

(a) $t$=100μs　　(b) $t$=125μs　　(c) $t$=175μs　　(d) $t$=200μs

图 2.6　连续波体制 FDA 发射方向图随距离和角度的变化

从图 2.6 中可以看出，随着时间 $t$ 的改变，FDA 的电场空间分布也相应改变，在传播的过程中呈现出 S 形波浪形状。由仿真参数可知，单程发射方向图的时间

周期 $T_u$=100μs，距离周期 $R_u$=30km。根据仿真结果可知，在某个瞬时时刻，FDA发射方向图在距离维呈现周期性，距离周期为30km。图 2.6（a）与图 2.6（d）完全相同，验证了时间周期为 100μs。

下面固定空间距离，给出连续波体制 FDA 发射方向图随时间和角度的变化，其物理意义是在某一空间距离对应的球面上，发射波束在不同时刻、不同角度的电场分布，即发射波束穿越某一空间球面过程中所对应的电场振幅响应。如图 2.7 所示，假设空间距离固定为一个距离周期（即 $R$=30km），分析方向图在时间和角度维的分布情况。

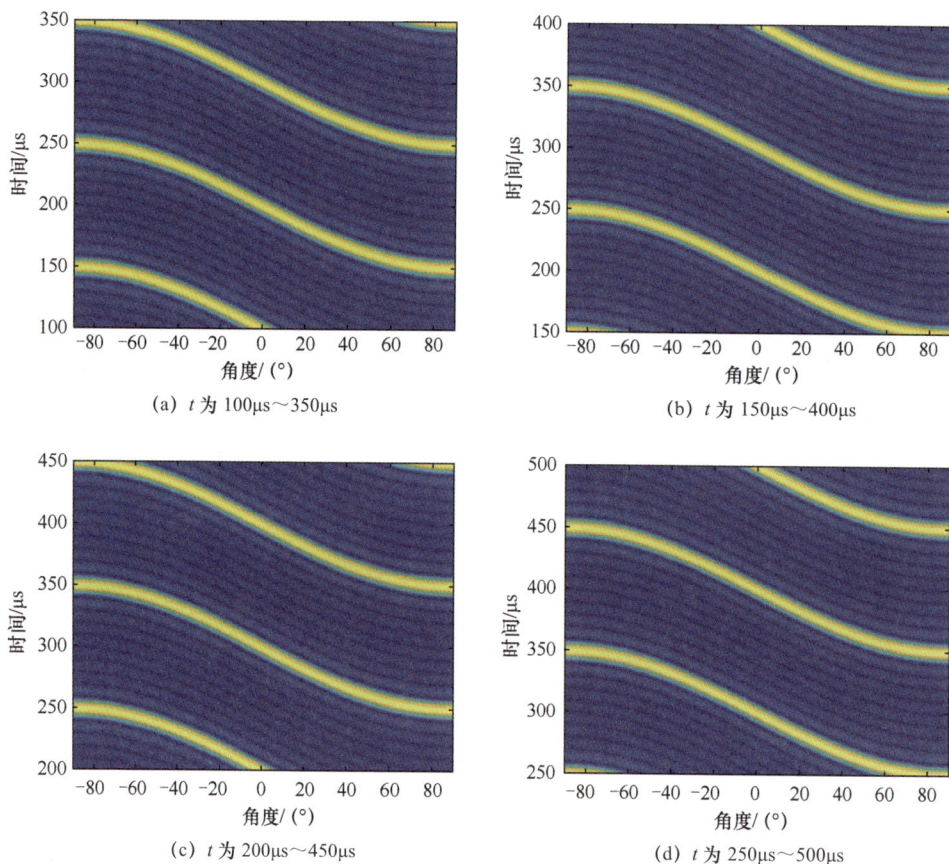

(a) $t$ 为 100μs～350μs

(b) $t$ 为 150μs～400μs

(c) $t$ 为 200μs～450μs

(d) $t$ 为 250μs～500μs

图 2.7　连续波体制 FDA 发射方向图随时间和角度的变化

从图 2.7 中可以看出，在某一空间距离对应的球面上，发射方向图在角度维随着时间发生变化，每个角度对应的发射方向图在时间上周期性地遍历主瓣和旁瓣，时间周期为 100μs。

下面固定角度，给出 FDA 发射方向图与时间和距离的函数关系，其物理意义是 FDA 在该方向上的电场分布。如图 2.8 所示，固定角度分别为 0° 和 30°，选取 4 个距离周期，分析发射方向图在时间和距离维的分布情况。

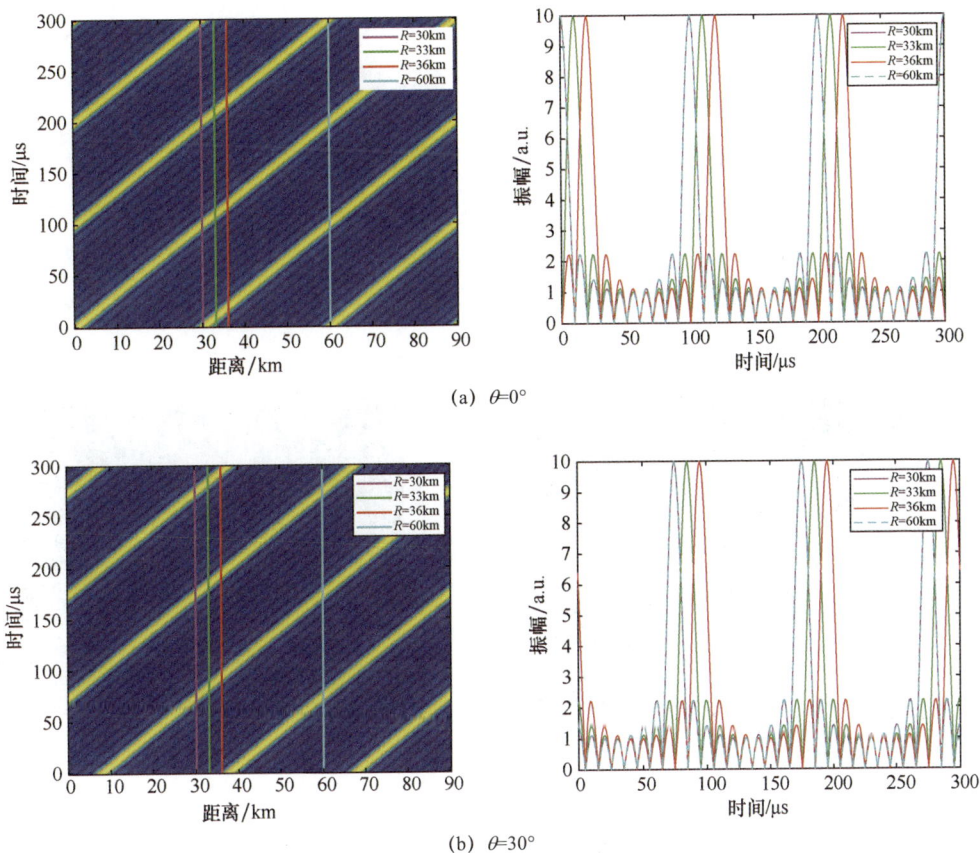

(a) $\theta=0°$

(b) $\theta=30°$

图 2.8　连续波体制 FDA 发射方向图随时间和距离的变化

从图 2.8 中可以看出，发射方向图在距离维形成多个主瓣，在时间维周期性遍历主瓣和旁瓣，当角度相同时，不同距离对应的时域响应是一样的，仅在时间上有先后之分。另外，FDA 发射方向图在不同空间角度上，比如上述所提到的 0° 和 30°，发射波束辐射的能量是相同的，因此 FDA 发射方向图并不具备角度指向性。

### 2．脉冲波体制 FDA 发射方向图

实际上，脉冲波体制和连续波体制下的 FDA 发射方向图没有差异，前面所述的连续波体制下的 FDA 发射方向图特性同样适用于脉冲波体制下的 FDA 发射方

向图，两者最主要的区别在距离维上。连续波体制下的 FDA 发射方向图随着时间的变化而变化，在距离维呈现出周期性，所以方向图是非稳态的，针对距离维周期性带来的多主瓣问题，对发射信号进行脉冲调制，可以使方向图达到准稳态，其距离维有效范围与脉冲持续时间有关。下面给出脉冲波体制 FDA 在不同时刻的发射方向图，直观展示脉冲波体制 FDA 在距离-角度维的辐射电场分布情况，并且给出脉冲波体制相控阵发射方向图，用于对比。

图 2.9 给出了发射波束指向为 0°的脉冲波体制相控阵在不同时刻的发射方向图。脉冲持续时间设置为 100μs，分别取 $t=1μs$、$100μs$、$150μs$、$250μs$ 这 4 个瞬时时刻，分析方向图在距离和角度维的分布情况。可以看出，脉冲波体制相控阵发射方向图仅与角度有关，天线辐射的电磁波随着时间的变化在空间中前向传播。固定一个角度，任意时刻、任意位置的电场振幅响应是恒定的，方向图主瓣是稳定的。

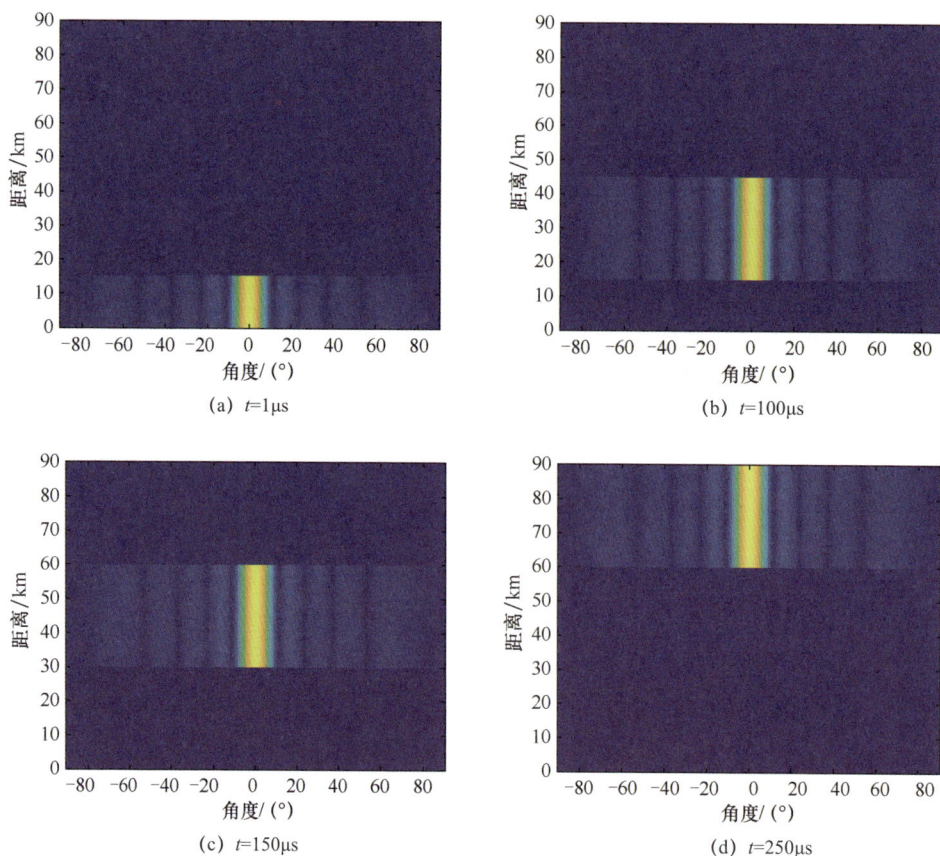

(a) $t=1μs$     (b) $t=100μs$     (c) $t=150μs$     (d) $t=250μs$

图 2.9　脉冲波体制相控阵在不同时刻的发射方向图（发射波束指向为 0°）

图 2.10 和图 2.11 分别给出了发射波束指向为 0°和 30°的脉冲波体制 FDA 发射方向图随距离和角度的变化，脉冲持续时间为一个时间周期 100μs，分别取 $t$ = 1μs、100μs、150μs、250μs 这 4 个瞬时时刻，分析方向图在距离和角度维的分布情况。由图 2.10 和图 2.11 可见，FDA 辐射的电磁波随时间变化在空间中传播，有效电场部分所对应的距离维宽度由脉冲持续时间所决定，在不同瞬时时刻，电磁波到达空间不同的位置。

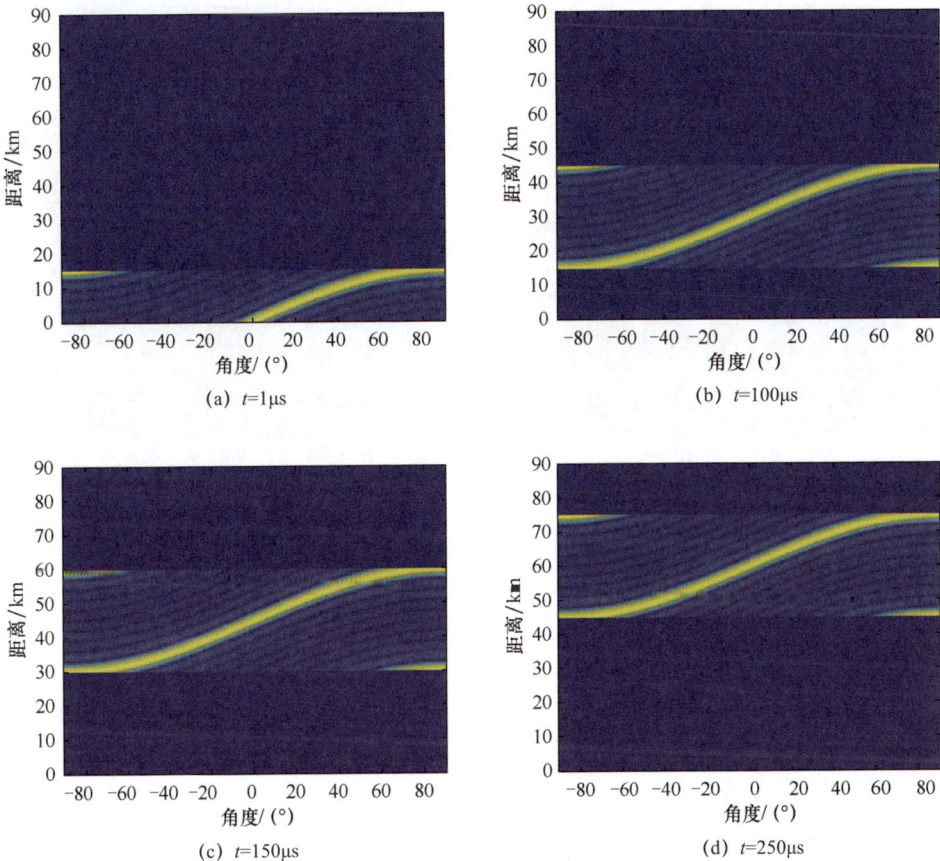

(a) $t$=1μs　　(b) $t$=100μs　　(c) $t$=150μs　　(d) $t$=250μs

图 2.10　脉冲波体制 FDA 发射方向图随距离和角度的变化（发射波束指向为 0°）

综上所述，FDA 发射方向图的基本特性是：FDA 发射方向图是距离-角度-时间三维依赖的函数；连续波体制 FDA 发射方向图具有时变性，在距离维呈现周期性，在时间维周期性地遍历主瓣和旁瓣，距离与时间是相互依赖的。加上脉冲包络以后，距离维的周期性就由脉冲持续时间来控制。

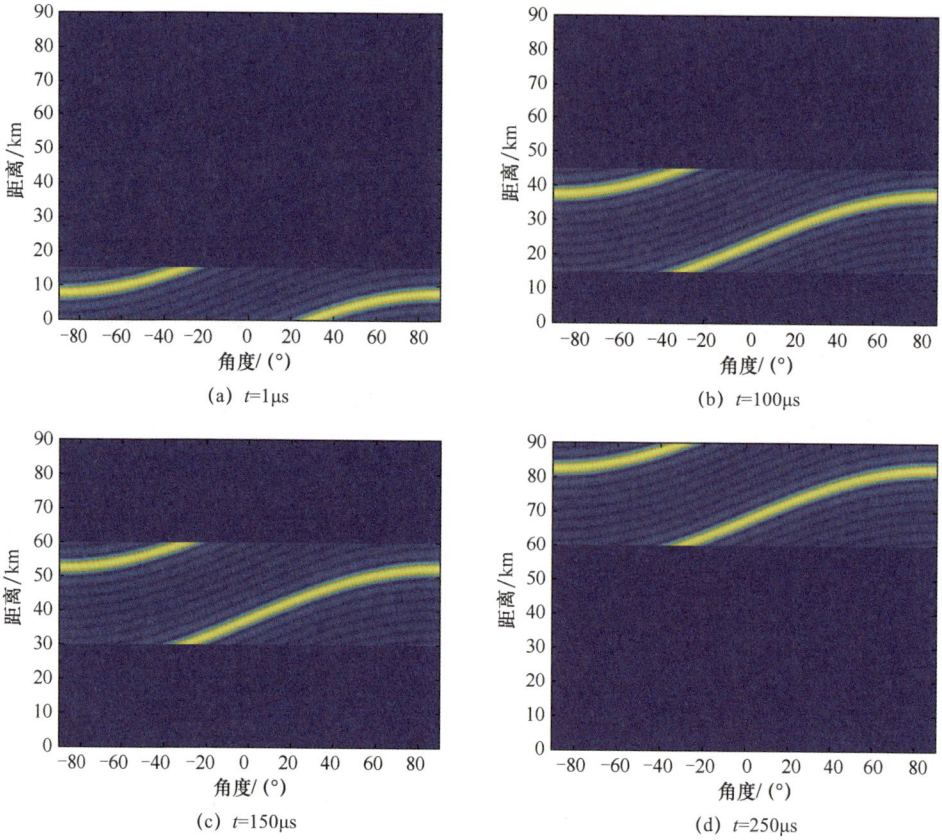

(a) $t=1\mu s$

(b) $t=100\mu s$

(c) $t=150\mu s$

(d) $t=250\mu s$

图 2.11　脉冲波体制 FDA 发射方向图随距离和角度的变化（发射波束指向为 30°）

## 2.5　FDA 收发联合方向图

FDA 发射方向图具有时空耦合性，在接收端正确理解 FDA 方向图特性是非常重要的。本节讨论 FDA 收发联合方向图，从接收端阐述 FDA 方向图的特性，为 FDA 信号处理提供理论基础。

### 2.5.1　发射与接收非互易性原理

2.4 节研究的发射方向图仅考虑了天线发射信号，没有考虑接收信号，所以被称为单程方向图。本节同时考虑天线发射信号与接收信号。假设发射阵列与接收阵列分别包含 $M$ 和 $N$ 个阵元，并采用脉冲信号作为发射波形，则由第 $m$ 个阵元发射，经空间中任一点（$r,\theta$）反射后，被第 $n$ 个阵元接收的回波对应的相位可表示为

$$\varphi_{mn} = 2\pi f_m \left( \frac{r - d(m-1)\sin\theta}{c} + \frac{r - d(n-1)\sin\theta}{c} \right) \qquad (2\text{-}46)$$

第 $n$ 个阵元接收的信号可表示为

$$
\begin{aligned}
r_n(r,\theta,t) &= \sum_{m=1}^{M} \text{rect}(\frac{t - \tau_{m,n}}{T_P}) \exp\left( j2\pi f_m (t - \tau_{m,n}) \right) \\
&\approx \text{rect}(\frac{t - 2r/c}{T_P}) \exp\left( j2\pi f_0 \left( t - \frac{2r}{c} \right) \right) \exp\left( j2\pi \frac{d}{\lambda_0}(n-1)\sin\theta \right) \\
&\times \frac{\sin\left( M\pi \left( \Delta f \left( t - \frac{2r}{c} \right) + \frac{d}{\lambda_0}\sin\theta_0 \right) \right)}{\sin\left( \pi \left( \Delta f \left( t - \frac{2r}{c} \right) + \frac{d}{\lambda_0}\sin\theta_0 \right) \right)} \exp\left( j(M-1)\pi \left( \Delta f \left( t - \frac{2r}{c} \right) + \frac{d}{\lambda_0}\sin\theta_0 \right) \right)
\end{aligned}
$$

$$(2\text{-}47)$$

综上所述，由于 FDA 在不同发射阵元之间引入发射载频差异，其发射方向图是距离-角度-时间三维依赖的函数；而接收时不同阵元的接收信号是相同的，其接收方向图仅是角度的函数。也就是说，FDA 收发联合方向图是非互易的，这一点与传统相控阵收发联合方向图不同，传统相控阵收发联合方向图是互易的。

## 2.5.2　发射-接收二维联合波束

在单程方向图中，FDA 的发射波束在空间上各个角度的辐射功率是相同的，并不具备指向性，接收时不同阵元的接收信号也是相同的，若在接收端对回波信号进行波束形成，可以得到发射-接收联合双程方向图，当角度确定时，该发射-接收联合双程方向图具有指向性。图 2.12 给出了脉冲波体制 FDA 在不同时刻的发射-接收联合双程方向图。脉冲持续时间设置为一个时间周期 100μs，发射波束指向设置为 0°，接收端采用波束指向为 0°的权矢量，分别取 $t$=1μs、100μs、150μs、250μs 这 4 个瞬时时刻，分析方向图在距离和角度维的分布情况。根据仿真参数可知，距离周期为 15km，图 2.12（c）与图 2.12（d）完整跨越了一整个距离周期，根据仿真结果可以看出，发射-接收联合双程方向图具有指向性。

固定距离周期为 15km，图 2.13 给出了脉冲波体制 FDA 发射-接收联合双程方向图随时间和角度的变化，分别取接收波束形成角度 $\theta_f$ 为-45°、0°、30°、60°，分析方向图在时间和角度维的分布情况。

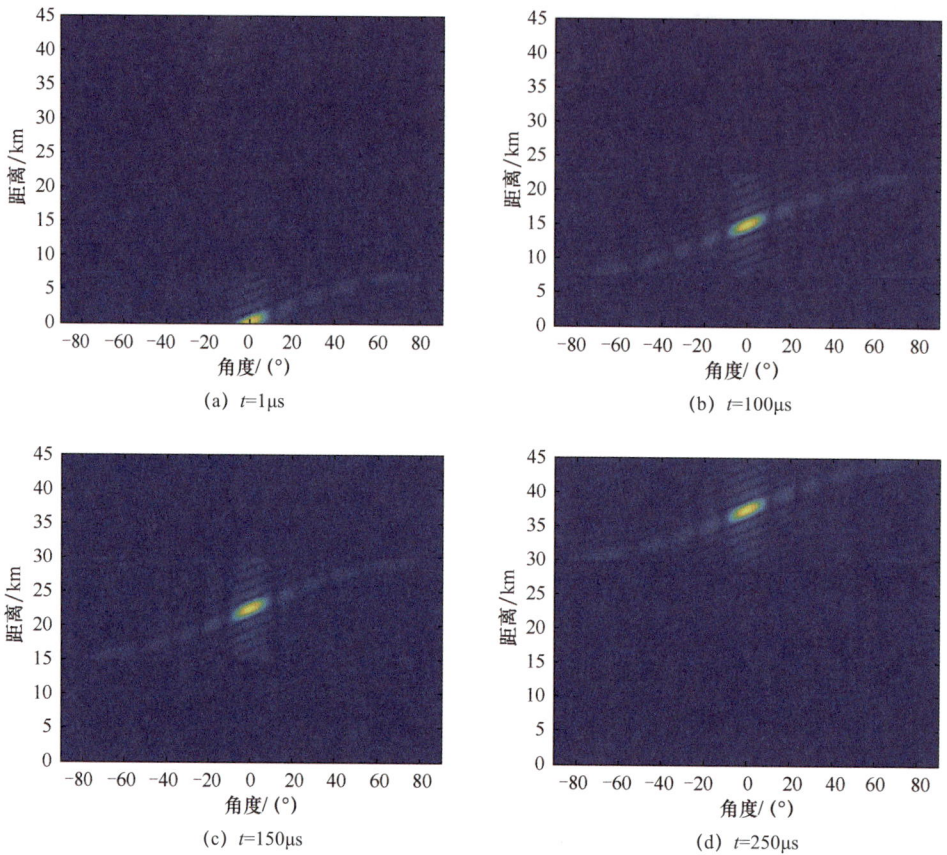

(a) $t=1\mu s$

(b) $t=100\mu s$

(c) $t=150\mu s$

(d) $t=250\mu s$

图 2.12　脉冲波体制 FDA 在不同时刻的发射-接收联合双程方向图

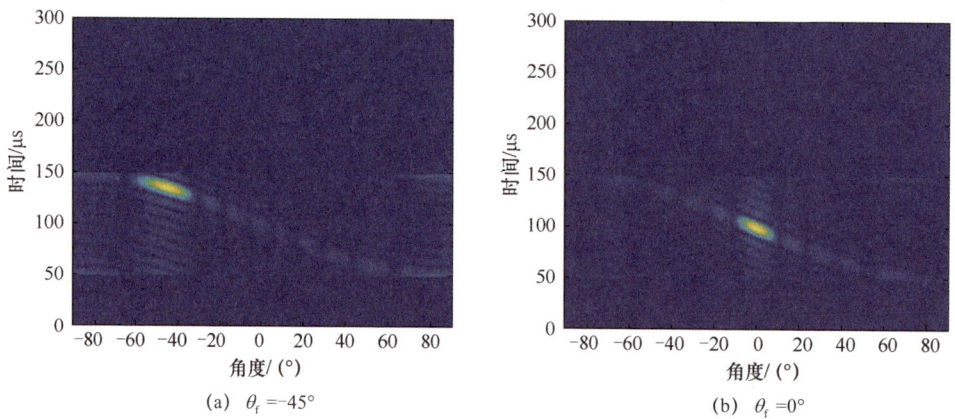

(a) $\theta_f =-45°$

(b) $\theta_f =0°$

图 2.13　脉冲波体制 FDA 发射-接收联合双程方向图随时间和角度的变化

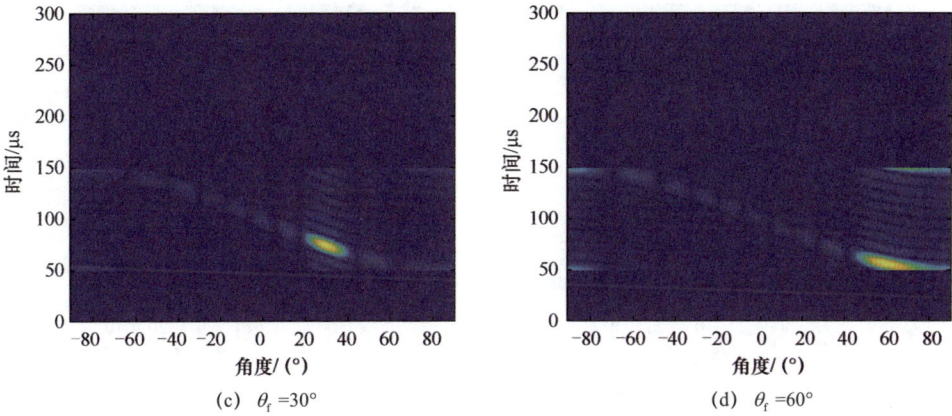

(c) $\theta_{\mathrm{f}} = 30°$        (d) $\theta_{\mathrm{f}} = 60°$

图 2.13 脉冲波体制 FDA 发射-接收联合双程方向图随时间和角度的变化（续）

上述仿真结果表明，发射-接收联合双程方向图具有指向性，这一特性对于目标的检测定位和参数估计具有重要意义。

## 2.5.3 空间覆盖能力

下面分别给出不同脉冲持续时间对应的 FDA 方向图随距离和角度的变化关系。假设发射波束指向为 0°，脉冲持续时间（即脉冲宽度）分别取 $T_{\mathrm{P}} = 1/\Delta f$，$T_{\mathrm{P}} = 1/2\Delta f$，仿真结果分别如图 2.14 和图 2.15 所示。当 $T_{\mathrm{P}} = 1/\Delta f$ 时，FDA 发射-接收联合双程方向图的距离周期为 15km；当 $T_{\mathrm{P}} = 1/2\Delta f$ 时，FDA 发射-接收联合双程方向图的距离周期为 7.5km。此处同时给出了 FDA 发射方向图[见图 2.14（a）和图 2.15（a）]，以便比较发射方向图和发射-接收联合双程方向图，而且在进行发射方向图仿真的过程中采用了双程距离，保证两种方向图具有相同的距离周期。对比图 2.14（a）和图 2.15（a）可知，脉冲波体制 FDA 发射方向图覆盖空间角度的范围与脉冲持续时间有关，当 $T_{\mathrm{P}} = 1/\Delta f$ 时，发射方向图主瓣角度覆盖范围是 -90°～90°，即全空间角度，在单个脉冲持续时间内可以实现全空间自动扫描；当 $T_{\mathrm{P}} = 1/2\Delta f$ 时，主瓣角度覆盖范围是 -30°～30°，只能覆盖有限的空间角度。因此，通过控制系统参数可以控制 FDA 发射方向图覆盖的空域。根据图 2.14（b）～图 2.14（d）和图 2.15（b）～图 2.15（d），发射-接收二维联合波束形成的主波束指向范围取决于发射方向图的空间覆盖范围，若发射主波束覆盖范围为 -90°～90°，则在接收端进行波束形成，可以检测位于任意角度的目标。

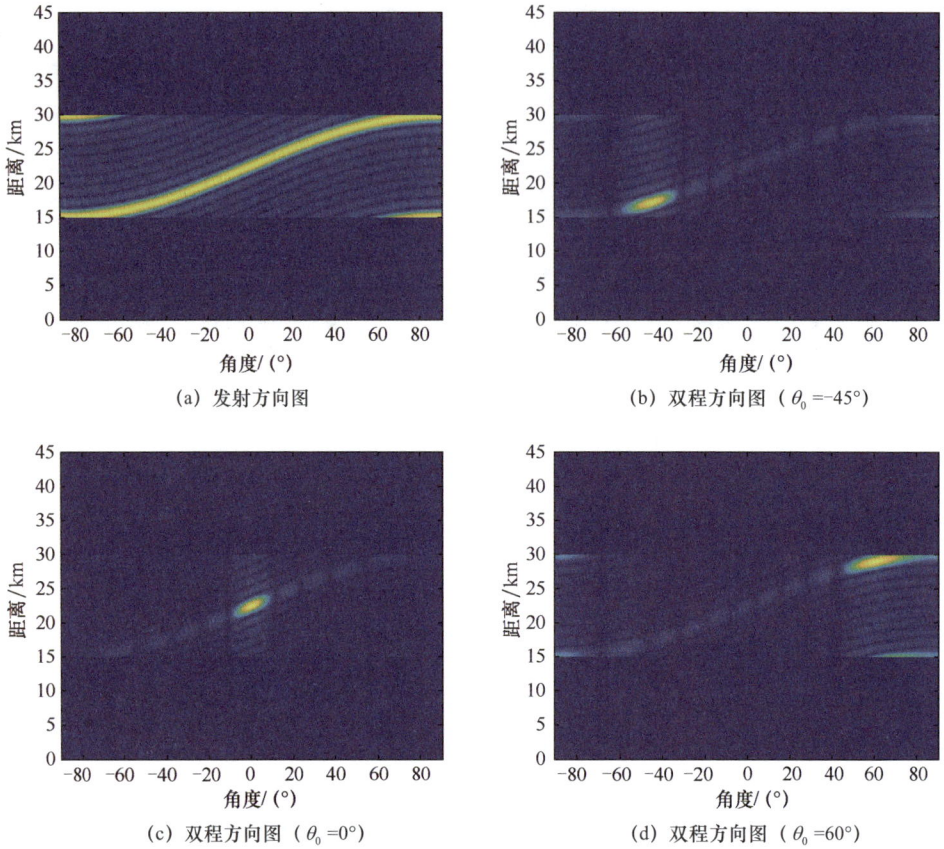

(a) 发射方向图

(b) 双程方向图（$\theta_0 = -45°$）

(c) 双程方向图（$\theta_0 = 0°$）

(d) 双程方向图（$\theta_0 = 60°$）

图 2.14　脉冲波体制 FDA 方向图随距离和角度的变化（$T_P = 1/\Delta f$）

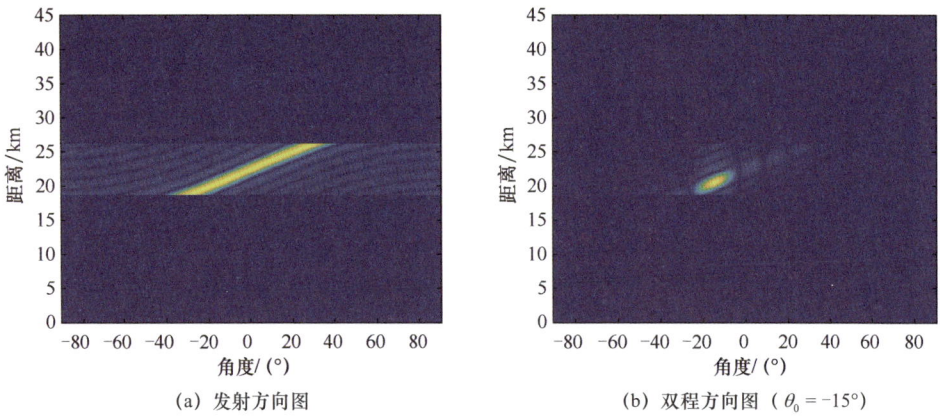

(a) 发射方向图

(b) 双程方向图（$\theta_0 = -15°$）

图 2.15　脉冲波体制 FDA 方向图随距离和角度的变化（$T_P = 1/2\Delta f$）

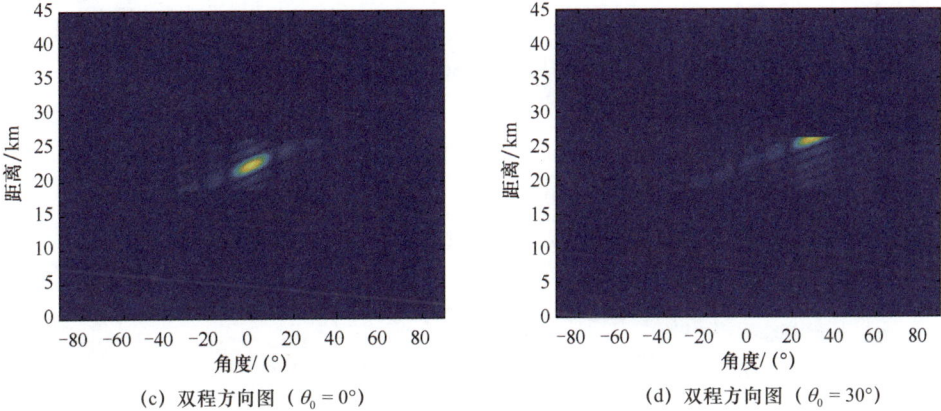

(c) 双程方向图（ $\theta_0 = 0°$ ）　　　　(d) 双程方向图（ $\theta_0 = 30°$ ）

图 2.15　脉冲波体制 FDA 方向图随距离和角度的变化（ $T_P = 1/2\Delta f$ ）（续）

## 2.6　本章小结

本章分析了 FDA 基本概念，阐述了 FDA 发射方向图的数学和物理原理，分析了相干 FDA 雷达信号模型和 FDA-MIMO 雷达信号模型，详细对比了 FDA 与传统相控阵的电场方向图差异，重点探讨了 FDA 时空耦合发射信号特征及 FDA 发射方向图，分析了 FDA 发射方向图的距离-角度-时间三维依赖性、周期性、方向图角度覆盖；进一步讨论了发射-接收联合双程方向图，将信号接收与多频发射考虑到数学模型中，给出了收发联合时空耦合波束分析方法，为雷达信号接收与处理提供理论基础。

## 参考文献

[1]　ANTONIK P, WICKS M C, GRIFFITHS H D, et al. Range-dependent beamforming using element level waveform diversity[C]//2006 International Waveform Diversity & Design Conference. Lihue, HI, USA. IEEE, 2006: 1-6.

[2]　ANTONIK P, WICKS M C, GRIFFITHS H D, et al. Frequency diverse array radars[C]//2006 IEEE Conference on Radar. Verona, NY, USA. IEEE, 2006: 215-217.

[3]　ANTONIK P, WICKS M C, GRIFFITHS H D, et al. Multi-mission multi-mode waveform diversity[C]//2006 IEEE Conference on Radar. Verona, NY, USA. IEEE, 2006: 580-582.

[4]　ANTONIK P. An investigation of a frequency diverse array[D]. London: University College London, 2009.

[5]　SECMEN M, DEMIR S, HIZAL A, et al. Frequency diverse array antenna with

periodic time modulated pattern in range and angle[C]//2007 IEEE Radar Conference. Waltham, MA, USA. IEEE, 2007: 427-430.

[6] HUANG J J, TONG K F, BAKER C J. Frequency diverse array with beam scanning feature[C]//2008 IEEE Antennas and Propagation Society International Symposium. San Diego, CA, USA. IEEE, 2008: 1-4.

[7] HUANG J J, TONG K F, WOODBRIDGE K, et al. Frequency diverse array: simulation and design[C]//2009 IEEE Radar Conference. Pasadena, CA, USA. IEEE, 2009: 1-4.

[8] KHAN W, QURESHI I M. Frequency diverse array radar with time-dependent frequency offset[C]//IEEE Antennas and Wireless Propagation Letters. IEEE, 2014: 758-761.

[9] KHAN W, QURESHI I M, SAEED S. Frequency diverse array radar with logarithmically increasing frequency offset[J]. IEEE Antennas and Wireless Propagation Letters, 2014(14): 499-502.

[10] WANG W Q, SO H C, SHAO H Z. Nonuniform frequency diverse array for range-angle imaging of targets[J]. IEEE Sensors Journal, 2014, 14(8): 2469-2476.

[11] GAO K D, WANG W Q, CAI J Y, et al. Decoupled frequency diverse array range–angle-dependent beampattern synthesis using non-linearly increasing frequency offsets[J]. IET Microwaves, Antennas & Propagation, 2016, 10(8): 880-884.

[12] XU Y H, SHI X W, XU J W, et al. Range-angle-dependent beamforming of pulsed frequency diverse array[J]. IEEE Transactions on Antennas and Propagation, 2015, 63(7): 3262-3267.

[13] 许京伟, 朱圣棋, 廖桂生, 等. 频率分集阵雷达技术探讨[J]. 雷达学报, 2018, 7(2): 167-182.

[14] CHEN B X, CHEN X L, HUANG Y, et al. Transmit beampattern synthesis for the FDA radar[J]. IEEE Antennas and Wireless Propagation Letters, 2018, 17(1): 98-101.

[15] FARTOOLZADEH M. Comments on "frequency diverse array antenna using time-modulated optimized frequency offset to obtain time-invariant spatial fine focusing beampattern"[J]. IEEE Transactions on Antennas and Propagation, 2019, 68(2): 1211-1212.

[16] CHEN K J, YANG S W, CHEN Y K, et al. Accurate models of time-invariant beampatterns for frequency diverse arrays[J]. IEEE Transactions on Antennas and Propagation, 2019, 67(5): 3022-3029.

[17] TAN M, WANG C Y, LI Z H. Correction analysis of frequency diverse array radar about time[J]. IEEE Transactions on Antennas and Propagation, 2021, 69(2): 834-847.

[18]　XU J W, LAN L, LIAO G S, et al. Range-angle matched receiver for coherent FDA radars[C]//2017 IEEE Radar Conference (RadarConf). Seattle, WA, USA. IEEE, 2017: 324-328.

[19]　XU J W, LIAO G S, ZHU S Q, et al. Joint range and angle estimation using MIMO radar with frequency diverse array[J]. IEEE Transactions on Signal Processing, 2015, 63(13): 3396-3410.

# 第3章   相干FDA雷达角度依赖匹配接收技术

## 3.1   引言

FDA 在概念上属于 WDA 的一种，本质上是对发射阵元间的载频进行调制的阵列[1-3]。FDA 雷达在阵元间引入了一个微小的频率步进量，与传统相控阵雷达在发射方向图上存在明显区别。传统相控阵雷达的发射方向图是角度依赖的，而 FDA 雷达的发射方向图是距离-角度-时间三维依赖的。文献[4]～[5]中讨论了 FDA 发射方向图的基本性质，包括距离-角度维的周期性、时间依赖性以及波束扫描特性。由于 FDA 发射方向图涉及距离、角度和时间 3 个维度，实际上 FDA 发射方向图的测量是十分困难的。FDA 雷达的距离-角度-时间三维依赖性增强了阵列方向图设计和信号处理的灵活性。考虑自由空间中的任意传播路径，电磁波在该传播路径上特定点处的相位历程是相同的，与传播时延无关。通过在接收端进行等效发射波束形成，能够生成指向特定距离和角度区域的 FDA 雷达收发联合波束[6-8]。

雷达的宽发窄收工作模式（即雷达发射宽波束实现广域覆盖，并利用多个窄波束进行接收）能够在一定程度上缓解驻留时间与辐射功率间的矛盾。MIMO 雷达是采用宽发窄收工作模式的一种典型代表[9-13]。对比相控阵雷达，MIMO 雷达具备角分辨率高[11]、可识别性强[12]和干扰抑制能力强[13]等优势。根据 FDA 雷达发射基带波形的不同，可以将其分为两种类型：相干 FDA 雷达和正交 FDA 雷达（也称为 FDA-MIMO 雷达[11]）。两种 FDA 雷达对应不同的系统结构和信号处理流程。

本章将具体介绍相干 FDA 雷达的信号处理流程，挖掘其在动目标显示中的广域覆盖优势。通过合理设计系统参数，相干 FDA 雷达具备全空间覆盖的能力[14]。然而，不同于 FDA-MIMO 雷达，相干 FDA 雷达的基带波形在各发射阵元间是相同的，无法获得分离的各发射阵元回波。文献[14]中研究了相干 FDA 雷达的空间覆盖能力，提出了一种子脉冲距离-角度匹配滤波的接收处理方法。文献[15]中研究了基于角度依赖匹配滤波（Angle-Dependent Matched Filtering，ADMF）的动目标显示方法，分析了波束形成和匹配滤波性能。文献[16]中利用二阶锥规划（Second-Order Cone Programming，SOCP）技术，提出了一种低峰值旁瓣电平匹配滤波器设计方法，实现了相干 FDA 雷达的广域覆盖和高分辨率观测。

## 3.2　相干 FDA 雷达信号建模分析

考虑地基雷达系统，发射阵列采用 FDA 阵列，单个阵元接收回波。假设发射阵列具有 $M$ 个各向同性且幅度相等的发射阵元。基带波形采用 LFM 波形，则第 $m$ 个发射阵元的发射信号为

$$s_m(t) = \text{rect}\left(\frac{t}{T_\text{p}}\right)\exp\left(\text{j}\pi\gamma t^2 + \text{j}2\pi f_m t\right) \tag{3-1}$$

其中，$\text{rect}\left(\dfrac{t}{T_\text{p}}\right) = \begin{cases} 1, & |t| \leqslant \dfrac{T_\text{p}}{2} \\ 0, & |t| > \dfrac{T_\text{p}}{2} \end{cases}$ 为矩形脉冲函数，$T_\text{p}$ 为脉冲宽度，$\gamma = B_\text{w}/T_\text{p}$ 是调频率，$B_\text{w}$ 是 LFM 波形带宽。$f_m = f_0 + (m-1)\Delta f$ 是第 $m$ 个发射阵元的发射载频，$f_0$ 为参考载频，$\Delta f$ 是相邻阵元间的频率步进量（远小于参考载频）。所有发射阵元间采用具有相同基带波形的 FDA 雷达即相干 FDA 雷达。

假定有一远场目标，角度为 $\theta_0$（定义为目标方向与法线方向的夹角），距离为 $r_0$，它朝雷达平台方向运动，速度为 $v_0$。第 $m$ 个发射阵元的发射信号经目标反射，接收阵元接收的回波信号可表示为

$$x_m(t - \tau_m) = \xi_0 \text{rect}\left(\frac{t - \tau_m}{T_\text{p}}\right)\exp\left(\text{j}\pi\gamma(t - \tau_m)^2 + \text{j}2\pi f_m(t - \tau_m)\right) \tag{3-2}$$

其中，$\xi_0$ 是与天线增益、雷达散射截面积、传播衰减等因素有关的复系数，$\tau_m$ 是第 $k$ 个脉冲下的目标时延，可表示为

$$\tau_m = \frac{1}{c}\left(2(r_0 - v_0(k-1)T_\text{r}) - d(m-1)\sin\theta_0\right) \tag{3-3}$$

其中，$c$ 为光速，$d$ 为阵元间距，$T_\text{r} = 1/f_\text{PRF}$ 为脉冲重复周期（Pulse Repetition Time，PRT），$f_\text{PRF}$ 是脉冲重复频率（Pulse Repetition Frequency，PRF）。脉冲持续时间内目标的运动可以忽略不计。将目标时延代入式（3-2）中得到

$$\begin{aligned} x_m(t - \tau_m) = {} & \xi_0 \text{rect}\left(\frac{t - \tau_m}{T_\text{p}}\right)\exp\left(\text{j}\pi\gamma(t - \tau_m)^2\right)\exp\left(\text{j}2\pi\frac{f_{dm}}{f_\text{PRF}}(k-1)\right) \\ & \times \exp\left(\text{j}2\pi(f_0 + (m-1)\Delta f)\left(t - \frac{2r_0}{c}\right) + \text{j}2\pi\frac{f_m}{c}d(m-1)\sin\theta_0\right) \end{aligned} \tag{3-4}$$

其中，$f_{dm} = 2f_m v_0/c$ 为目标的多普勒频率，由于频率步进量远小于参考载频，因此有 $f_{dm} \approx f_{d0} = 2v_0/\lambda_0$，$f_m d/c \approx d/\lambda_0$，其中，$f_{d0}$ 为 $f_0$ 对应的多普勒频率，$\lambda_0 = c/f_0$ 为参考波长。此外，采用窄带信号假设，式（3-4）等号右侧的其中两项可以分别进行近

似处理，即 $\text{rect}\left(\dfrac{t-\tau_m}{T_p}\right) \approx \text{rect}\left(\dfrac{t-\tau_0}{T_p}\right)$ 以及 $\exp\left(\text{j}\pi\gamma\left(t-\tau_m\right)^2\right) \approx \exp\left(\text{j}\pi\gamma\left(t-\tau_0\right)^2\right)$，

其中，$\tau_0 = 2r_0/c$ 是目标距离对应的参考时延。假设一个相干处理间隔（Coherent Processing Interval，CPI）内目标不发生距离徙动，式（3-4）所示的信号模型可以重新表示为

$$
\begin{aligned}
x_m\left(t-\tau_m\right) = &\ \xi_0\text{rect}\left(\frac{t-\tau_0}{T_p}\right)\exp\left(\text{j}\pi\gamma\left(t-\tau_0\right)^2\right)\exp\left(\text{j}2\pi\frac{f_{\text{d}0}}{f_{\text{PRF}}}\left(k-1\right)\right) \\
&\times \exp\left(\text{j}2\pi\left(f_0+\left(m-1\right)\Delta f\right)\left(t-\tau_0\right)+\text{j}2\pi\frac{d}{\lambda_0}\left(m-1\right)\sin\theta_0\right)
\end{aligned} \tag{3-5}
$$

接收的回波信号是 $M$ 个发射阵元回波的叠加，因此可表示为

$$
\begin{aligned}
x\left(t-\tau_0,\theta_0\right) = &\ \sum_{m=1}^{M} x_m\left(t-\tau_m\right) \\
\approx &\ \xi_0\text{rect}\left(\frac{t-\tau_0}{T_p}\right)\exp\left(\text{j}\pi\gamma\left(t-\tau_0\right)^2\right)\exp\left(\text{j}2\pi\frac{f_{\text{d}0}}{f_{\text{PRF}}}\left(k-1\right)\right) \\
&\times \sum_{m=1}^{M}\exp\left(\text{j}2\pi\left(f_0+\left(m-1\right)\Delta f\right)\left(t-\tau_0\right)+\text{j}2\pi\frac{d}{\lambda_0}\left(m-1\right)\sin\theta_0\right) \\
= &\ \xi_0\text{rect}\left(\frac{t-\tau_0}{T_p}\right)\exp\left(\text{j}\pi\gamma\left(t-\tau_0\right)^2\right)\exp\left(\text{j}2\pi f_0\left(t-\tau_0\right)\right) \\
&\times \exp\left(\text{j}2\pi\frac{f_{\text{d}0}}{f_{\text{PRF}}}\left(k-1\right)\right)\exp\left(\text{j}\left(M-1\right)\pi\left(\Delta f\left(t-\tau_0\right)+\frac{d}{\lambda_0}\sin\theta_0\right)\right) \\
&\times \frac{\sin\left(M\pi\left(\Delta f\left(t-\tau_0\right)+\dfrac{d}{\lambda_0}\sin\theta_0\right)\right)}{\sin\left(\pi\left(\Delta f\left(t-\tau_0\right)+\dfrac{d}{\lambda_0}\sin\theta_0\right)\right)}
\end{aligned} \tag{3-6}
$$

在接收端，信号经过下变频，由模数转换器（Analog-to-Digital Converter，ADC）采样后进行存储。混频后的接收信号为

$$
\begin{aligned}
x\left(t-\tau_0,\theta_0\right) = &\ \xi_0\text{rect}\left(\frac{t-\tau_0}{T_p}\right)\exp\left(-\text{j}2\pi f_0\tau_0\right)\exp\left(\text{j}2\pi\frac{f_{\text{d}0}}{f_{\text{PRF}}}\left(k-1\right)\right) \\
&\times \exp\left(\text{j}\pi\gamma\left(t-\tau_0\right)^2\right)\exp\left(\text{j}\frac{M-1}{2}\Phi\left(t\mid\tau_0,\theta_0\right)\right)\frac{\sin\left(\dfrac{M}{2}\Phi\left(t\mid\tau_0,\theta_0\right)\right)}{\sin\left(\dfrac{1}{2}\Phi\left(t\mid\tau_0,\theta_0\right)\right)}
\end{aligned} \tag{3-7}
$$

其中，$\Phi\left(t|\tau_0,\theta_0\right)=2\pi\left(\Delta f\left(t-\tau_0\right)+\dfrac{d}{\lambda_0}\sin\theta_0\right)$。式（3-7）等号右侧的第一个指数

项是由目标时延产生的，第二个指数项对应目标多普勒阵元，这两项与传统雷达中的相位项相同。多普勒相位项与其他项是独立的，意味着多普勒域的傅里叶变换处理与传统雷达的相同，不受影响。第三个指数项表示时延的 LFM 波形。第四个指数项和三角函数一起组成了相干 FDA 雷达的发射方向图。传统雷达与相干 FDA 雷达的主要差异就在于接收信号的包络不同，将相干 FDA 雷达包络表示为

$$\Psi\left(t-\tau_0,\theta_0\right)=\text{rect}\left(\frac{t-\tau_0}{T_{\text{p}}}\right)\exp\left(\text{j}\pi\gamma\left(t-\tau_0\right)^2\right)F_{\text{T}}\left(t-\tau_0,\theta_0\right) \tag{3-8}$$

其中，$F_{\text{T}}\left(t-\tau_0,\theta_0\right)\overset{\Delta}{=}F_{\text{T}}\left(t-\tau,\theta\right)\Big|_{\tau=\tau_0,\theta=\theta_0}$ 是相干 FDA 雷达对应的发射方向图响应，$\theta$ 为波束指向角。相干 FDA 雷达发射方向图可表示为

$$F_{\text{T}}\left(t-\tau,\theta\right)=\exp\left(\text{j}\frac{M-1}{2}\Phi\left(t|\tau,\theta\right)\right)\frac{\sin\left(\dfrac{M}{2}\Phi\left(t|\tau,\theta\right)\right)}{\sin\left(\dfrac{1}{2}\Phi\left(t|\tau,\theta\right)\right)}$$

$$=\exp\left(\text{j}(M-1)\pi\left(\Delta f\left(t-\tau\right)+\frac{d}{\lambda_0}\sin\theta\right)\right)\frac{\sin\left(M\pi\left(\Delta f\left(t-\tau\right)+\dfrac{d}{\lambda_0}\sin\theta\right)\right)}{\sin\left(\pi\left(\Delta f\left(t-\tau\right)+\dfrac{d}{\lambda_0}\sin\theta\right)\right)}$$

$$\tag{3-9}$$

通常，雷达回波包含可能的目标回波、地/海杂波以及系统噪声，第 $l$ 个距离环的杂波回波是多个杂波散射块的叠加，即

$$x\left(t,\theta_0\right)=\xi_0\Psi\left(t-\tau_0,\theta_0\right)\exp\left(\text{j}2\pi f_0\tau_0\right)\exp\left(\text{j}2\pi\frac{f_{\text{d0}}}{f_{\text{PRF}}}(k-1)\right)$$
$$+\sum_l\sum_{i=1}^{N_{\text{c}}}\xi_{i,l}\Psi\left(t-\tau_l,\theta_i\right)\exp\left(\text{j}2\pi f_0\tau_l\right)+n\left(t\right) \tag{3-10}$$

其中，$\xi_{i,l}$ 是第 $l$ 个距离环上第 $i$ 个杂波散射块的复系数，$\tau_l$ 是第 $l$ 个距离环对应的时延，$\theta_i$ 是杂波散射块角度，$N_{\text{c}}$ 是单个距离环上总的杂波散射块个数，$n\left(t\right)$ 为系统的高斯白噪声。对地基雷达来说，杂波多普勒频率近似为 0，杂波内部运动可能会造成轻微的多普勒扩展效应。在这种情况下，将单个杂波散射块的复系数按照随机分布方式建模[17]。

## 3.3 相干 FDA 雷达信号处理

对传统的雷达系统来说，接收回波包络与发射波形相同，此时高斯噪声背景下最优的匹配滤波函数为发射波形的时间反转共轭形式。然而，相干 FDA 雷达的接收回波包络同时取决于发射波形和发射方向图，因此，进行匹配滤波器设计时应同时考虑发射方向图的影响。如前所述，相干 FDA 雷达具有距离-角度-时间三维依赖的波束方向图，在空间覆盖方面具有优势。通过适当选择参数，它能够在单个脉冲重复周期内实现波束方向图的空间扫描。考虑一般性，我们在下文中给定接收角度，匹配滤波器应该是接收回波包络的时间反转共轭形式，可表示为

$$h(t|\theta) = \Psi^*(-t,\theta) = \text{rect}\left(\frac{-t}{T_p}\right)\exp(-j\pi\gamma t^2)F_T^*(-t,\theta) \tag{3-11}$$

其中，上标*表示共轭运算。由于相干 FDA 雷达的匹配滤波函数与角度有关，这种方法称为 ADMF 方法。ADMF 处理后的信号为

$$y(t,\theta_0|\theta) = x(t,\theta_0) \otimes h(t|\theta) \tag{3-12}$$

其中，$\otimes$ 表示卷积运算。由于 ADMF 处理不影响后续的多普勒处理，因此直接用传统的脉冲多普勒处理就能实现动目标显示（Moving Target Indication，MTI）。图 3.1 给出了相干 FDA 雷达基本接收处理流程。对地基雷达来说，杂波的多普勒谱几乎集中在零多普勒频率附近，因此运动目标通常位于无杂波区域。

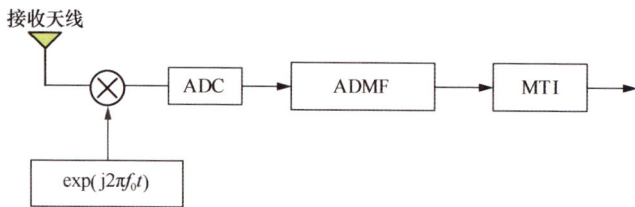

**图 3.1　相干 FDA 雷达基本接收处理流程**

式（3-12）中的卷积处理通常是在快时间频域实现的，即

$$Y(f,\theta_0|\theta) = X(f,\theta_0)\exp(j2\pi f\tau_0)H(f|\theta) \tag{3-13}$$

其中，$Y(f,\theta_0|\theta) = \int y(t,\theta_0|\theta)\exp(-j2\pi ft)dt$、$X(f,\theta_0) = \int x(t-\tau_0,\theta_0)\exp(-j2\pi ft)dt$ 和 $H(f|\theta) = \int h(t|\theta)\exp(-j2\pi ft)dt$ 分别是输出信号、输入信号和 ADMF 的傅里叶变换，$f$ 为频率变量。ADMF 器转换到快时间频域后的表达式为

$$H(f|\theta) = G^*(f,\theta)$$

$$= \exp\left(j\pi\frac{f^2}{\gamma}\right)\sum_{m=1}^{M}\left(\mathrm{rect}\left(\frac{f-(m-1)\Delta f}{B_w}\right)\exp\left(-j2\pi\frac{d}{\lambda_0}(m-1)\sin\theta\right)\right. \quad (3\text{-}14)$$

$$\times\exp\left.\left(-j2\pi\frac{f(m-1)\Delta f}{\gamma}+j\pi\frac{(m-1)^2\Delta f^2}{\gamma}\right)\right)$$

其中，$G(f,\theta)=F_T(\Psi(t,\theta))$ 是接收回波包络的傅里叶变换。当频率步进量足够小，即 $\Delta f \to 0$ 时，式（3-14）可简化为

$$H(f|\theta) = G^*(f,\theta) = \mathrm{rect}\left(\frac{f}{B_w}\right)\exp\left(j\pi\frac{f^2}{\gamma}\right)F(\theta) \quad (3\text{-}15)$$

其中，$F(\theta)=\sum_{m=1}^{M}\exp\left(-j2\pi\frac{d}{\lambda_0}(m-1)\sin\theta\right)$ 为相控阵体制下的发射方向图。当 $\Delta f=0$ 时，发射方向图与发射波形间无耦合，即发射方向图不影响匹配滤波过程。在相干 FDA 雷达中，频率步进量通常满足 $\Delta f T_p = 1$，从而实现全空间覆盖[14]，因此有

$$H(f|\theta) = G^*(f,\theta) = \exp\left(j\pi\frac{f^2}{\gamma}\right)\sum_{m=1}^{M}\left(\mathrm{rect}\left(\frac{f-(m-1)\Delta f}{B_w}\right)\exp\left(j\pi\frac{(m-1)^2\Delta f}{B_w}\right)\right.$$

$$\qquad\qquad\qquad\qquad\qquad\qquad\qquad\qquad\qquad\qquad\qquad\qquad (3\text{-}16)$$

$$\times\exp\left.\left(-j2\pi\frac{d\sin\theta}{\lambda_0}(m-1)-j2\pi\frac{f}{B_w}(m-1)\right)\right)$$

由于频率步进量远小于波形带宽，即 $\Delta f \ll B_w$，于是分别考虑零阶近似[式（3-17）]和一阶近似[式（3-18）]，进一步简化得

$$H(f|\theta) = G^*(f,\theta)$$

$$= \mathrm{rect}\left(\frac{f}{B_w}\right)\exp\left(j\pi\frac{f^2}{\gamma}\right)\exp\left(j(M-1)\pi\left(\frac{f}{B_w}+\frac{d\sin\theta}{\lambda_0}\right)\right)$$

$$\times\frac{\sin\left(M\pi\left(\frac{f}{B_w}+\frac{d\sin\theta}{\lambda_0}\right)\right)}{\sin\left(\pi\left(\frac{f}{B_w}+\frac{d\sin\theta}{\lambda_0}\right)\right)} \quad (3\text{-}17)$$

$$= \mathrm{rect}\left(\frac{f}{B_w}\right)\exp\left(j\pi\frac{f^2}{\gamma}\right)\frac{\sin\left(\frac{M}{2}\Phi(f|\theta)\right)}{\sin\left(\frac{1}{2}\Phi(f|\theta)\right)}\exp\left(j\frac{M-1}{2}\Phi(f|\theta)\right)$$

$$H(f \mid \theta) = G^*(f, \theta)$$

$$= \mathrm{rect}\left(\frac{f}{B_{\mathrm{w}}}\right) \exp\left(\mathrm{j}\pi \frac{f^2}{\gamma}\right) \exp\left(\mathrm{j}(M-1)\pi\left(\frac{4f - (M-1)\Delta f}{4B_{\mathrm{w}}} + \frac{d\sin\theta}{\lambda_0}\right)\right)$$

$$\times \frac{\sin\left(M\pi\left(\frac{4f - (M-1)\Delta f}{4B_{\mathrm{w}}} + \frac{d\sin\theta}{\lambda_0}\right)\right)}{\sin\left(\pi\left(\frac{4f - (M-1)\Delta f}{4B_{\mathrm{w}}} + \frac{d\sin\theta}{\lambda_0}\right)\right)} \qquad (3\text{-}18)$$

$$= \mathrm{rect}\left(\frac{f}{B_{\mathrm{w}}}\right) \exp\left(\mathrm{j}\pi \frac{f^2}{\gamma}\right) \frac{\sin\left(\frac{M}{2}\Phi(f \mid \theta)\right)}{\sin\left(\frac{1}{2}\Phi(f \mid \theta)\right)} \exp\left(\mathrm{j}\frac{M-1}{2}\Phi(f \mid \theta)\right)$$

其中，式（3-17）中的 $\Phi(f \mid \theta) = 2\pi\left(\dfrac{f}{B_{\mathrm{w}}} + \dfrac{d\sin\theta}{\lambda_0}\right)$ 是零阶近似下对应的相位项，

而式（3-18）中的 $\Phi(f \mid \theta) = 2\pi\left(\dfrac{4f - (M-1)\Delta f}{4B_{\mathrm{w}}} + \dfrac{d\sin\theta}{\lambda_0}\right)$ 是一阶近似下对应的

相位项。从式（3-17）中可以看出 ADMF 的傅里叶变换可以看作原始的 LFM 波形加上三角函数调制而成。主瓣两个零点间的频率 $f$ 满足以下条件

$$-\frac{B_{\mathrm{w}}}{M} \leqslant f + B_{\mathrm{w}}\frac{d\sin\theta}{\lambda_0} \leqslant \frac{B_{\mathrm{w}}}{M} \qquad (3\text{-}19)$$

因此，考虑基带波形为 LFM 波形，在给定目标角度的情况下，ADMF 器在频域的有效 3dB 带宽约为 $B_{\mathrm{w}}/M$。

# 3.4 距离-角度分辨率性能

在传统相控阵雷达系统中，快时间基带波形和发射方向图是独立的，因此，雷达的距离分辨率取决于发射信号的带宽，角度分辨率取决于工作波长和天线孔径。在相干 FDA 体制下，匹配滤波函数是角度-时间的二维函数，能够同时实现发射波束形成和脉冲压缩处理。换句话说，相干 FDA 雷达的快时间基带波形和发射方向图存在耦合关系，不同的空间方向辐射的信号波形不同。因此，相干 FDA 雷达的距离分辨率和角度分辨率性能需要进一步探索。本节通过推导相干 FDA 雷达的模糊函数与距离分辨率、角度分辨率的关系进行分析。

相干 FDA 雷达的广义模糊函数定义为

$$\mathrm{AF}(\tau_0, f_{\mathrm{d}}, \theta, \theta_0) = \int \Psi(t - \tau_0, \theta_0) \exp(\mathrm{j}2\pi f_{\mathrm{d}} t) \Psi^*(t, \theta)\mathrm{d}t \qquad (3\text{-}20)$$

其中，$f_d$ 为多普勒频率，通过将模糊函数在角度维进行切片，能够衡量其角度分辨率，角度维模糊函数为

$$\text{AF}\left(\theta,\theta_0\big|\tau_0=0,f_d=0\right)=\int\Psi(t,\theta_0)\Psi^*(t,\theta)\mathrm{d}t=\int_{-\frac{T_p}{2}}^{\frac{T_p}{2}}F_T(t,\theta_0)F_T^*(t,\theta)\mathrm{d}t \quad （3-21）$$

将发射方向图表达式代入式（3-21）中，得到

$$\text{AF}\left(\theta,\theta_0\big|\tau_0=0,f_d=0\right)=\int_{-\frac{T_p}{2}}^{\frac{T_p}{2}}F_T(t,\theta_0)F_T^*(t,\theta)\mathrm{d}t$$

$$=T_p\exp\left(\mathrm{j}(M-1)\pi\left(\frac{d}{\lambda_0}(\sin\theta_0-\sin\theta)\right)\right)\frac{\sin\left(M\pi\frac{d}{\lambda_0}(\sin\theta_0-\sin\theta)\right)}{\sin\left(\pi\frac{d}{\lambda_0}(\sin\theta_0-\sin\theta)\right)} \quad （3-22）$$

$$+T_p\sum_{m,n=1,m\neq n}^{M}\left(\frac{\sin\left(\pi\Delta fT_p(m-n)\right)}{\pi\Delta fT_p(m-n)}\exp\left(\mathrm{j}2\pi\frac{d}{\lambda_0}(m-1)\sin\theta_0\right)\exp\left(\mathrm{j}2\pi\frac{d}{\lambda_0}(n-1)\sin\theta\right)\right)$$

当满足 $\Delta fT_p=1$ 时，进一步得到

$$\text{AF}\left(\theta,\theta_0\big|\tau_0=0,f_d=0\right)=T_p\exp\left(\mathrm{j}(M-1)\pi\left(\frac{d}{\lambda_0}(\sin\theta_0-\sin\theta)\right)\right)$$
$$\times\frac{\sin\left(M\pi\frac{d}{\lambda_0}(\sin\theta_0-\sin\theta)\right)}{\sin\left(\pi\frac{d}{\lambda_0}(\sin\theta_0-\sin\theta)\right)} \quad （3-23）$$

取角度维模糊函数的模值后得到

$$\left|\text{AF}\left(\theta,\theta_0\mid\tau_0=0,f_d=0\right)\right|=\left|T_p\frac{\sin\left(M\pi\frac{d}{\lambda_0}(\sin\theta_0-\sin\theta)\right)}{\sin\left(\pi\frac{d}{\lambda_0}(\sin\theta_0-\sin\theta)\right)}\right| \quad （3-24）$$

从式（3-24）中可以看出，相干 FDA 雷达的角度分辨率与天线孔径 $Md$ 成反比，这与传统相控阵雷达一致。换句话说，相干 FDA 雷达相比于传统相控阵雷达不存在角度分辨率损失。此外，可以采用一系列 ADMF 器，以充分利用相干 FDA 雷达的空间覆盖优势。每个 ADMF 器对应一个特定的角度，所有 ADMF 处理与后续的 MTI 处理可以并行实现。考虑相干 FDA 雷达采用半波长间隔的阵元，ADMF 器对应的角度为

$$\theta \in \left\{ \theta_i; \sin\theta_i = \frac{2i}{M}, i = -\left\lfloor \frac{M-1}{2} \right\rfloor, \cdots, \left\lfloor \frac{M-1}{2} \right\rfloor, -\frac{\pi}{2} \leqslant \theta_i \leqslant \frac{\pi}{2} \right\} \quad （3\text{-}25）$$

其中，$\lfloor \alpha \rfloor$ 表示不超过 $\alpha$ 的最大整数。同样，模糊函数在时延维的切片可以用来衡量其距离分辨率性能，即

$$\mathrm{AF}\left(\tau_0 \middle| \theta = \theta_0, f_\mathrm{d} = 0\right) = \int \Psi\left(t - \tau_0, \theta_0\right) \Psi^*\left(t, \theta_0\right) \mathrm{d}t \quad （3\text{-}26）$$

经过数学推导，得到

$$
\begin{aligned}
&\mathrm{AF}\left(\tau_0 \middle| \theta = \theta_0, f_\mathrm{d} = 0\right) \\
&= \mathrm{e}^{-\mathrm{j}\frac{\pi}{2}} T_\mathrm{p} \sum_{q=-(M-1)}^{M-1} \left( \frac{\sin\left(-\pi\gamma\tau_0\left(T_\mathrm{p} - |\tau_0|\right) + \pi\Delta f q\left(T_\mathrm{p} - |\tau_0|\right)\right)}{T_\mathrm{p}\left(-\pi\gamma\tau_0 + \pi\Delta f q\right)} \mathrm{e}^{\mathrm{j}\pi\Delta f q \tau_0} \right. \\
&\quad \left. \times \mathrm{e}^{\mathrm{j}2\pi\frac{d}{\lambda_0}q\sin\theta_0} \frac{\sin\left(-\left(M - |q|\right)\pi\Delta f \tau_0\right)}{\sin\left(-\pi\Delta f \tau_0\right)} \mathrm{e}^{-\mathrm{j}(M-|q|-1)\pi\Delta f \tau_0} \right) \\[2mm]
&= \mathrm{e}^{-\mathrm{j}\frac{\pi}{2}} T_\mathrm{p} \sum_{q=-(M-1)}^{M-1} \left( \frac{\sin\left(-\pi B_\mathrm{w}\tau_0\left(1 - \frac{|\tau_0|}{T_\mathrm{p}}\right) + \pi\Delta f T_\mathrm{p} q\left(1 - \frac{|\tau_0|}{T_\mathrm{p}}\right)\right)}{-\pi B_\mathrm{w}\tau_0 + \pi\Delta f T_\mathrm{p} q} \right. \\
&\quad \left. \times \mathrm{e}^{\mathrm{j}2\pi\left(\frac{\Delta f \tau_0}{2} + \frac{d}{\lambda_0}\sin\theta_0\right)q} \frac{\sin\left(-\left(M - |q|\right)\pi\Delta f \tau_0\right)}{\sin\left(-\pi\Delta f \tau_0\right)} \mathrm{e}^{-\mathrm{j}(M-|q|-1)\pi\Delta f \tau_0} \right)
\end{aligned}
\quad （3\text{-}27）
$$

考虑到参考时延远小于脉冲宽度，即 $\tau_0 \ll T_\mathrm{p}$，有以下近似

$$
\begin{aligned}
&\mathrm{AF}\left(\tau_0 \middle| \theta = \theta_0, f_\mathrm{d} = 0\right) \\
&\approx \mathrm{e}^{-\mathrm{j}\frac{\pi}{2}} T_\mathrm{p} \sum_{q=-(M-1)}^{M-1} \left( \frac{\sin\left(-\pi B_\mathrm{w}\tau_0 + \pi\Delta f T_\mathrm{p} q\right)}{-\pi B_\mathrm{w}\tau_0 + \pi\Delta f T_\mathrm{p} q} \mathrm{e}^{\mathrm{j}2\pi\left(\frac{\Delta f \tau_0}{2} + \frac{d}{\lambda_0}\sin\theta_0\right)q} \right. \\
&\quad \left. \times \frac{\sin\left(\left(M - |q|\right)\pi\Delta f \tau_0\right)}{\sin\left(\pi\Delta f \tau_0\right)} \mathrm{e}^{-\mathrm{j}(M-|q|-1)\pi\Delta f \tau_0} \right)
\end{aligned}
\quad （3\text{-}28）
$$

当满足 $\Delta f T_\mathrm{p} = 1$ 及 $\theta_0 = 0$ 时，进一步得到

$$
\begin{aligned}
&\mathrm{AF}\left(\tau_0 \middle| \theta = \theta_0 = 0, f_\mathrm{d} = 0\right) \\
&\approx \mathrm{e}^{-\mathrm{j}\frac{\pi}{2}} T_\mathrm{p} \sum_{q=-(M-1)}^{M-1} \left( \frac{\sin\left(-\pi B_\mathrm{w}\tau_0 + \pi q\right)}{-\pi B_\mathrm{w}\tau_0 + \pi q} \frac{\sin\left(\left(M - |q|\right)\pi\Delta f \tau_0\right)}{\sin\left(\pi\Delta f \tau_0\right)} \right. \\
&\quad \left. \times \mathrm{e}^{\mathrm{j}\pi\Delta f \tau_0 q} \mathrm{e}^{-\mathrm{j}(M-|q|-1)\pi\Delta f \tau_0} \right)
\end{aligned}
\quad （3\text{-}29）
$$

从式（3-29）中可以看出时延维的模糊函数可以看作被 sinc 函数采样后的三角函数。sinc 函数在时延维的分辨率为 $1/B_w$，对应的双程距离分辨率为 $c/(2B_w)$，且满足

$$\mathrm{AF}\left(\tau_0 = \frac{M}{B_w}\bigg|\theta = \theta_0 = 0, f_d = 0\right) = 0 \tag{3-30}$$

因此时延维的零点主瓣宽度为 $2M/B_w$，而时延分辨率是零点主瓣宽度的一半。因此，相比于传统采用 LFM 波形的相控阵雷达，相干 FDA 雷达的距离分辨率下降至相控阵雷达的 $1/M$。

## 3.5　发射方向图空域覆盖性

### 3.5.1　频率步进量与空间覆盖范围调整

相干 FDA 雷达具有全空间覆盖的能力，通过合理设计系统参数，调整雷达发射脉冲宽度或者频率步进量，可以实现部分空间的覆盖，等效调整雷达感兴趣的观测空域，因此相干 FDA 雷达具有重要的应用价值。

实际上，发射方向图主瓣覆盖全空间需要满足一定的约束条件，即 $T_p = 1/\Delta f$。主瓣照射不同角度对应不同的发射信号子脉冲，等效于雷达将发射脉冲时间分配到空间的不同角度上，或者说，用脉冲时间资源换取空间的覆盖。在实际应用中，可以通过调整雷达发射脉冲宽度，实现对感兴趣的观测空域的覆盖，避免雷达辐射功率的损失，如图 3.2 所示。当感兴趣的观测空域范围为 $-60°\sim60°$ 时，则可以通过调整雷达发射脉冲宽度与频率步进量，满足关系 $T_p = \sqrt{3}/(2\Delta f)$，如图 3.2（a）所示。同样，当感兴趣的观测空域范围为 $-30°\sim30°$ 时，则可以通过调整雷达发射脉冲宽度与频率步进量，满足关系 $T_p = 1/(2\Delta f)$，如图 3.2（b）所示。

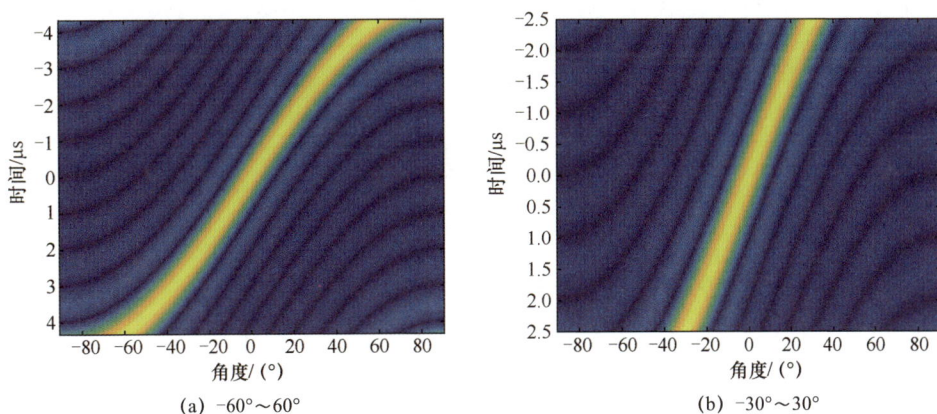

(a) $-60°\sim60°$　　　　　　　　　　(b) $-30°\sim30°$

**图 3.2　相干 FDA 雷达的发射方向图空间覆盖范围**

## 3.5.2 子阵相干 FDA 雷达

3.5.1 小节介绍了通过合理设计系统参数，调整雷达发射脉冲宽度或者频率步进量，等效调整雷达感兴趣的观测空域。本小节介绍一种子阵相干 FDA 雷达构型，利用它也能够调整雷达空间覆盖范围，缓解广域覆盖和强辐射功率间的矛盾。

经过对比，相干 FDA 雷达的空间覆盖范围扩大至相控阵雷达的 $M$ 倍，然而，它在每个脉冲重复周期内对特定角度处的平均辐射功率减少至相控阵雷达的 $1/M$。平均辐射功率损失是由 FDA 发射方向图的自动扫描特性引起的。在实际应用中，若使用具有许多阵元的大型阵列，将导致辐射功率严重下降。为了解决这一问题，一个可行的方案是使用较长的 CPI[9-10]。然而，长的 CPI 在某些情况下并不适用于 MTI，会造成目标出现距离徙动。在本小节中，我们提出了子阵相干 FDA 雷达，通常子阵可以是重叠的或非重叠的，如图 3.3 所示。需要注意的是，如果子阵中的部分阵元重叠，在实际应用中应解决非均匀辐射功率问题，因此在实践中考虑非重叠阵列构型通常比较方便。

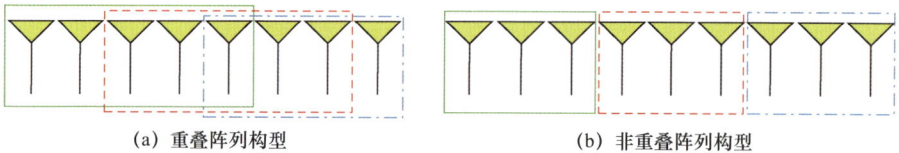

(a) 重叠阵列构型　　　　　　　　　　　(b) 非重叠阵列构型

图 3.3　子阵相干 FDA 雷达

接下来，我们考虑非重叠阵列构型。为不失一般性，子阵数仍然假设为 $M$，阵元间距为 $d$，而每个子阵包含 $N$ 个半波长间距阵元。在子阵内，所有阵元的载频相同，在子阵间添加频率步进量。此外，所有子阵都指向同一方向。图 3.4 显示了非重叠子阵相干 FDA 雷达构型。

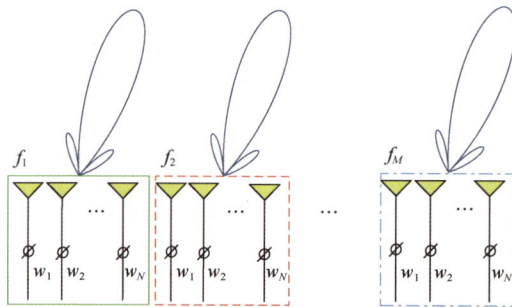

图 3.4　非重叠子阵相干 FDA 雷达构型

假设所有子阵均指向 $\theta_{\mathrm{p}}$ 方向，第 $m$ 个子阵的方向图可以写为

$$
\begin{aligned}
\left| F_{\mathrm{sub\text{-}m}}\left(\theta\right) \right| &= \frac{\sin\left( N\pi \dfrac{f_m d}{c}\left(\sin\theta - \sin\theta_{\mathrm{p}}\right) \right)}{\sin\left( \pi \dfrac{f_m d}{c}\left(\sin\theta - \sin\theta_{\mathrm{p}}\right) \right)} \\[2mm]
&\approx \frac{\sin\left( N\pi \dfrac{d}{\lambda_0}\left(\sin\theta - \sin\theta_{\mathrm{p}}\right) \right)}{\sin\left( \pi \dfrac{d}{\lambda_0}\left(\sin\theta - \sin\theta_{\mathrm{p}}\right) \right)} = \left| F_{\mathrm{sub}}\left(\theta\right) \right|
\end{aligned} \tag{3-31}
$$

式（3-11）中近似采用了频率步进量远小于参考载频的假设，相干 FDA 雷达的发射方向图响应模值为

$$
\left| F_{\mathrm{T}}\left(t-\tau,\theta\right) \right| = \frac{\sin\left( M\pi\left( \Delta f\left(t-\tau\right) + \dfrac{Nd}{\lambda_0}\sin\theta \right) \right)}{\sin\left( \pi\left( \Delta f\left(t-\tau\right) + \dfrac{Nd}{\lambda_0}\sin\theta \right) \right)} \tag{3-32}
$$

从式（3-32）中可以看出，发射方向图的距离-角度-时间维的周期性是独立的。具体来说，对于给定的角度，时间周期是 $1/\Delta f$，而双程的距离周期是 $c/(2\Delta f)$。因此，脉冲持续时间可以选择为 $1/\Delta f$，以避免脉冲持续时间内出现栅瓣。另外，对于给定距离和时刻，角度周期是 $\lambda_0/Nd = 2/N$。然而，对于整个空间，即 $-\pi/2 \leqslant \theta \leqslant \pi/2$，有 $-1 \leqslant \sin\theta \leqslant 1$。因此，在角度维会出现 $N$ 个栅瓣。幸运的是，栅瓣将因子阵的旁瓣而衰减。

子阵间的主瓣宽度为 $\theta_{\mathrm{w}}^{\mathrm{sub}} = \lambda_0/Nd = 2/N$，而子阵相干 FDA 雷达的主瓣宽度是 $\theta_{\mathrm{w}}^{\{\mathrm{FDA}\}} = \lambda_0/MNd = 2/MN = \theta_{\mathrm{w}}^{\mathrm{sub}}/M$。在这种情况下，可以采用 $M$ 个并行的 ADMF 器来覆盖子阵的主瓣覆盖区域。这些 ADMF 器对应的波束指向角为

$$
\theta \in \left\{ \theta_i ; \sin\theta_i - \sin\theta_0 = \frac{2i}{NM}, i = -\left\lfloor \frac{M-1}{2} \right\rfloor, \cdots, \left\lfloor \frac{M-1}{2} \right\rfloor, -\frac{\pi}{2} \leqslant \theta_i \leqslant \frac{\pi}{2} \right\} \tag{3-33}
$$

其中，$\theta_i$ 表示同时多波束形成时，第 $i$ 个波束指向角；$\theta_0$ 表示一般意义上的波束指向角。

因此，子阵相干 FDA 雷达能够覆盖一个有限的角度范围，每个 ADMF 器只针对更窄的角度范围进行处理。这增加了相干 FDA 雷达的灵活性，提高了其实用性。因此，通过合理设计系统参数（包括子阵数 $M$ 和子阵内阵元数 $N$），可以满足实际应用需求。

## 3.6 同时多波束信号处理

ADMF 处理可以同时实现发射波束形成和脉冲压缩处理，并且不同空间角度的回波信号可以并行处理，同时形成收发联合波束，满足广域搜索警戒任务的需要。

根据角度依赖的匹配滤波函数，可以构造对应于不同角度的多个正交的匹配滤波函数。例如，在正弦空间均匀设置 $M$ 个角度，角度参数为 $\theta_m$（$m=1,2,\cdots,M$），可表示为

$$\theta_m = \arcsin\left(\frac{2(m-1)}{M} - 1\right) \tag{3-34}$$

则对应的发射波束域回波数据可表示为

$$
\begin{aligned}
z(\tau) &= \left(y(t,\theta_0|\theta_1), y(t,\theta_0|\theta_2), \cdots, y(t,\theta_0|\theta_M)\right)^{\mathrm{T}} \\
&= \left(x(t,\theta_0)\otimes h(t|\theta_1), x(t,\theta_0)\otimes h(t|\theta_2), \cdots, x(t,\theta_0)\otimes h(t|\theta_M)\right)^{\mathrm{T}} \tag{3-35} \\
&= \xi(\tau)\overline{\boldsymbol{b}}(\theta)
\end{aligned}
$$

其中，$\xi(\tau)$ 表示目标回波信号的复系数，$\overline{\boldsymbol{b}}(\theta)$ 表示发射波束域对应的目标导向矢量。由此可以构造最小方差无失真响应（Minimum Variance Distortionless Response，MVDR）准则下的发射波束域信号处理器

$$\min_{\boldsymbol{w}_{\mathrm{TX}}} E\left(\left|\boldsymbol{w}_{\mathrm{TX}}^{\mathrm{H}}\boldsymbol{z}\right|^2\right) \quad \text{s.t.} \ \boldsymbol{w}_{\mathrm{TX}}^{\mathrm{H}}\overline{\boldsymbol{b}}(\theta_0) = 1 \tag{3-36}$$

其中，$E(\cdot)$ 表示期望，$\boldsymbol{w}_{\mathrm{TX}}$ 表示发射波束域对应的权矢量，上标 H 代表共轭转置。进一步考虑接收阵列，则对应的收发联合域回波数据可表示为

$$z(\tau) = \xi(\tau)\overline{\boldsymbol{b}}(\theta)\otimes\boldsymbol{a}(\theta) \tag{3-37}$$

其中，$\boldsymbol{a}(\theta)$ 表示接收导向矢量。由此可以构造 MVDR 准则下的发射-接收二维域的信号处理器

$$\min_{\boldsymbol{w}_{\mathrm{TX\text{-}RX}}} E\left(\left|\boldsymbol{w}_{\mathrm{TX\text{-}RX}}^{\mathrm{H}}\boldsymbol{z}\right|^2\right) \quad \text{s.t.} \ \boldsymbol{w}_{\mathrm{TX\text{-}RX}}^{\mathrm{H}}\left(\overline{\boldsymbol{b}}(\theta)\otimes\boldsymbol{a}(\theta)\right) = 1 \tag{3-38}$$

其中，$\boldsymbol{w}_{\mathrm{TX\text{-}RX}}$ 表示发射波束域-接收阵元域对应的权矢量。

## 3.7 仿真分析

本节使用仿真实验来验证相干 FDA 雷达中 MTI 的有效性。雷达系统仿真参数如表 3.1 所示，除非另有说明，否则仿真参数不变。注意，杂噪比（Clutterto-Noise Ratio，CNR）和信噪比（Signal-to-Noise Ratio，SNR）都在 ADMF 处理之前定义。

表 3.1　雷达系统仿真参数

| 参数 | 参数值 | 参数 | 参数值 |
| --- | --- | --- | --- |
| 参考载频 | 3GHz | 频率步进量 | 100kHz |
| 子阵内阵元数 | 5 | 阵元间距 | 0.05m |
| 子阵数 | 6 | 子阵间距 | 0.25m |
| 信号带宽 | 50MHz | 采样频率 | 100MHz |
| 脉冲宽度 | 10μs | 脉冲重复频率 | 10kHz |
| 脉冲数 | 64 | CNR | 30dB |
| 目标距离 | 10km | 目标速度 | −100m/s |
| 目标角度 | 0° | SNR | −20dB |

## 3.7.1　MTI 结果分析

　　相干 FDA 雷达基本的信号处理流程包括 ADMF 处理和 MTI 处理，本小节仿真给出不同阶段的信号处理结果，以帮助读者直观理解所介绍的信号处理方法。图 3.5（a）给出了 ADMF 后的距离维和脉冲维的输出结果。图 3.5（b）给出了 MTI 后的距离维和多普勒维的输出结果。假设所有杂波散射块彼此独立，杂波振幅服从瑞利分布，杂波功率服从高斯分布。在杂波经脉冲多普勒处理后，可以看到杂波集中在零多普勒频率附近，并有轻微扩展。仿真实验中，在执行多普勒域傅里叶变换时使用了 60dB 的切比雪夫窗。运动目标通常位于多普勒域的无杂波区，为了进一步提高目标检测性能，可以进行杂波抑制。图 3.5（c）给出了自适应杂波抑制后的输出结果，自适应权是通过 MVDR 准则计算得到的。

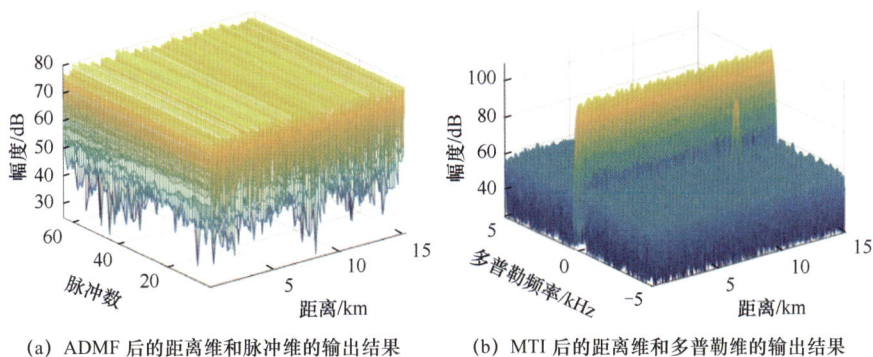

(a) ADMF 后的距离维和脉冲维的输出结果　　(b) MTI 后的距离维和多普勒维的输出结果

图 3.5　不同阶段的信号处理结果

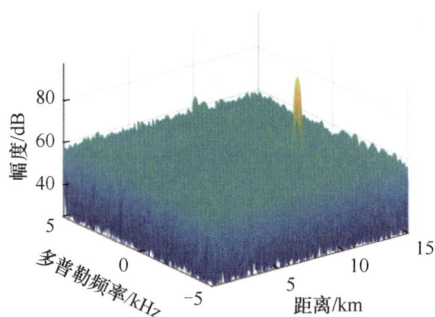

(c) 自适应杂波抑制后的输出结果

**图 3.5  不同阶段的信号处理结果（续）**

接下来我们进一步分析杂波的多普勒谱特性，并验证杂波抑制性能。图 3.6 给出了杂波的多普勒谱结果，包括傅里叶谱、加权傅里叶谱和 Capon 谱。从杂波的 Capon 谱中可以看到杂波集中在零多普勒频率附近，并有轻微扩展。加权傅里叶谱使用了 60dB 的切比雪夫窗。图 3.6（b）给出了主瓣杂波的放大结果。实际上，ADMF 过程同时实现了脉冲压缩处理和发射波束形成。杂波功率通常比较大，特别是在复杂地形场景中，即使是来自波束旁瓣的杂波功率也可能比系统噪声的大。在这个仿真实验中，杂波的最大多普勒频率是 100Hz。

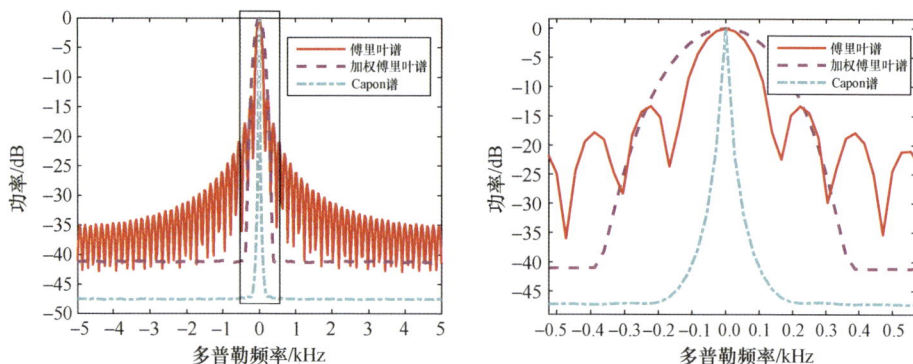

(a) 原始结果

(b) 主瓣杂波的放大结果

**图 3.6  杂波的多普勒谱结果**

改善因子（Improvement Factor，IF）定义为输出信杂噪比（Signal-to-Clutter-plus-Noise Ratio，SCNR）与输入 SCNR 的比值，可以写成

$$\mathrm{IF} = \frac{\mathrm{SCNR_{out}}}{\mathrm{SCNR_{in}}} = \frac{\left\| \boldsymbol{w}^{\mathrm{H}} \boldsymbol{s} \right\|^2}{\boldsymbol{w}^{\mathrm{H}} \boldsymbol{R} \boldsymbol{w}} \Bigg/ \frac{\left\| \boldsymbol{s} \right\|^2}{\mathrm{trace}\boldsymbol{R}} \qquad (3\text{-}39)$$

其中，trace() 表示矩阵的迹；$R$ 是杂波加噪声协方差矩阵；$s$ 是目标导向矢量；$w$ 是 MVDR 准则下的自适应权矢量，$w = \mu R^{-1} s$，$\mu$ 为一个标量。一般认为，相比改善因子最优值，5dB 以内的性能损失是可以接受的，据此得到相干 FDA 雷达对应的最小可检测速度（Minimum Detectable Velocity，MDV）。基于图 3.7，计算得到 MDV 大约是 5.5m/s，对应的多普勒频率约为 111Hz，略大于杂波的最大多普勒频率（100Hz）。通过增加脉冲数可以进一步提高 MDV 性能，这正体现了相干 FDA 雷达具有广域覆盖的优势。

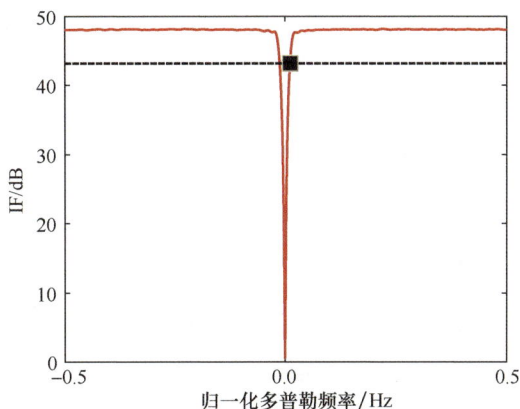

图 3.7　改善因子结果

## 3.7.2　分辨率性能分析

本小节利用仿真实验验证相干 FDA 雷达的分辨率性能。仿真实验中考虑了非重叠阵列构型，对比了以下 4 种阵列构型：（1）$N=1,M=30$；（2）$N=2,M=15$；（3）$N=3,M=10$；（4）$N=5,M=6$（其中，$M$ 为子阵数，$N$ 为子阵内阵元数）。4 种阵列构型对应的全阵尺寸是相同的。图 3.8 给出了 4 种阵列构型下的角度分辨率，图 3.9 给出了对应的距离分辨率。可以看出不同阵列构型下的角度分辨率是相同的。受子阵内发射方向图的影响，角度维模糊函数的旁瓣（幅度）与不存在子阵情况的相比下降。另外，距离分辨率随子阵数的增加而下降。图 3.9（b）给出了距离维模糊函数主瓣放大结果。距离维模糊函数主瓣近似为三角形。因此，与传统相控阵雷达相比，相干 FDA 雷达经 ADMF 处理后不存在角度分辨率损失，对于相同孔径长度，不同阵列构型下的主瓣宽度保持不变。在采用 LFM 波形时，距离分辨率性能有损失。此外，在不加窗的情况下，距离维模糊函数的旁瓣也低至 -50dB，避免了小目标被淹没在高旁瓣中。

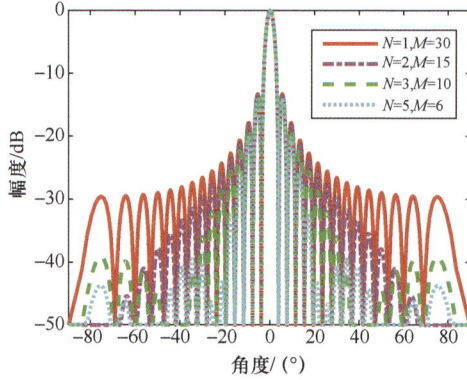

图 3.8　4 种阵列构型下的角度分辨率

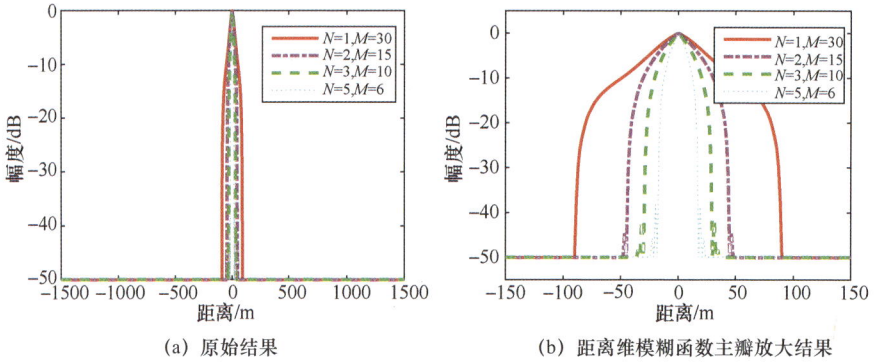

（a）原始结果　　　　　　　（b）距离维模糊函数主瓣放大结果

图 3.9　4 种阵列构型下的距离分辨率

### 3.7.3　发射方向图覆盖性能分析

如 3.5.2 小节所述，子阵相干 FDA 雷达能够缓解广域覆盖和强辐射功率间的矛盾。图 3.10 给出了子阵相干 FDA 雷达的发射方向图。图 3.10（a）给出的是 FDA 子阵间发射方向图。可以看到，在角度维出现了 5 个栅瓣，而在距离-时间维不存在栅瓣，从而避免了在一个脉冲持续时间内出现距离模糊，也证明了角度维和距离-时间维的栅瓣是相互独立的。图 3.10（b）给出的是全阵发射方向图，是子阵内与子阵间发射方向图的结合。仿真实验中波束指向角为 0°。可以看到，子阵内发射方向图调制缓解了角度维的多栅瓣问题。但旁瓣仍相对较高，可以通过设计降低子阵内发射方向图旁瓣来解决这一问题。

我们知道，每个子阵的空间覆盖范围（波束宽度）与阵列孔径成反比。下面的仿真实验用于分析主瓣内指定角度处信号的时域/频域特性，根据式（3-33），ADMF 器对应的波束指向角 $\theta_i$ 满足

$$\sin\theta_i = \frac{2i}{NM} = \frac{i}{15}, i = -2,-1,0,1,2 \qquad （3-40）$$

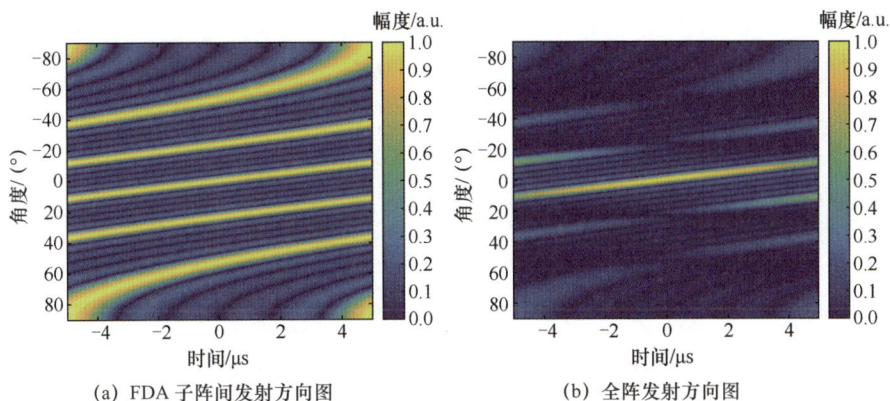

(a) FDA 子阵间发射方向图　　　　　(b) 全阵发射方向图

图 3.10　子阵相干 FDA 雷达的发射方向图（$M=6$，$N=5$）

图 3.11（a）给出了不同角度对应的信号在时域的幅度响应。受相干 FDA 雷达发射方向图调制的影响，主瓣内 LFM 波形的辐射时间是整个脉冲宽度的 $1/M$。本仿真实验中整个脉冲宽度为 $T_p=10\mu s$。换句话说，整个脉冲宽度被均匀划分成 $M$ 个相等的子脉冲持续时间，每个子脉冲持续时间对应一个不同的主瓣指向。图 3.11（b）中给出了这些信号的频谱。可以看到，每个角度对应 LFM 波形的一个子带信号。本仿真实验中采样频率是 100MHz，整个 LFM 波形的带宽是 50MHz，而每个子带信号的带宽大约是 10MHz。图 3.12 给出了 ADMF 器在角度维的等效发射波束形成响应。可以看到，响应可以覆盖子阵的主瓣覆盖区域。在本仿真实验中，每个子阵的主瓣宽度大约是 22°，而每个 ADMF 器的等效发射波束形成的主瓣宽度大约是 3.8°，因此 5 个 ADMF 器的覆盖范围为 19°，接近子阵主瓣覆盖范围。

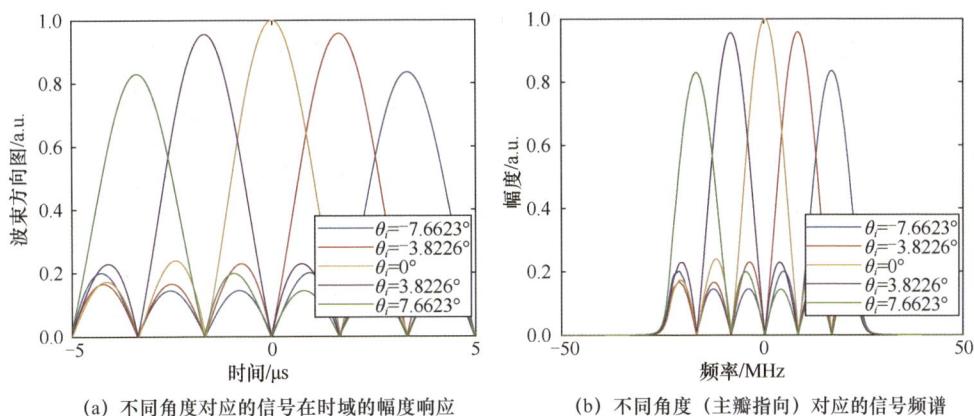

(a) 不同角度对应的信号在时域的幅度响应　　　(b) 不同角度（主瓣指向）对应的信号频谱

图 3.11　子阵主瓣内信号时域/频域特性（$M=6$，$N=5$）

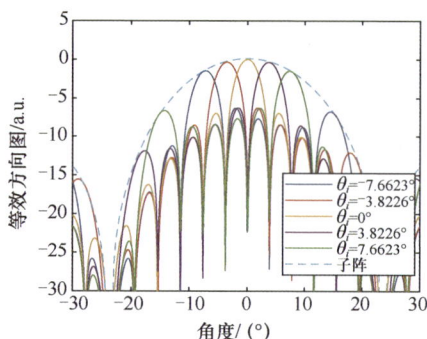

图 3.12    子阵主瓣内的 ADMF 器响应（$M=6$，$N=5$）

为了进一步说明子阵相干 FDA 雷达的发射方向图覆盖性能，采用另一组阵列构型，子阵数 $M=10$，子阵内阵元数 $N=10$。波束指向角 $\theta_0$ 为 30°，ADMF 器对应的波束指向角 $\theta_i$ 满足

$$\sin\theta_i - \sin\frac{\pi}{6} = \frac{i}{50}, i = -4,-3,-2,-1,0,1,2,3,4 \qquad (3\text{-}41)$$

图 3.13 给出了发射方向图结果。图 3.13（a）为 FDA 子阵间发射方向图，图 3.13（b）为全阵发射方向图。同样，受子阵内发射方向图调制，子阵间角度维多栅瓣问题得到缓解。随着子阵内阵元数的增加，主瓣宽度变窄。图 3.14（a）和图 3.14（b）中分别给出了信号的时域和频域特性。ADMF 处理后单个信号的持续时间是整个脉冲宽度的 $1/M$，带宽也是 LFM 波形带宽的 $1/M$。图 3.15 给出了 ADMF 器在角度维的输出响应，ADMF 后的等效发射波束指向在 30°附近呈线性分布，占据整个子阵主瓣覆盖范围。9 个 ADMF 器的覆盖范围为 12°，接近子阵主瓣覆盖范围。

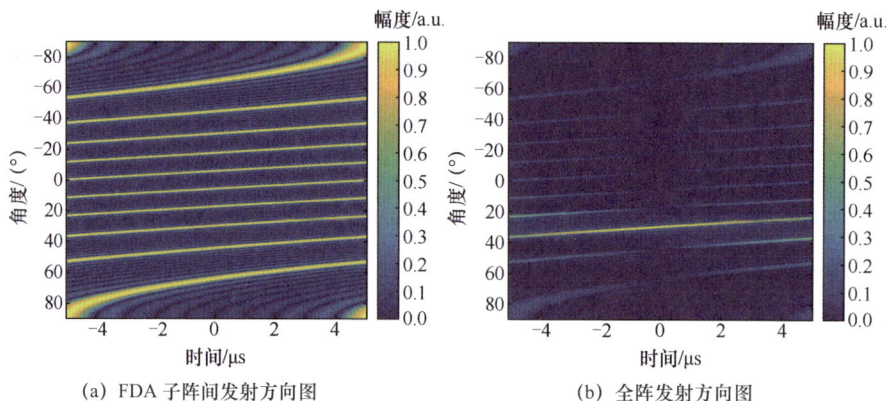

(a) FDA 子阵间发射方向图

(b) 全阵发射方向图

图 3.13    子阵相干 FDA 雷达的发射方向图（$M=10$，$N=10$）

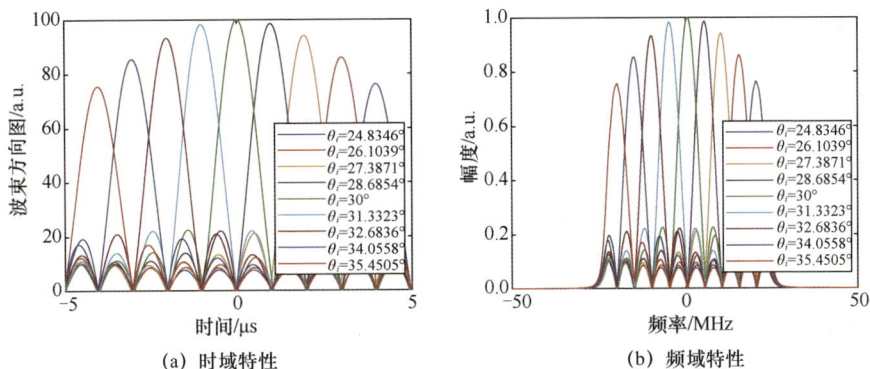

(a) 时域特性　　　　　　　　　　　　(b) 频域特性

图 3.14　子阵主瓣内信号时域/频域特性（$M$=10，$N$=10）

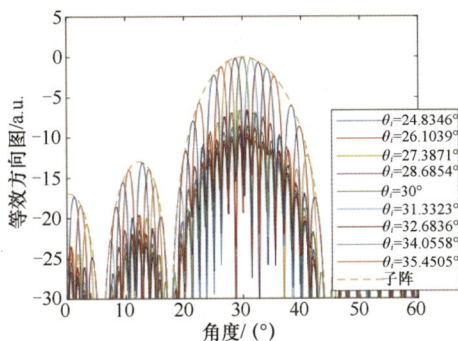

图 3.15　子阵主瓣内的 ADMF 器响应（$M$=10，$N$=10）

## 3.7.4　同时多波束目标检测性能分析

本小节对同时多波束目标检测性能进行分析。信号处理流程为先进行接收波束形成，后进行 ADMF 和 MTI 处理。仿真实验中给出了不同信号处理阶段的输出结果来验证所提方法的有效性。雷达系统仿真参数和目标参数分别如表 3.2 和表 3.3 所示。

表 3.2　雷达系统仿真参数

| 参数 | 参数值 | 参数 | 参数值 |
|---|---|---|---|
| 参考载频 | 3GHz | 频率步进量 | 100kHz |
| 发射（接收）阵元数 | 8 | 阵元间距 | 0.05m |
| 信号带宽 | 20MHz | 采样率 | 40MHz |
| 脉冲重复频率 | 10kHz | 脉冲数 | 64 |

表 3.3　雷达系统目标参数

| 目标序号 | 目标角度 | 目标距离 | 目标速度 | SNR |
|---|---|---|---|---|
| 目标 1 | 0° | 10km | −100m/s | −20dB |
| 目标 2 | 30° | 5km | −50m/s | −10dB |

下面分别给出波束指向角为 0°（见图 3.16）、15°（见图 3.17）和 30°（见图 3.18）时的处理结果。由于波束指向角为 15°时不存在目标信号，因此将其输出结果作为对比。以 0°为例，图 3.16（a）中给出了接收数字波形形成（Digital Beam Forming，DBF）后的输出，图 3.16（b）中给出了 ADMF 后的输出，图 3.16（c）中给出了 MTI 后的输出。从图 3.16（c）中可以清楚地观察到目标 1 的检测结果。基于图 3.16，接收 DBF、ADMF 和 MTI 后的处理增益分别为 9dB、14dB 和 18dB，因此，总的信号处理增益为 41dB。MTI 后目标 1 的输出 SNR 约为 21dB，与理论结果相符。图 3.18 中针对目标 2 的检测结果也具有相同的结论，输出 SNR 约为 31dB。但受发射-接收波束旁瓣电平影响，目标 2 在 15°波束指向角处也有轻微的功率泄露，如图 3.17 所示。

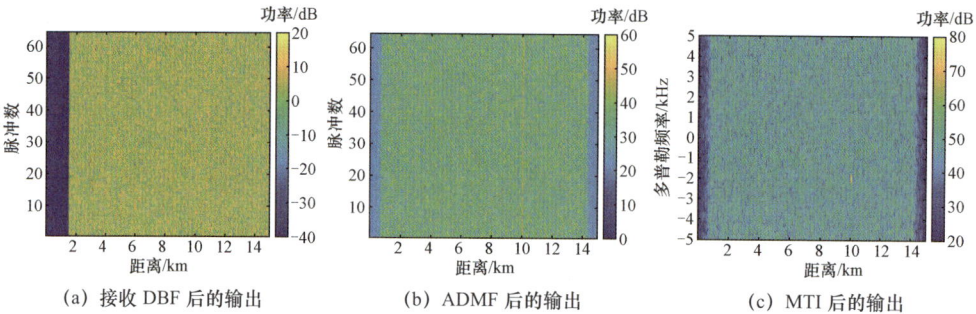

(a) 接收 DBF 后的输出　　　　(b) ADMF 后的输出　　　　(c) MTI 后的输出

图 3.16　波束指向角为 0°时接收 DBF、ADMF 和 MTI 后的输出

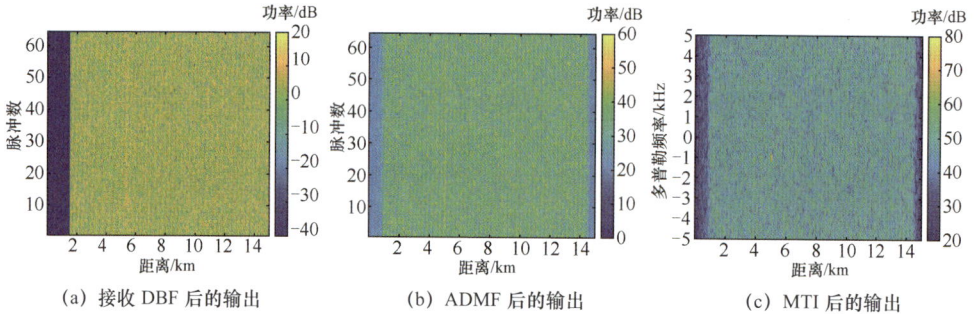

(a) 接收 DBF 后的输出　　　　(b) ADMF 后的输出　　　　(c) MTI 后的输出

图 3.17　波束指向角为 15°时接收 DBF、ADMF 和 MTI 后的输出

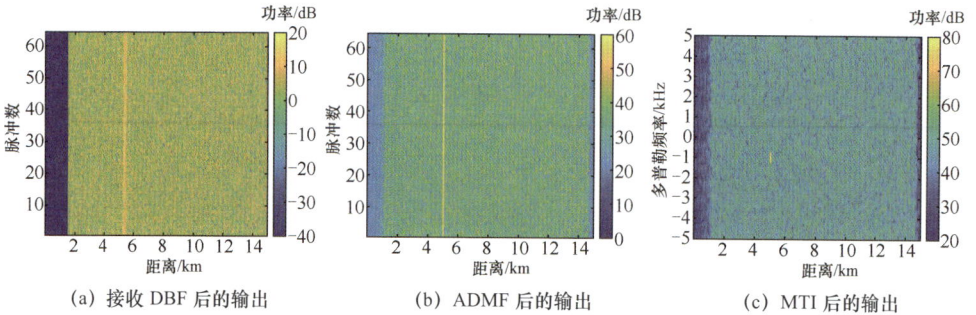

(a) 接收 DBF 后的输出　　　　(b) ADMF 后的输出　　　　(c) MTI 后的输出

图 3.18　波束指向角为 30°时接收 DBF、ADMF 和 MTI 后的输出

6:0

## 3.8　本章小结

本章介绍了相干 FDA 雷达角度依赖匹配接收技术，实现了 MTI。信号处理方案包括 ADMF 和 MTI 两部分，可对多个角度进行并行化目标检测信号处理，实现相干 FDA 雷达广域覆盖。ADMF 技术具有同时实现脉冲压缩处理和发射波束形成的能力。另外，本章给出了相干 FDA 雷达距离-角度分辨率的解析表达式，结果表明，与相控阵雷达相比，相干 FDA 雷达没有角度分辨率损失；然而，当采用 LFM 波形作为基带波形时，距离分辨率降低为原来的 $1/M$。在有限角度扇区的实际应用中，通过子阵设计可以基于感兴趣的角度扇区调整波束覆盖范围，给出实际应用中针对空间覆盖和功率效率的折中设计思路。

## 参考文献

[1] ANTONIK P, WICKS M C, GRIFFITHS H D, et al. Frequency diverse array radars[C]//2006 IEEE Conference on Radar. Verona, NY, USA. IEEE, 2006: 215–217.

[2] ANTONIK P, WICKS M C, GRIFFITHS H D, et al. Range-dependent beamforming using element level waveform diversity[C]//2006 International Waveform Diversity & Design Conference. Lihue, HI, USA. IEEE, 2006:140-144 .

[3] BLUNT S D, MOKOLE E L. Overview of radar waveform diversity[J]. IEEE Aerospace and Electronic Systems Magazine, 2016, 31(11): 2-42.

[4] SECMEN M, DEMIR S, HIZAL A, et al. Frequency diverse array antenna with periodic time modulated pattern in range and angle[C]//2007 IEEE Radar Conference. Waltham, MA, USA. IEEE, 2007: 427-430.

[5] HUANG J J, TONG K F, BAKER C J. Frequency diverse array with beam scanning feature[C]//2008 IEEE Antennas and Propagation Society International Symposium. San Diego, CA, USA. IEEE, 2008: 1-4.

[6] XU Y H, XU J W. Corrections to "range-angle-dependent beamforming of pulsed-frequency diverse array" [C]//IEEE Transactions on Antennas and Propagation. IEEE, 2018: 6466-6468.

[7] LAN L, LIAO G S, XU J W, et al. Transceive beamforming with accurate nulling in FDA-MIMO radar for imaging[J]. IEEE Transactions on Geoscience and Remote Sensing, 2020, 58(6): 4145-4159.

[8] XU Y H, WANG A Y, XU J W. Range–angle transceiver beamforming based on semicircular-FDA scheme[J]. IEEE Transactions on Aerospace and Electronic Systems,

2022, 58(2): 834-843.

[9]    FISHLER E, HAIMOVICH A, BLUM R, et al. MIMO radar: an idea whose time has come[C]//Proceedings of the 2004 IEEE Radar Conference. Philadelphia, PA, USA. IEEE, 2004: 71-78.

[10]   LI J, STOICA P. MIMO radar signal processing[M]. New York: John Wiley & Sons, 2008.

[11]   LI J, STOICA P. MIMO radar with colocated antennas[J]. IEEE Signal Processing Magazine, 2007, 24(5): 106-114.

[12]   LI J, STOICA P, XU L Z, et al. On parameter identifiability of MIMO radar[J]. IEEE Signal Processing Letters, 2007, 14(12): 968-971.

[13]   CHEN C Y, VAIDYANATHAN P P. MIMO radar space–time adaptive processing using prolate spheroidal wave functions[J]. IEEE Transactions on Signal Processing, 2008, 56(2): 623-635.

[14]   XU J W, LAN L, LIAO G S, et al. Range-angle matched receiver for coherent FDA radars[C]//2017 IEEE Radar Conference (RadarConf). Seattle, WA, USA. IEEE, 2017: 324-328.

[15]   XU J W, ZHANG Y H, LIAO G S, et al. Angle-dependent matched filtering for moving target indication with coherent FDA radar[J]. IEEE Transactions on Aerospace and Electronic Systems, 2024, 60(3): 3523-3536.

[16]   YU L, HE F, ZHANG Y S, et al. Low-PSL mismatched filter design for coherent FDA radar using phase-coded waveform[J]. IEEE Geoscience and Remote Sensing Letters, 2023(20): 3507405.

[17]   BARTON D K. Land clutter models for radar design and analysis[J]. Proceedings of the IEEE, 1985, 73(2): 198-204.

# 第4章　FDA-MIMO雷达基本理论与目标参数估计

## 4.1　引言

FDA 在发射端引入了因阵元位置不同所产生的频率差异，等效地形成了随时间而变化的加权因子，使得 FDA 天线能够形成随距离变化的发射方向图[1]。需要说明的是，当发射连续波信号时，空间任意点的电场将随着时间的变化而变化，文献[2]～[3]通过仿真实验分析了 FDA 发射方向图的时变性。文献[4]指出，通过综合利用 FDA 的空间特性、时间特性、频率特性以及调制的自由度可以实现雷达系统的同时多任务，提高雷达系统的性能。文献[5]提出了一种自适应方法，即空间-距离自适应处理方法，可以有效地降低距离维旁瓣电平。文献[6]～[8]提出了一种双基地 FDA 雷达系统，实现了距离依赖的发射方向图，需要说明的是，该发射方向图仅依赖于距离，与传统相控阵雷达系统的发射方向图垂直。文献[6]研究了 FDA-MIMO 雷达的发射方向图以及模糊函数特性。实际上，发射阵元间频率调制等价于引入了一个脉间时变、空间通道数依赖的相位项，而获取 FDA-MIMO 雷达的距离维自由度的过程是在空间上对该相位项进行合理处理。

目标定位是雷达的重要应用之一，目标由距离、角度、速度、散射强度等参数共同描述[9]。在高速运动平台雷达下，杂波多普勒谱扩散严重。为减弱多普勒模糊效应，雷达通常采用高脉冲重复频率（High Pulse Repetition Frequency，HPRF）。高脉冲重复频率雷达能够更有效地实现杂波抑制，同时能够解决目标多普勒模糊问题。然而，随着脉冲重复频率的增加，距离模糊成为目标参数估计中必须解决的关键问题[10]。为解决距离模糊问题，文献[10]～[11]提出以多重频解决距离模糊问题的方法。当多目标存在时，目标参数配对错误会导致假目标出现。脉冲波形分集技术也是解决距离模糊问题的方法之一，但脉冲波形分集可能导致目标多普勒相干积累损失[12-13]。

本章介绍针对目标参数距离模糊问题所提出的 FDA-MIMO 雷达目标参数无模糊估计方法。该方法利用 MIMO 雷达将发射自由度虚拟到接收端，并联合发射自由度和接收自由度，实现目标距离和目标角度的联合估计。由于 FDA 发射导向矢量具有距离-角度二维依赖性，目标的距离信息反映在信号的导向矢量中。为进一步实现目标参数解模糊，本章介绍有效的距离依赖性补偿方法，补偿后的目标参数包含角度和距离模糊数等，利用该方法能够有效地提取目标角度、目标距离模糊数、目标主值距离等，进而实现目标距离和目标角度的无模糊估计，并通过推导目标距离模糊数和目标角度的 CRB 对参数估计性能进行评估和分析。

## 4.2 FDA-MIMO 雷达信号模型

### 4.2.1 信号模型分析

考虑包含 $M$ 个发射阵元和 $N$ 个接收阵元的共址 MIMO 雷达，其第 $m$ 个发射阵元的载频为

$$f_m = f_0 + (m-1)\Delta f, \quad m = 1, 2, \cdots, M \tag{4-1}$$

其中，$\Delta f$ 为相邻阵元间的频率步进量，$f_0$ 为参考载频，频率步进量远小于参考载频。因此，第 $m$ 个发射阵元的发射信号可表示为

$$s_m(t) = \sqrt{\frac{E}{M}} \varphi_m(t) \exp(\mathrm{j}2\pi f_m t), \ 0 \leqslant t \leqslant T, \ m = 1, 2, \cdots, M \tag{4-2}$$

其中，$E$ 表示发射总能量；$T$ 为雷达脉冲持续时间；$\varphi_m(t)$ 表示归一化功率的发射波形，有 $\int \varphi_m(t)\varphi_m^*(t)\mathrm{d}t = 1, \ m = 1, 2, \cdots, M$。假设波形满足正交条件

$$\int_T \varphi_m(t)\varphi_n^*(t-\tau)\exp(\mathrm{j}2\pi\Delta f(m-n)t)\mathrm{d}t = 0, \quad m \neq n, \forall \tau \tag{4-3}$$

其中，*表示共轭运算，$\tau$ 为任意时间偏移量。

我们知道电磁波在自由空间中是独立传播的。此处，考虑电磁波双程传播并选择第 1 个发射阵元作为参考点。因此，对于空间中任意目标，第 $n$ 个接收阵元的接收回波可表示为

$$y_n(t) = \sum_{m=1}^{M} \sqrt{\frac{E}{M}} \xi \varphi_m(t - \tau_{m,\mathrm{T}} - \tau_{n,\mathrm{R}}) \exp\left(\mathrm{j}2\pi(f_m + f_{\mathrm{d},m})(t - \tau_{m,\mathrm{T}} - \tau_{n,\mathrm{R}})\right) \tag{4-4}$$

其中，$\xi$ 为目标的复反射系数；$f_{\mathrm{d},m}$ 表示多普勒频率，其中 $f_{\mathrm{d},m} = 2v_t/\lambda_m$，$v_t$ 为目标径向速度；$\lambda_m = c/f_m$ 为第 $m$ 个发射阵元对应的工作波长；$\lambda_0 = c/f_0$ 为参考工作波长。实际上，由于频率步进量远小于参考载频，因此多普勒频率可近似表示为 $f_{\mathrm{d}} = 2v_t/\lambda_0$。$\tau_{m,\mathrm{T}}$ 和 $\tau_{n,\mathrm{R}}$ 分别为发射时延和接收时延，相应的表达式为

$$\tau_{m,\mathrm{T}} = \frac{1}{c}\left(r - d_{\mathrm{T}}(m-1)\sin\theta\right) = \frac{\tau_0}{2} - \frac{1}{c}d_{\mathrm{T}}(m-1)\sin\theta$$
$$\tau_{n,\mathrm{R}} = \frac{1}{c}\left(r - d_{\mathrm{R}}(n-1)\sin\theta\right) = \frac{\tau_0}{2} - \frac{1}{c}d_{\mathrm{R}}(n-1)\sin\theta \tag{4-5}$$

其中，$\tau_0 = 2r/c$，$r$ 为目标到雷达阵列的距离；$\theta$ 为目标偏离阵列法向的角度；$d_{\mathrm{T}}$ 和 $d_{\mathrm{R}}$ 分别表示发射阵元间距和接收阵元间距。

在接收链路中，接收信号在经过下变频和匹配滤波后被存储起来。接收信号可以被 $M$ 个匹配滤波器分解为 $M$ 个独立的发射信号。匹配滤波函数可表示为 $\varphi_m(t)\exp\big(\mathrm{j}2\pi(m-1)\Delta ft\big),\ \ m=1,2,\cdots,M$。在匹配滤波后，第 $n$ 个接收阵元的第 $m$ 个输出可表示为

$$
\begin{aligned}
y_{mn} &\approx \sqrt{\frac{E}{M}}\,\xi\exp\big(\mathrm{j}2\pi f_d(t-\tau_0)\big)\exp\left(-\mathrm{j}2\pi\frac{f_m}{c}2r\right)\\
&\quad\times\exp\left(\mathrm{j}2\pi\frac{f_m}{c}\big(d_{\mathrm{T}}(m-1)\sin\theta+d_{\mathrm{R}}(n-1)\sin\theta\big)\right)\\
&\approx \sqrt{\frac{E}{M}}\,\xi\exp\big(\mathrm{j}2\pi f_d(t-\tau_0)\big)\exp\left(-\mathrm{j}4\pi\frac{f_0}{c}r\right)\exp\left(-\mathrm{j}4\pi\frac{\Delta f}{c}(m-1)r\right)\\
&\quad\times\exp\left(\mathrm{j}2\pi\frac{f_0}{c}\big(d_{\mathrm{T}}(m-1)\sin\theta+d_{\mathrm{R}}(n-1)\sin\theta\big)\right)
\end{aligned}
\tag{4-6}
$$

类似地，忽略频率步进量可得到式（4-6）的近似表达式。因此，第 $n$ 个接收阵元的输出可以表示为一个矢量

$$
\boldsymbol{y}_n=\sqrt{\frac{E}{M}}\,\xi
\begin{pmatrix}
1\\
\exp\left(-\mathrm{j}4\pi\dfrac{\Delta f}{c}r+\mathrm{j}2\pi\dfrac{d_{\mathrm{T}}}{\lambda_0}\sin\theta\right)\\
\vdots\\
\exp\left(-\mathrm{j}4\pi\dfrac{\Delta f}{c}(M-1)r+\mathrm{j}2\pi\dfrac{d_{\mathrm{T}}}{\lambda_0}(M-1)\sin\theta\right)
\end{pmatrix}
\exp\left(\mathrm{j}2\pi\dfrac{d_{\mathrm{R}}}{\lambda_0}(n-1)\sin\theta\right)
\tag{4-7}
$$

其中，$\boldsymbol{y}_n\in\mathbb{C}^{M\times1}$，式（4-6）中的 $\exp\big(\mathrm{j}2\pi f_d(t-\tau_0)\big)\exp\left(-\mathrm{j}4\pi\dfrac{f_0}{c}r\right)$ 包含在式（4-7）中的复反射系数 $\xi$ 中。因此，实际目标信号快拍数据可表示为

$$
\boldsymbol{x}_s=\big(\boldsymbol{y}_1^{\mathrm{T}},\boldsymbol{y}_2^{\mathrm{T}},\cdots,\boldsymbol{y}_N^{\mathrm{T}}\big)^{\mathrm{T}}=\sqrt{\frac{E}{M}}\,\xi\boldsymbol{b}(\theta)\otimes\boldsymbol{a}(r,\theta)
\tag{4-8}
$$

其中，$\boldsymbol{a}(r,\theta)\in\mathbb{C}^{M\times1}$ 和 $\boldsymbol{b}(\theta)\in\mathbb{C}^{N\times1}$ 分别为发射导向矢量和接收导向矢量，具体表示如下

$$
\begin{aligned}
\boldsymbol{a}(r,\theta)=\bigg(&1,\exp\left(-\mathrm{j}2\pi\frac{2\Delta f}{c}r+\mathrm{j}2\pi\frac{d_{\mathrm{T}}}{\lambda_0}\sin\theta\right),\cdots,\\
&\exp\left(-\mathrm{j}2\pi\frac{2\Delta f}{c}(M-1)r+\mathrm{j}2\pi\frac{d_{\mathrm{T}}}{\lambda_0}(M-1)\sin\theta\right)\bigg)^{\mathrm{T}}
\end{aligned}
\tag{4-9}
$$

$$\boldsymbol{b}(\theta) = \left(1, \exp\left(j2\pi\frac{d_{\mathrm{R}}}{\lambda_0}\sin\theta\right), \cdots, \exp\left(j2\pi\frac{d_{\mathrm{R}}}{\lambda_0}(N-1)\sin\theta\right)\right)^{\mathrm{T}} \tag{4-10}$$

从式（4-9）和式（4-10）可以看出，当频率步进量为 0 时，该模型就简化为固定载频的 MIMO 雷达。从式（4-9）中可看出，发射导向矢量不仅与角度有关，而且与距离有关，即

$$\boldsymbol{a}(r,\theta) = \boldsymbol{r}(r) \odot \boldsymbol{d}(\theta) \tag{4-11}$$

其中，$\boldsymbol{r}(r) = \left(1, \exp(-j2\pi 2\Delta f\, r/c), \cdots, \exp(-j2\pi 2\Delta f(M-1)r/c)\right)^{\mathrm{T}}$ 为发射距离导向矢量，$\boldsymbol{d}(\theta) = \left(1, \exp(j2\pi d_{\mathrm{T}}\sin\theta/\lambda_0), \cdots, \exp(j2\pi d_{\mathrm{T}}(M-1)\sin\theta/\lambda_0)\right)^{\mathrm{T}}$ 为发射角度导向矢量，$\odot$ 表示阿达马积运算。因此，FDA-MIMO 雷达可以利用发射和接收自由度来确定目标的距离和角度参数。

假定有 $L$ 个来自 $\theta_l$（$l=1,2,\cdots,L$）方向的干扰信号，接收干扰可表示为

$$\boldsymbol{x}_{\mathrm{i}} = \sum_{l=1}^{L} \xi_l \boldsymbol{b}(\theta_l) \otimes \boldsymbol{n}_{al} \tag{4-12}$$

其中，$\xi_l$ 为均值为 0 的均匀复高斯随机变量，其方差为 $\sigma_l^2 = E\left(\xi_l\xi_l^*\right)$（$l=1,2,\cdots,L$），$E(\cdot)$ 为求数学期望运算。$\boldsymbol{n}_{al} \in \mathbb{C}^{M\times1}$ 和 $\boldsymbol{b}(\theta_l) \in \mathbb{C}^{N\times1}$ 分别表示相应类噪声的干扰发射导向矢量和干扰接收导向矢量。干扰具有噪声统计特性和强迫性，因此，$\boldsymbol{n}_{al}$ 也满足零均值均匀高斯分布，即 $\boldsymbol{n}_{al} \sim CN(\boldsymbol{0},\boldsymbol{I}_M)$。$\boldsymbol{b}(\theta_l) = \left(1, \exp(j2\pi d_{\mathrm{R}}\sin\theta_l/\lambda_0), \cdots, \exp(j2\pi d_{\mathrm{R}}(N-1)\sin\theta_l/\lambda_0)\right)^{\mathrm{T}}$。既然干扰之间相互独立，那么干扰的协方差矩阵可表示为

$$\begin{aligned}
\boldsymbol{R} &= E\left(\boldsymbol{x}_{\mathrm{i}}\boldsymbol{x}_{\mathrm{i}}^{\mathrm{H}}\right) \\
&= E\left(\sum_{l=1}^{L} \xi_l\xi_l^* \left(\boldsymbol{b}(\theta_l)\otimes\boldsymbol{n}_{al}\right)\left(\boldsymbol{b}(\theta_l)\otimes\boldsymbol{n}_{al}\right)^{\mathrm{H}}\right) \\
&= \sum_{l=1}^{L} \sigma_l^2 \boldsymbol{b}(\theta_l)\boldsymbol{b}(\theta_l)^{\mathrm{H}} \otimes \boldsymbol{I}_M
\end{aligned} \tag{4-13}$$

整个接收快拍数据可表示为

$$\boldsymbol{x} = \boldsymbol{x}_{\mathrm{s}} + \boldsymbol{x}_{\mathrm{i}} + \boldsymbol{x}_{\mathrm{n}} = \sqrt{\frac{E}{M}}\xi\boldsymbol{b}(\theta)\otimes\boldsymbol{a}(r,\theta) + \sum_{l=1}^{L} \xi_l\boldsymbol{b}(\theta_l)\otimes\boldsymbol{n}_{al} + \boldsymbol{x}_{\mathrm{n}} \tag{4-14}$$

其中，$\boldsymbol{x}_{\mathrm{n}}$ 为独立噪声，我们假设其为协方差矩阵为 $\sigma^2\boldsymbol{I}_{MN}$ 的满足零均值均匀高斯分布的高斯矢量。此处，信号来向未知，在这种情况下，$\boldsymbol{x}$ 服从高斯分布，且其均值为 $\boldsymbol{x}_{\mathrm{s}}$，协方差矩阵为 $\boldsymbol{Q} = \boldsymbol{R} + \sigma^2\boldsymbol{I}_{MN}$。

## 4.2.2　距离模糊问题

图 4.1 为距离模糊产生示意，其中不同的颜色代表发射不同的脉冲及相应回波，正方形代表检测的目标位于第一距离模糊区，平行四边形代表检测的目标位于第二距离模糊区，三角形代表检测的目标位于第三距离模糊区。假设期望目标位于第三距离模糊区（即目标的距离模糊数为 3），此时回波相对其发射脉冲延迟了两个脉冲，由于无法区分不同发射脉冲对应的回波信号，因此产生了距离模糊问题。

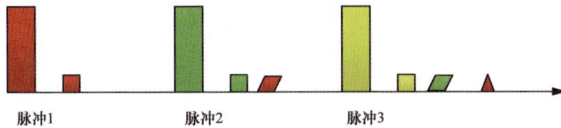

**图 4.1　距离模糊产生示意**

在脉冲雷达中，解决距离模糊问题至关重要，这一问题对雷达目标检测和参数估计都有重要影响。在高速运动平台雷达中，杂波多普勒谱扩散导致多普勒模糊现象，采用高脉冲重复频率可以有效抑制杂波和减弱多普勒模糊效应，而高脉冲重复频率将导致距离模糊问题产生。此外，地基雷达探测高速目标时也需要采用高脉冲重复频率，它是影响雷达系统性能的关键因素。因此，距离模糊问题成为很多雷达应用场合中亟待解决的问题。

## 4.2.3　信号发射-接收二维功率谱特征

与传统 MIMO 雷达相比，FDA-MIMO 雷达的发射导向矢量具有距离和角度依赖性。基于 4.2.1 小节的分析，定义发射空间频率为 $f_{s,T}$，接收空间频率为 $f_{s,R}$，具体表达式为

$$f_{s,T} = f_r + f_{a,T} = -\frac{2\Delta f}{c}r + \frac{d_T}{\lambda_0}\sin\theta \tag{4-15-a}$$

$$f_{s,R} = \frac{d_R}{\lambda_0}\sin\theta \tag{4-15-b}$$

其中，$f_r = -2\Delta fr/c$ 和 $f_{a,T} = d_T\sin(\theta)/\lambda_0$ 分别定义为距离频率和角频率。由于 FDA-MIMO 雷达的发射空间频率具有距离-角度依赖性，因此目标在 FDA-MIMO 雷达发射-接收空间频域的分布与其在传统 MIMO 雷达中的不同。图 4.2 给出了距离依赖性补偿前目标的频谱分布，从中可以发现，在传统 MIMO 雷达中，由于发射空间频率与接收空间频率之间总是存在线性关系，即 $f_{s,T}/f_{s,R} = d_T/d_R$，尤其是

当发射天线和接收天线的阵元间距相同时，发射空间频率和接收空间频率相同，因此目标的频谱在发射-接收空间频域呈对角分布。然而，在 FDA-MIMO 雷达中并不总是这样。由式（4-15-a）可知，发射空间频率包含距离频率和角频率，因此，目标可以出现在发射-接收空间频域的任意位置。

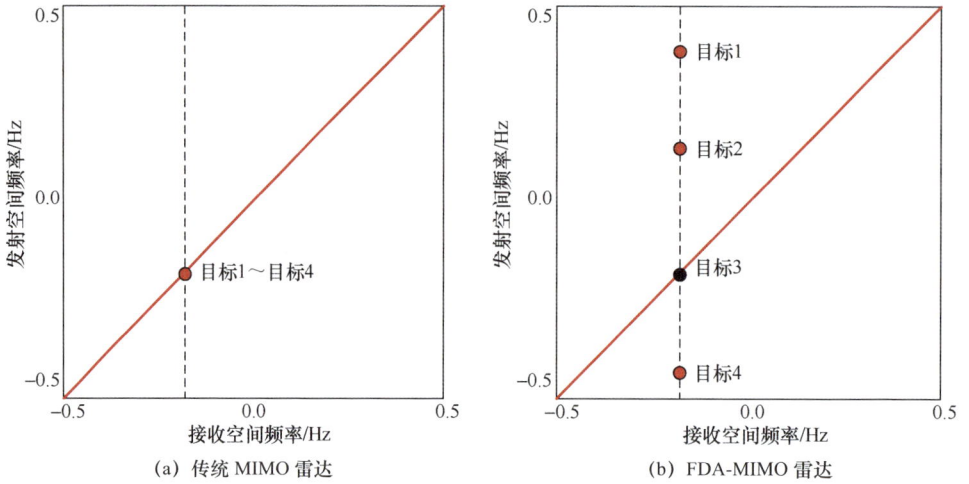

(a) 传统 MIMO 雷达　　　　　(b) FDA-MIMO 雷达

**图 4.2　距离依赖性补偿前目标的频谱分布**

# 4.3　距离依赖性补偿技术

## 4.3.1　距离依赖性补偿方法

假定已经估计出距离频率，且距离频率满足 $\max\{|f_r|\}<1$。在这种情况下可以实现无模糊距离估计，而且，距离估计的均值和协方差分别为 $E(r)=-\dfrac{c}{2\Delta f}E(f_{PRF})$ 和 $\mathrm{cov}(r)=\left(\dfrac{c}{2\Delta f}\right)^2\mathrm{cov}(f_{PRF})$。其中，$f_{PRF}$ 表示脉冲重复效率，$\mathrm{cov}(\cdot)$ 表示协方差运算。因此，$c/2\Delta f$ 越小（或频率步进量越大），距离估计精度越高。然而，为了保证满足 $\max\{|f_r|\}<1$，频率步进量应该满足如下条件

$$\frac{c}{2\Delta f}>r_{\max} \tag{4-16}$$

其中，$r_{\max}$ 为雷达最大可检测距离。值得注意的是，尽管这样做可以解决距离模糊问题，但是在这种情况下的距离估计精度不会比传统距离估计精度高。接下来，我们提出一种距离解模糊和高精度距离估计方法。

由式（4-15-a）可知，发射空间频率具有距离依赖性，这种距离依赖性可通过在接收快拍数据中采用距离依赖性补偿方法减弱。发射空间频域的补偿矢量可表示为

$$h(r_{\mathrm{b}}) = \left(1, \exp\left(\mathrm{j}2\pi\frac{2\Delta f}{c}r_{\mathrm{b}}\right), \cdots, \exp\left(\mathrm{j}2\pi\frac{2\Delta f}{c}(M-1)r_{\mathrm{b}}\right)\right)^{\mathrm{T}} \qquad (4\text{-}17)$$

其中，$r_{\mathrm{b}}$ 为先验估计距离，通过估计距离门数和距离门大小来得到。在传统 MIMO 雷达中，距离估计精度由发射信号的带宽决定。而在 FDA-MIMO 雷达中，由于导向矢量具有距离依赖性，距离估计精度可进一步提升。

在存在距离模糊问题的情况下，真实的目标距离参数可表示为

$$r = r_{\mathrm{a}} + (p-1)r_{\mathrm{u}} \qquad (4\text{-}18)$$

其中，$r_{\mathrm{a}}$ 为主值距离（由距离门索引和距离门大小确定）；$p$ 为目标距离模糊数，且 $p \in [1, N_{\mathrm{a}}]$，其中 $N_{\mathrm{a}}$ 表示最大距离模糊数；$r_{\mathrm{u}} = c/(2f_{\mathrm{PRF}})$ 为最大无模糊距离。注意到，$r_{\mathrm{b}}$ 与 $r_{\mathrm{a}}$ 近似相等。我们定义主值距离差为

$$r_{\Delta} = r_{\mathrm{a}} - r_{\mathrm{b}} \qquad (4\text{-}19)$$

主值距离差通常是随机均匀分布在区间 $[-c/(4B), c/(4B)]$ 上的一个变量，其中 $B$ 为发射信号带宽。在传统 MIMO 雷达中不能估计出主值距离差，而由于 FDA-MIMO 雷达的发射空间频率与距离有关，因此在 FDA-MIMO 雷达中可以估计出主值距离差。

由式（4-15-b）可知，FDA-MIMO 雷达的接收空间频率与距离无关，因此，联合发射-接收空间频域补偿矢量可表示为

$$\begin{aligned}
\boldsymbol{g} &= \mathbf{1}_{N\times 1} \otimes \boldsymbol{h}(r_{\mathrm{b}}) \\
&= (1, 1, \cdots, 1)^{\mathrm{T}} \otimes \left(1, \exp\left(\mathrm{j}2\pi\frac{2\Delta f}{c}r_{\mathrm{b}}\right), \cdots, \exp\left(\mathrm{j}2\pi\frac{2\Delta f}{c}(M-1)r_{\mathrm{b}}\right)\right)^{\mathrm{T}}
\end{aligned} \qquad (4\text{-}20)$$

经过距离依赖性补偿后，接收快拍数据可表示为

$$\begin{aligned}
\boldsymbol{x}_{\mathrm{comp}} &= \boldsymbol{x} \odot \boldsymbol{g} = \left(\sqrt{\frac{E}{M}}\xi\boldsymbol{b}(\theta)\otimes\boldsymbol{a}(r,\theta) + \sum_{l=1}^{L}\xi_{l}\boldsymbol{b}(\theta_{l})\otimes\boldsymbol{n}_{al} + \boldsymbol{x}_{\mathrm{n}}\right) \odot \boldsymbol{g} \\
&= \sqrt{\frac{E}{M}}\xi\boldsymbol{b}(\theta)\otimes\big(\boldsymbol{r}(r)\odot\boldsymbol{d}(\theta)\odot\boldsymbol{h}(r_{\mathrm{b}})\big) + \sum_{l=1}^{L}\xi_{l}\boldsymbol{b}(\theta_{l})\otimes\big(\boldsymbol{n}_{al}\odot\boldsymbol{h}(r_{\mathrm{b}})\big) + \boldsymbol{x}_{\mathrm{n}}\odot\boldsymbol{g} \\
&= \sqrt{\frac{E}{M}}\xi\boldsymbol{b}(\theta)\otimes\big(\boldsymbol{r}(r-r_{\mathrm{b}})\odot\boldsymbol{d}(\theta)\big) + \sum_{l=1}^{L}\xi_{l}\boldsymbol{b}(\theta_{l})\otimes\big(\boldsymbol{n}_{al}\odot\boldsymbol{h}(r_{\mathrm{b}})\big) + \boldsymbol{x}_{\mathrm{n}}\odot\boldsymbol{g} \\
&= \sqrt{\frac{E}{M}}\xi\boldsymbol{b}(\theta)\otimes\big(\boldsymbol{r}(r_{\Delta}+(p-1)r_{\mathrm{u}})\odot\boldsymbol{d}(\theta)\big) + \sum_{l=1}^{L}\xi_{l}\boldsymbol{b}(\theta_{l})\otimes\big(\boldsymbol{n}_{al}\odot\boldsymbol{h}(r_{\mathrm{b}})\big) + \boldsymbol{x}_{\mathrm{n}}\odot\boldsymbol{g}
\end{aligned} \qquad (4\text{-}21)$$

如前所述，接收噪声在发射-接收空间频域呈零均值均匀高斯分布；而干扰仅在发射空间频域呈零均值均匀高斯分布。由于式（4-21）中的距离依赖性补偿步骤也可以在发射空间频域进行，因此距离依赖性补偿步骤不会影响干扰和噪声的频谱分布，从而式（4-21）中的信号模型可等效表示为

$$x_{\text{comp}} \approx \sqrt{\frac{E}{M}} \xi \boldsymbol{b}(\theta) \otimes \left( \boldsymbol{r}\left(r_\Delta + (p-1)r_\text{u}\right) \odot \boldsymbol{d}(\theta) \right) + \boldsymbol{x}_\text{i} + \boldsymbol{x}_\text{n} \tag{4-22}$$

距离依赖性补偿后的发射空间频率可表示为

$$f_{\text{s-comp,T}} = f_{\text{r-comp}} + f_{\text{a,T}} = -\frac{2\Delta f}{c}\left(r_\Delta + (p-1)r_\text{u}\right) + \frac{d_\text{T}}{\lambda_0}\sin\theta \tag{4-23}$$

其中，$f_{\text{r-comp}}$ 为补偿后的距离频率，具体表示为

$$f_{\text{r-comp}} = -\frac{2\Delta f}{c}\left(r_\Delta + (p-1)r_\text{u}\right) \tag{4-24}$$

由于主值距离差 $r_\Delta$ 非常小，在 FDA-MIMO 雷达中，距离依赖性补偿后目标的发射空间频率可以看作传统 MIMO 雷达的发射空间频率的偏移，且该偏移量是由目标距离模糊数 $p$ 确定的。图 4.3 给出了距离依赖性补偿后存在距离模糊情况下传统 MIMO 雷达和 FDA-MIMO 雷达中目标的频谱分布。其中，$d_\text{T} = d_\text{R}$，$N_\text{a} = 4$。对于传统 MIMO 雷达，其发射/接收空间频率仅与角度有关，因此，目标的频谱分布在联合发射-接收空间频域呈对角分布，在这种情况下不能进行距离解模糊。而在 FDA-MIMO 雷达中，补偿后的目标的频谱分布在不同模糊距离上具有可分辨性。不同模糊距离上的目标出现在相应的条带上。条带的宽度由主值距离差确定。

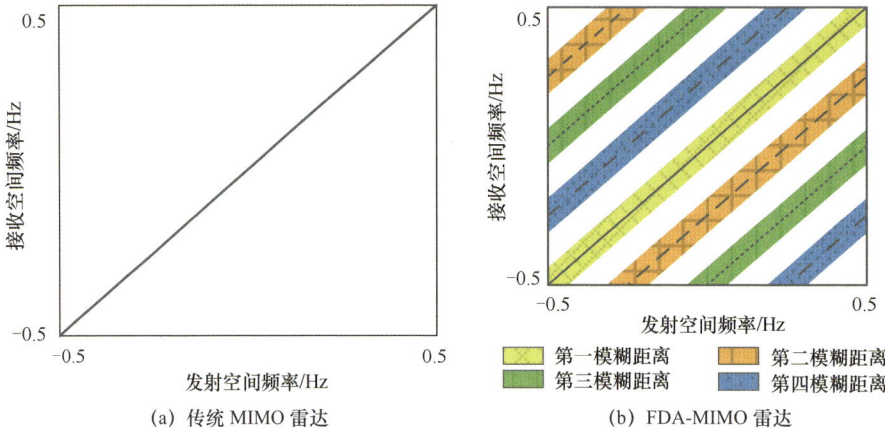

(a) 传统 MIMO 雷达　　　　　　　(b) FDA-MIMO 雷达

图 4.3　距离依赖性补偿后存在距离模糊情况下目标的频谱分布

通过将频率步进量与脉冲重复频率的比值分解成两部分，即非负整数部分和正小数部分，可得

$$\frac{\Delta f}{f_{\text{PRF}}} = q + v \tag{4-25}$$

其中，$q$ 表示非负整数部分，$v$ 表示正小数部分，$v \in (0,1)$。注意到 $q$ 和 $v$ 均为常标量，一旦给出雷达的 $\Delta f$ 和 $f_{\text{PRF}}$ 参数，$q$ 和 $v$ 就可以确定。将式（4-25）代入式（4-24），得到

$$f_{\text{r-comp}} = -\frac{2\Delta f}{c} r_{\Delta} - (p-1)(q+v) \tag{4-26}$$

因此，估计距离等效于估计 $r_{\Delta}$ 和 $p$。因此，FDA-MIMO 体制可实现距离解模糊，进而提高距离估计精度。

### 4.3.2　距离量化问题的影响

如 4.2.1 小节所述，利用 FDA-MIMO 雷达的距离依赖性进行距离依赖性补偿可以有效解决距离模糊问题。距离依赖性补偿是逐距离门进行的，采用离散的距离量化值，因此补偿后仍存在距离剩余量，被称为距离量化误差（也称主值距离差）。假设目标处于第 $l$（$l=1,2,\cdots,L$）个距离阵元，$L$ 为一个距离无模糊区内的距离门数，则目标的真实主值距离可以表示为

$$r_{\text{a}} = r_{\text{b}} + r_{\Delta} \tag{4-27}$$

其中，$r_{\Delta}$ 为目标的主值距离差，$r_{\text{b}}$ 为先验估计距离。图 4.4 给出了主值距离差示意（其中 $r_l$ 为单个距离门的大小）。可以发现，在实际工程应用中，目标具有一定的尺寸，从而导致主值距离差出现，不可避免地会造成距离解模糊和参数估计性能损失。

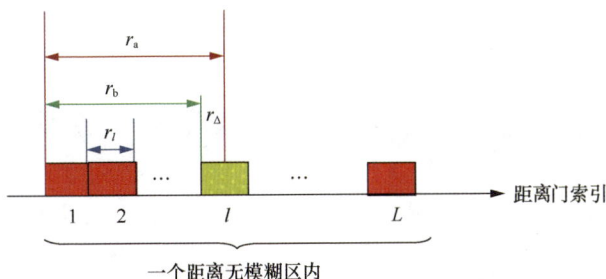

图 4.4　主值距离差示意

### 4.3.3　距离模糊信号分辨能力

在本小节仿真实验中，考虑两个位于相同距离门的目标。第一个目标位于第一距离模糊区，第二个目标位于第二距离模糊区。假定 $q$=374，$v$=0.25，距

离门数为 1000，可得先验估计距离 $r_b$ 为10km 。两个目标的角度分别为 0° 和 20°。两个目标的主值距离差均为 0，输入 SNR 均为 10dB。其他仿真参数如表 4.1 所示。

**表 4.1　FDA-MIMO 雷达仿真参数**

| 参数 | 参数值 | 参数 | 参数值 |
|---|---|---|---|
| 第一个天线载频 | 10GHz | 阵元数（$N=M$） | 10 |
| 频率步进量 | 1 871 250Hz | 阵元间距（$d_R = d_T$） | 0.015m |
| 脉冲重复频率 | 5000Hz | 脉冲数 | 200 |
| 最大无模糊距离 | 30km | 最大距离模糊数 | 4 |
| 发射信号带宽 | 15MHz | 距离分辨率 | 10m |
| 干扰角度 | 30° | 干噪比 | 30dB |

图 4.5（a）和图 4.5（b）分别给出了传统 MIMO 雷达和 FDA-MIMO 雷达中两个目标在干扰环境下的频谱分布和干扰分布。在传统 MIMO 雷达中，发射阵列与接收阵列是相同的，目标的发射空间频率与接收空间频率也总是相同的。如图 4.5（a）所示，在传统 MIMO 雷达中两个目标均沿对角线分布。而在 FDA-MIMO 雷达中，目标不再沿对角线分布，这是由于发射导向矢量具有距离依赖性。如式（4-23）所示，补偿后的发射空间频率与角度 $\theta$、主值距离差 $r_\Delta$（此仿真实验中 $r_\Delta = 0$）以及距离模糊数 $p$ 有关。由于第一个目标（目标 1）位于第一距离模糊区，它的频谱也沿对角线分布，而第二个目标（目标 2）位于第二距离模糊区，因此其补偿后的距离频率为 $\tilde{f}_{\text{r-comp}} = -(p-1)v = -0.25$。从图 4.5（b）中可以看出，第二个目标在发射空间频域移动了 $\tilde{f}_{\text{r-comp}}$。另外，无论是在传统 MIMO 雷达中还是在 FDA-MIMO 雷达中，干扰环境下的频谱分布在发射维均近似呈白色分布。

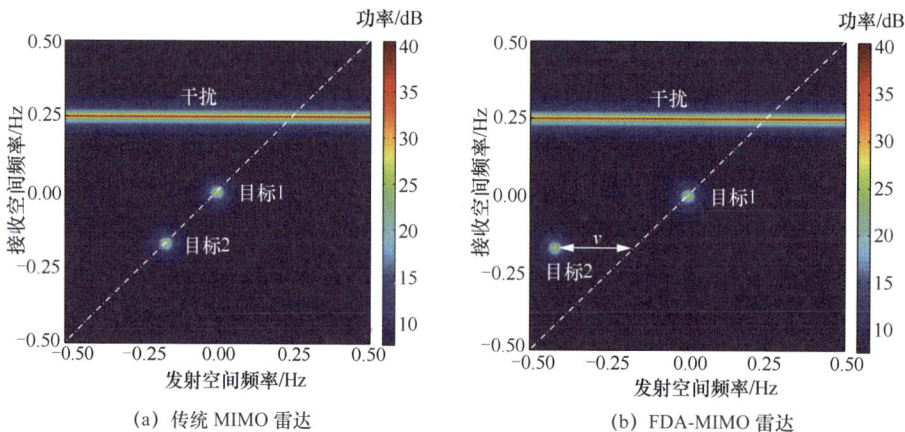

(a) 传统 MIMO 雷达　　　　　　　(b) FDA-MIMO 雷达

**图 4.5　两个目标在干扰环境下的频谱分布和干扰分布**

接下来，我们考虑位于相同距离门，来自相同角度方向、不同距离模糊区的 4 个目标。先验估计距离 $r_b$ 与第一个仿真实验中的相同，即 $r_b = 10\text{km}$，且这些目标的主值距离差随机均匀分布在区间 $(-5\text{m}, 5\text{m})$ 内，输入 SNR 分别为 0dB、0dB、5dB 和 10dB。图 4.6（a）和图 4.6（b）分别给出了传统 MIMO 雷达和 FDA-MIMO 雷达中目标的频谱分布和干扰分布。由于这 4 个目标的角度参数相同，它们在传统 MIMO 雷达的发射-接收空间频域中不能被区分，如图 4.6（a）所示，这 4 个目标在发射-接收空间频域平面重叠在一起。而这 4 个目标可以在 FDA-MIMO 雷达的发射-接收空间频域中被区分，如图 4.6（b）所示。如前述分析，发射-接收空间频域平面可分成 $N_a$ 个条带，这 4 个目标分别属于与它们距离模糊数相对应的条带。注意到，仿真实验中假定目标数已知或能够通过信源数估计得到。

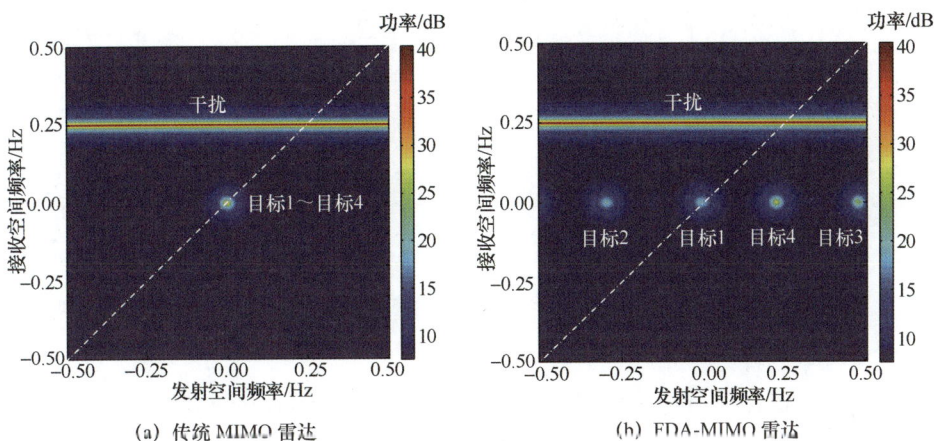

图 4.6　4 个目标在干扰环境下的频谱分布和干扰分布

## 4.4　距离-角度参数联合估计与性能分析

基于 4.2 节对 FDA-MIMO 雷达的特性研究，本节我们提出一种无模糊距离-角度参数联合估计方法，该方法同时具有距离维分辨力和角度维分辨力。注意到，该分辨力与频率步进量有关，因此，我们将推导出频率步进量的选择标准。最后，我们采用 CRB 对 FDA-MIMO 雷达的参数估计性能进行分析。

### 4.4.1　距离-角度参数联合估计方法

由于目标的距离-角度参数在发射空间频域是耦合的，参数不能直接利用式（4-22）估计得到。如前所述，发射空间频率具有距离-角度依赖性，而接收空间频率仅与角度有关。基于此，本小节提出了一种无模糊距离-角度参数联合估计方法，该方法分 3 步实施。首先，利用补偿后接收快拍数据，在接收空间频域中估计出目标角度参数；然后，在发射-接收空间频域估计出距离模糊数 $p$；最后，估计出主值距离差 $r_\Delta$。因此，该无模糊距离-角度参数联合估计方法可以描述为首先在接收空间频域检测目标并估计目标角度参数，然后进行距离解模糊，最后在发射-接收空间频域估计目标的主值距离差，下面进行具体介绍。

第一步，对于补偿后的检测距离门回波数据，首先将补偿后的接收快拍数据重新构建为 $M \times N$ 的数据矩阵 $\boldsymbol{X}_{\text{comp}}$

$$
\begin{aligned}
\boldsymbol{X}_{\text{comp}} &= \left(\operatorname{mat}\left(\boldsymbol{x}_{\text{comp}}\right)\right)^{\mathrm{T}} \\
&= \sqrt{\frac{E}{M}}\xi\boldsymbol{b}(\theta) \times \left(\boldsymbol{r}\left(r_\Delta + (p-1)r_{\text{u}}\right) \odot \boldsymbol{d}(\theta)\right)^{\mathrm{T}} + \boldsymbol{X}_{\text{i}} + \boldsymbol{X}_{\text{n}}
\end{aligned} \tag{4-28}
$$

其中，$\operatorname{mat}(\cdot)$ 表示矩阵运算。$\boldsymbol{X}_{\text{comp}}$ 的第 $m$ 列为 $\boldsymbol{X}_{\text{comp}}(m) \in \mathbb{C}^{N \times 1}$，包含与第 $m$ 个发射阵元相对应的接收快拍数据。

目标角度 $\hat{\theta}$ 通过最大似然估计（Maximum Likelihood Estimate，MLE）方法进行估计，满足

$$
\hat{\theta} = \arg\max_{\theta}\left|\sum_{m=1}^{M}\boldsymbol{w}_{\text{R}}^{\mathrm{H}}(\theta)\boldsymbol{X}_{\text{comp}}(m)\right| \tag{4-29}
$$

其中，$\boldsymbol{w}_{\text{R}}(\theta) = \boldsymbol{R}_{\text{R}}^{-1}\boldsymbol{b}(\theta)$ 表示基于 MVDR 的自适应权值矩阵，$\boldsymbol{R}_{\text{R}}$ 为干扰和噪声在接收空间频域的协方差矩阵。

第二步，估计出目标角度后，我们在发射-接收空间频域重建自适应权值矩阵

$$
\boldsymbol{w}(p, 0, \hat{\theta}) = \boldsymbol{R}^{-1}\boldsymbol{u}(p, 0, \hat{\theta}) \tag{4-30}
$$

其中，$\boldsymbol{R}$ 为发射-接收空间频域相应的干扰与噪声协方差矩阵，$\boldsymbol{u}(p, 0, \hat{\theta}) = \boldsymbol{b}(\hat{\theta}) \otimes \left(\boldsymbol{r}\left((p-1)r_{\text{u}}\right) \odot \boldsymbol{d}(\hat{\theta})\right)$ 为目标的发射-接收导向矢量。距离模糊数可估计为

$$
\hat{p} = \arg\max_{p=1,2,\cdots,N_{\text{a}}}\left|\boldsymbol{w}^{\mathrm{H}}(p, 0, \hat{\theta})\boldsymbol{x}_{\text{comp}}\right| \tag{4-31}
$$

第三步，利用已估计出的目标角度和距离模糊数，自适应权值矩阵可表示为

$$
\boldsymbol{w}(\hat{p}, r_\Delta, \hat{\theta}) = \boldsymbol{R}^{-1}\boldsymbol{u}(\hat{p}, r_\Delta, \hat{\theta}) \tag{4-32}
$$

其中，$r_\Delta \in [-c/4B, c/4B]$。因此主值距离差可估计为

$$
\hat{r}_\Delta = \arg\max_{r_\Delta}\left|\boldsymbol{w}^{\mathrm{H}}(\hat{p}, r_\Delta, \hat{\theta})\boldsymbol{x}_{\text{comp}}\right| \tag{4-33}
$$

从而距离参数表示为

$$
\hat{r} = r_{\text{b}} + \hat{r}_\Delta + (\hat{p}-1)r_{\text{u}} \tag{4-34}
$$

综上，所提距离-角度参数联合估计方法具体流程如下：

（1）根据式（4-14）获取有效的接收快拍数据；

（2）根据式（4-20）获取先验估计目标的距离参数并重建补偿矢量；

（3）根据式（4-22）进行补偿获得补偿矢量；

（4）将接收快拍数据重建为一个矩阵，并根据式（4-29）估计目标角度；

（5）根据式（4-31）和式（4-33）分别估计目标的距离模糊数和主值距离差，最后根据式（4-34）估计距离参数。

为了精确估计距离模糊数，需要进行频率步进量的优化设计。由于空间频率具有周期性，式（4-26）中补偿后归一化的距离频率可进一步表示为

$$\tilde{f}_{\text{r-comp}} = -\frac{2\Delta f}{c}r_\Delta - (p-1)v \tag{4-35}$$

这是由于 $(p-1)q$ 为整数。既然主值距离差在 $[-c/4B, c/4B]$ 这一区间变化，当且仅当式（4-36）中的条件满足时可精确估计距离模糊数。

$$v > 0 \tag{4-36-a}$$

$$\max\left|\tilde{f}_{\text{r-comp}}\right| < 1 \tag{4-36-b}$$

$$\max\left|\frac{2\Delta f}{c}r_\Delta\right| < \frac{v}{2} \tag{4-36-c}$$

其中，式（4-36-a）表示基于空间频域区分 $p$；式（4-36-b）保证了不出现周期性模糊问题，同时期望 $\left|\tilde{f}_{\text{r-comp}}\right|$ 接近 1，有利于实现目标距离解模糊；式（4-36-c）保证了当主值距离差在 $[-c/4B, c/4B]$ 这一区间变化时，$p$ 的估计不受主值距离差随机性的影响。下面给出更严格的约束条件

$$0 < N_a v \leqslant 1 \tag{4-37-a}$$

$$\max\left|\frac{2\Delta f}{c}r_\Delta\right| < \frac{v}{4} \tag{4-37-b}$$

在给定目标角度参数的情况下，图 4.7 给出了补偿后的距离频率与距离模糊数的关系示意。其中，$N_a = 4$，$v = 1/4$。由于 $p$ 为整数，在相邻模糊区之间没有重叠时，可以得到 $p$ 的精确值。确定了 $p$ 之后，就可以估计主值距离差。因此，FDA-MIMO 雷达不仅可以实现距离解模糊，而且提高了距离估计精度。

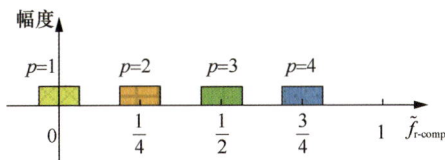

图 4.7　补偿后的距离频率与距离模糊数的关系示意

在式（4-37）所示的约束条件下，频率步进量的选择标准为

$$\Delta f = \max_{q}\left(\left(q+v\right)f_{PRF}\right), q \in \mathbb{N}$$

$$\text{s.t.} \begin{cases} v = \dfrac{1}{N_a} \\ \Delta f \leqslant \dfrac{vB}{2} = \dfrac{B}{2N_a} \end{cases} \tag{4-38}$$

从式（4-38）中可以看出，频率步进量有一系列的离散最优值。如 4.3.1 小节所述，频率步进量越大，距离估计精度越高。既然距离估计转换成了目标的距离频率估计，最大距离模糊数可由 $\text{int}\left(\dfrac{M-1}{2}\right)$ 决定，$\text{int}(x)$ 表示不大于 $x$ 的最小整数。因此，FDA-MIMO 雷达能够识别出的最大目标数与发射阵元数成正比。

## 4.4.2　超分辨谱估计

由 4.3.1 小节可知，条带的宽度由主值距离差决定。在式（4-37）所示的约束条件下，这些条带足够窄，不会相互重合，因此可以有效地实现目标距离解模糊。为了验证式（4-37）中约束的有效性，图 4.8 给出了 FDA-MIMO 雷达中两个扩展目标的频谱分布和干扰分布，这两个扩展目标分别位于第一距离模糊区和第二距离模糊区。如图 4.8 所示，扩展目标的频谱在发射空间频域扩展，由于条带宽度被式（4-37-b）中的约束条件限制，因此这两个扩展目标可以被清楚地分辨出来。因此，在所提约束条件下，距离模糊数可以被精确估计。

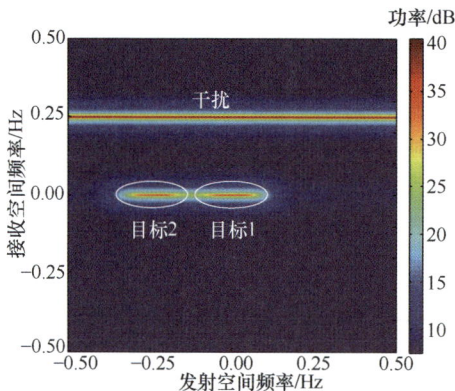

**图 4.8　两个扩展目标的频谱分布和干扰分布**

实际上，FDA-MIMO 雷达可以进一步提高目标的距离分辨率。图 4.9 给出了位于相同距离门和相同距离模糊区的两个点目标的频谱分布，仿真实验中两目标

相距 2m。从图 4.9 中可以看出，这两个点目标仍然可以被清楚地分辨出来。因此，在这种情况下 FDA-MIMO 雷达的距离分辨率至少为传统 MIMO 雷达分辨率的 5 倍。这是由于 FDA-MIMO 雷达能够利用距离维自由度进行目标距离超分辨谱估计。

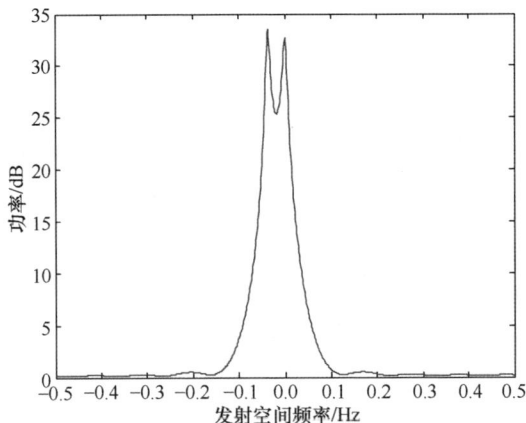

**图 4.9　两个点目标的频谱分布**

## 4.4.3　参数估计性能分析

本小节进行 FDA-MIMO 雷达的 CRB 分析，主要推导目标距离参数和角度参数的 CRB，分析距离参数和角度参数之间的耦合关系。假定未知参数矢量为

$$\boldsymbol{\psi} = \left(\boldsymbol{\alpha}^{\mathrm{T}}, \boldsymbol{\beta}^{\mathrm{T}}\right)^{\mathrm{T}} = \left(r, \theta, \overline{\xi}, \hat{\xi}, \theta_1, \cdots, \theta_L, \overline{\xi}_1, \cdots, \overline{\xi}_L, \hat{\xi}_1, \cdots, \hat{\xi}_L, \sigma\right)^{\mathrm{T}} \qquad (4\text{-}39)$$

其中，目标信号的参数矢量为 $\boldsymbol{\alpha} = \left(r, \theta, \overline{\xi}, \hat{\xi}\right)^{\mathrm{T}}$，其中 $\overline{\xi} = \mathrm{Re}(\xi)$，$\hat{\xi} = \mathrm{Im}(\xi)$；干扰与噪声的参数矢量为 $\boldsymbol{\beta} = \left(\theta_1, \cdots, \theta_L, \overline{\xi}_1, \cdots, \overline{\xi}_L, \hat{\xi}_1, \cdots, \hat{\xi}_L, \sigma\right)^{\mathrm{T}}$。由于目标信号参数和干扰与噪声参数之间是无耦合的，因此参数的 Fisher 信息矩阵（Fisher Information Matrix，FIM）为分块对角阵，从而可以独立推导出有用参数的 CRB

$$\boldsymbol{D}_a^{-1} = \boldsymbol{F} = K \frac{2E}{N} \mathrm{Re}\left(\left(\frac{\partial \xi \boldsymbol{u}(r,\theta)}{\partial \boldsymbol{\alpha}}\right)^{\mathrm{H}} \boldsymbol{Q}^{-1} \left(\frac{\partial \xi \boldsymbol{u}(r,\theta)}{\partial \boldsymbol{\alpha}}\right)\right) \qquad (4\text{-}40)$$

其中，$E$ 为功率，$\boldsymbol{u}(r,\theta) = \boldsymbol{b}(\theta) \otimes \left(\boldsymbol{r}(r - r_{\mathrm{b}}) \odot \boldsymbol{d}(\theta)\right)$ 表示目标补偿后的发射-接收导向矢量，$K$ 表示快拍数。定义辅助矢量 $\boldsymbol{w} = \boldsymbol{Q}^{-1/2} \boldsymbol{u}(r,\theta)$，$\boldsymbol{w}_r = \boldsymbol{Q}^{-1/2} \boldsymbol{u}_r(r,\theta)$，$\boldsymbol{w}_\theta = \boldsymbol{Q}^{-1/2} \boldsymbol{u}_\theta(r,\theta)$，其中，$\boldsymbol{Q}^{-1/2}$ 为正定矩阵 $\boldsymbol{Q}^{-1}$ 的二次方根矩阵，满足 $\boldsymbol{Q}^{-1/2} \boldsymbol{Q}^{-1/2} = \boldsymbol{Q}^{-1}$，且

$$u_r(r,\theta) = \frac{\partial u(r,\theta)}{\partial r} = b(\theta) \otimes \left( \frac{\partial r(r-r_b)}{\partial r} \odot d(\theta) \right) \quad (4\text{-}41\text{-a})$$

$$u_\theta(r,\theta) = \frac{\partial u(r,\theta)}{\partial \theta} = \frac{\partial b(\theta)}{\partial \theta} \otimes \left( r(r-r_b) \odot d(\theta) \right) + b(\theta) \otimes \left( r(r-r_b) \odot \frac{\partial d(\theta)}{\partial \theta} \right) \quad (4\text{-}41\text{-b})$$

其中

$$\frac{\partial r(r-r_b)}{\partial r} = \mathrm{j}2\pi \frac{2\Delta f}{c} E_r r(r-r_b) \quad (4\text{-}42)$$

$$\frac{\partial b(\theta)}{\partial \theta} = \mathrm{j}2\pi \frac{f_0}{c} d_R \cos(\theta) E_b b(\theta) \quad (4\text{-}43)$$

$$\frac{\partial d(\theta)}{\partial \theta} = \mathrm{j}2\pi \frac{f_0}{c} d_T \cos(\theta) E_d d(\theta) \quad (4\text{-}44)$$

其中，$E_r = \mathrm{diag}\left( (0,1,\cdots,M-1)^{\mathrm{T}} \right)$，$E_b = \mathrm{diag}\left( (0,1,\cdots,N-1)^{\mathrm{T}} \right)$，$E_d = \mathrm{diag}\left( (0,1,\cdots,M-1)^{\mathrm{T}} \right)$。

FIM 可表示为

$$F = K \frac{2E}{N} \begin{pmatrix} |\xi|^2 \|w_r\|^2 & |\xi|^2 \operatorname{Re}(w_r^{\mathrm{H}} w_\theta) & \operatorname{Re}(w_r^{\mathrm{H}} w \xi^*) & -\operatorname{Im}(w_r^{\mathrm{H}} w \xi^*) \\ |\xi|^2 \operatorname{Re}(w_r^{\mathrm{H}} w_\theta) & |\xi|^2 \|w_\theta\|^2 & \operatorname{Re}(w_\theta^{\mathrm{H}} w \xi^*) & -\operatorname{Im}(w_\theta^{\mathrm{H}} w \xi^*) \\ \operatorname{Re}(w_r^{\mathrm{H}} w \xi^*) & \operatorname{Re}(w_\theta^{\mathrm{H}} w \xi^*) & \|w\|^2 & 0 \\ -\operatorname{Im}(w_r^{\mathrm{H}} w \xi^*) & -\operatorname{Im}(w_\theta^{\mathrm{H}} w \xi^*) & 0 & \|w\|^2 \end{pmatrix} \quad (4\text{-}45)$$

利用舒尔原理，FIM 的逆矩阵可表示为

$$D_a = F^{-1} = \frac{1}{K} \frac{N}{2E} \begin{pmatrix} F_{11} & F_{12} \\ F_{21} & F_{22} \end{pmatrix}^{-1} = \frac{1}{K} \frac{N}{2E} \begin{pmatrix} G^{-1} & \times \\ \times & \times \end{pmatrix} \quad (4\text{-}46)$$

其中，$F_{11} = \begin{pmatrix} |\xi|^2 \|w_r\|^2 & |\xi|^2 \operatorname{Re}(w_r^{\mathrm{H}} w_\theta) \\ |\xi|^2 \operatorname{Re}(w_r^{\mathrm{H}} w_\theta) & |\xi|^2 \|w_\theta\|^2 \end{pmatrix}$，$F_{12} = F_{21}^{\mathrm{T}} = \begin{pmatrix} \operatorname{Re}(w_r^{\mathrm{H}} w \xi^*) & -\operatorname{Im}(w_r^{\mathrm{H}} w \xi^*) \\ \operatorname{Re}(w_\theta^{\mathrm{H}} w \xi^*) & -\operatorname{Im}(w_\theta^{\mathrm{H}} w \xi^*) \end{pmatrix}$，

$F_{22} = \|w\|^2 I_{2\times 2}$。因此，得到

$$\begin{aligned} G &= F_{11} - F_{12} F_{22}^{-1} F_{21} \\ &= |\xi|^2 \begin{pmatrix} \|w_r\|^2 - \dfrac{|w_r^{\mathrm{H}} w|^2}{\|w\|^2} & \operatorname{Re}(w_r^{\mathrm{H}} w_\theta) - \dfrac{\operatorname{Re}(w^{\mathrm{H}} w_r w_\theta^{\mathrm{H}} w)}{\|w\|^2} \\ \operatorname{Re}(w_r^{\mathrm{H}} w_\theta) - \dfrac{\operatorname{Re}(w^{\mathrm{H}} w_r w_\theta^{\mathrm{H}} w)}{\|w\|^2} & \|w_\theta\|^2 - \dfrac{|w_\theta^{\mathrm{H}} w|^2}{\|w\|^2} \end{pmatrix} \end{aligned} \quad (4\text{-}47)$$

令 $G = |\xi|^2 G_0$，那么目标距离的 CRB（$D_r$）、目标角度的 CRB（$D_\theta$）以及距离和角度的耦合系数（$D_{r\theta}$）可表示为

$$D_r = \frac{1}{K} \frac{N}{2E|\xi|^2 \det(G_0)} \left( \|w_\theta\|^2 - \frac{|w_\theta^H w|^2}{\|w\|^2} \right) \quad (4\text{-}48)$$

$$D_\theta = \frac{1}{K} \frac{N}{2E|\xi|^2 \det(G_0)} \left( \|w_r\|^2 - \frac{|w_r^H w|^2}{\|w\|^2} \right) \quad (4\text{-}49)$$

$$D_{r\theta} = -\frac{1}{K} \frac{N}{2E|\xi|^2 \det(G_0)} \left( \mathrm{Re}\left(w_r^H w_\theta\right) - \frac{\mathrm{Re}\left(w^H w_r w_\theta^H w\right)}{\|w\|^2} \right) \quad (4\text{-}50)$$

由于发射导向矢量具有距离-角度依赖性，因此 FDA-MIMO 雷达可提供二维自由度来实现距离-角度参数联合估计。当 $D_r$ 小于 $c/2B$ 时，可提高 FDA-MIMO 雷达的距离估计精度。

## 4.4.4　距离-角度参数联合估计仿真分析

本小节首先利用 200 次蒙特卡洛实验给出一个目标参数估计结果。样本数为 200，输入 SNR 为 0dB，目标角度为 0°，距离模糊数 $p$ 从 1～4 中随机选取，但在每次实验中固定不变。主值距离差 $r_\Delta$ 也随机均匀分布在区间(-5m,5m)上，同样，在每次实验中固定不变。

图 4.10（a）～图 4.10（c）分别给出了角度、距离模糊数和主值距离差的估计结果。从图 4.10 中可看出，角度估计值在真实角度附近，估计方差很小；距离模糊数与真实值完全相等；主值距离差的估计值接近真实值。注意，传统雷达无法实现主值距离差的估计。因此，所提方法不仅可以实现距离解模糊，而且大大提高了距离估计精度。

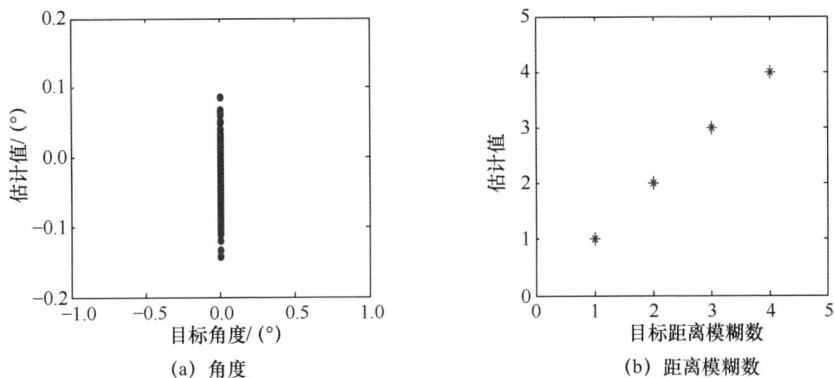

(a) 角度　　　　　　　　　　　(b) 距离模糊数

图 4.10　干扰环境下的目标参数估计结果

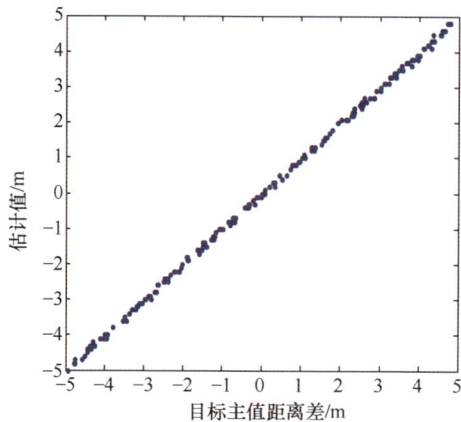

（c）主值距离差

**图 4.10　干扰环境下的目标参数估计结果（续）**

以下仿真实验给出了基于 200 次蒙特卡洛实验得到的均方根误差（Root-Mean-Square Error，RMSE）随输入 SNR 的变化。图 4.11 和图 4.12 分别给出了干扰环境下的 RMSE 随输入 SNR 的变化和不存在干扰的环境中的 RMSE 随输入 SNR 的变化。在此次实验中，采样数为 200。图 4.11 和图 4.12 中同时给出了 CRB 作为对比。注意到，由于传统 MIMO 雷达中存在虚拟阵列孔径，其目标角度的 CRB 低于相控阵雷达和 FDA-MIMO 雷达的目标角度的 CRB。从图 4.11（a）和图 4.12（a）中可以看出：（1）干扰环境下的角度估计值在高 SNR 的情况下有所偏移；（2）FDA-MIMO 雷达的角度估计精度接近相控阵雷达的；（3）角度 RMSE 与不存在干扰的环境中的 CRB 接近。

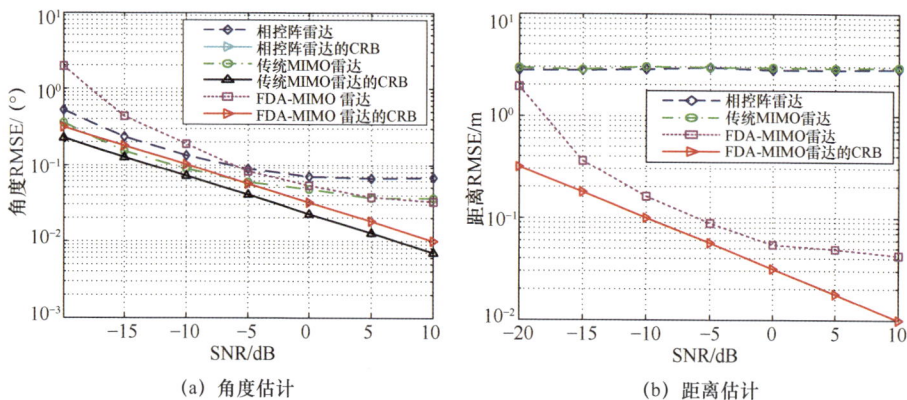

（a）角度估计　　　　　　　　　（b）距离估计

**图 4.11　干扰环境下的 RMSE 随输入 SNR 的变化**

如 4.3.1 小节所述，由于 FDA-MIMO 雷达的发射空间频率具有距离依赖性，因此其距离估计精度可以进一步提升。从图 4.11（b）和图 4.12（b）中可以看出，在

FDA-MIMO 雷达中，距离估计精度随着 SNR 的增加进一步提升；而对于相控阵雷达和传统 MIMO 雷达，距离估计精度受距离门大小的限制，距离 RMSE 主要来自距离门的量化误差。实际上，在相控阵雷达和传统 MIMO 雷达中还存在距离模糊问题，仿真实验中没有考虑这一点。由于目标的主值距离差随机均匀分布在区间(−5m,5m)上，相控阵雷达和传统 MIMO 雷达的距离 RMSE 均为 2.88m。而 FDA-MIMO 雷达的距离估计精度随 SNR 的增加而提升。因此，对于 FDA-MIMO 雷达，4.4 节所提方法可以进一步提升其距离估计精度并实现距离解模糊。如图 4.11（b）所示，在干扰环境下，距离估计值在高 SNR 的情况下是有所偏移的。

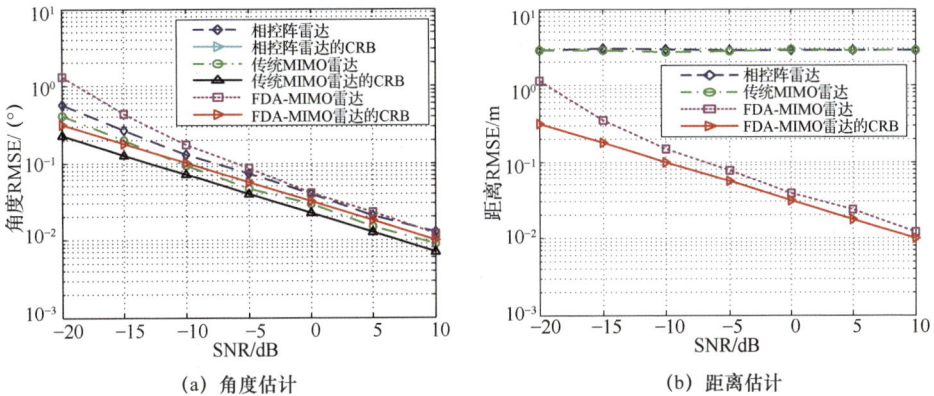

(a) 角度估计　　　　　(b) 距离估计

**图 4.12　不存在干扰的环境中的 RMSE 随输入 SNR 的变化**

图 4.13 和图 4.14 给出了 SNR 为 0dB 时 RMSE 随快拍数的变化。从图 4.13 可以看出，在干扰环境下，FDA-MIMO 雷达中距离和角度的估计精度比相控阵雷达和传统 MIMO 雷达中距离和角度的估计精度高。由于能提供距离维自由度，FDA-MIMO 雷达中的距离估计精度大大提高。如图 4.14 所示，在不存在干扰的环境中，FDA-MIMO 雷达中距离和角度的 RMSE 与 CRB 非常接近。与传统 MIMO 雷达相比，FDA-MIMO 雷达中角度估计的性能损失小于 3dB。而且，FDA-MIMO 雷达中的距离 RMSE 远小于相控阵雷达和传统 MIMO 雷达的。因此，尽管在角度估计中存在一定的性能损失，但 FDA-MIMO 雷达可提供更高的距离分辨率和更好的距离解模糊能力。

接下来我们给出目标角度为 0° 时的目标 CRB 特性。为了给出干扰的影响，设置来波方向分别为 30°、15° 和 5° 的 3 个干扰，且干噪比为 30dB。图 4.15 给出了距离维和角度维的 CRB 以及距离-角度耦合结果。不存在干扰的环境中的 CRB 小于干扰环境下的 CRB。当干扰的来波方向靠近目标方向时，目标参数的 CRB 变大。此时，目标参数估计性能将受到干扰的影响。同时，从图 4.15 中可以看出，距离维 CRB 小于基于带宽的距离估计方法得到的距离分辨率（10m），此时距离估计性能超过传统基于带宽的距离估计方法。

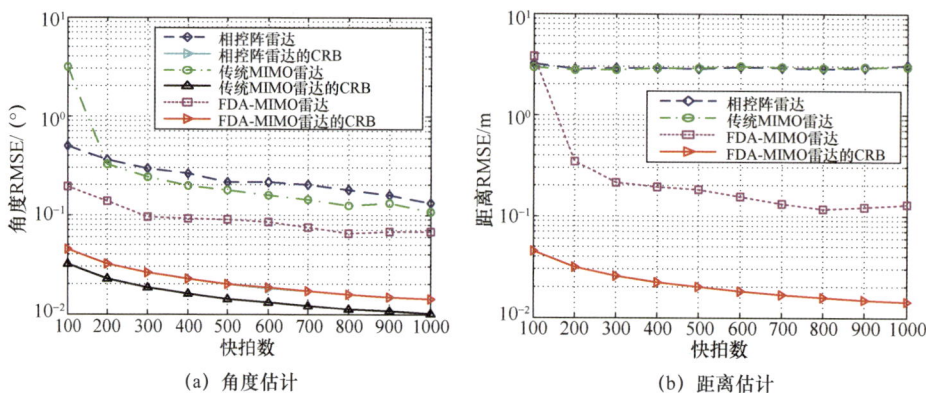

(a) 角度估计　　　　　　　　　　(b) 距离估计

图 4.13　干扰环境下的 RMSE 随快拍数的变化

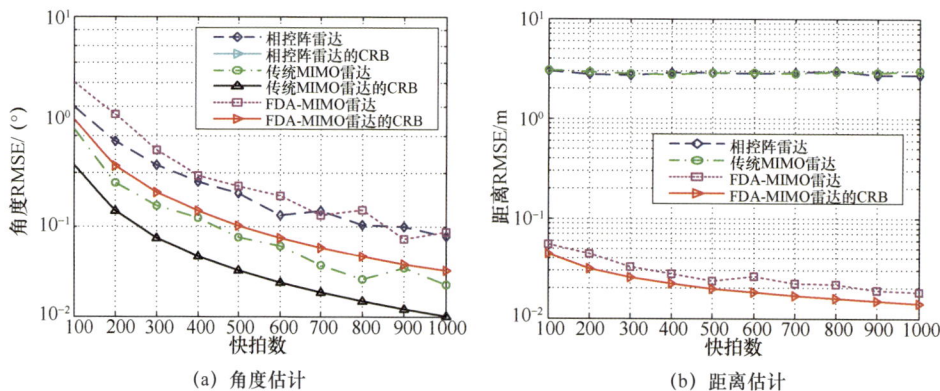

(a) 角度估计　　　　　　　　　　(b) 距离估计

图 4.14　不存在干扰的环境中的 RMSE 随快拍数的变化

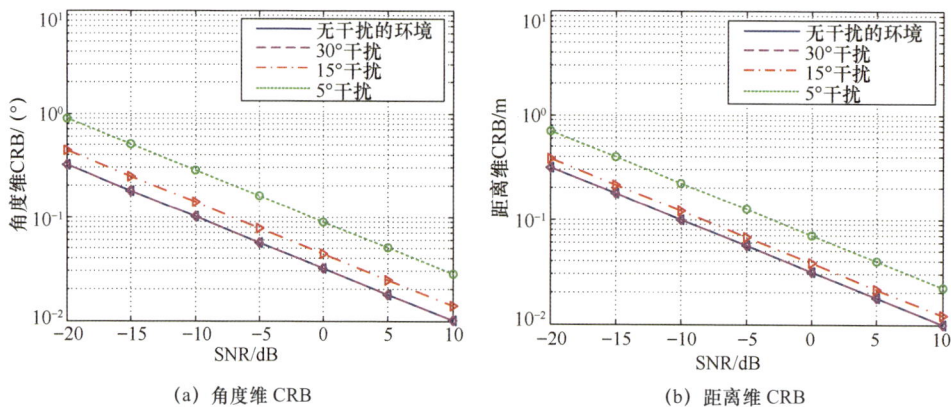

(a) 角度维 CRB　　　　　　　　　(b) 距离维 CRB

图 4.15　CRB 和耦合随输入 SNR 的变化

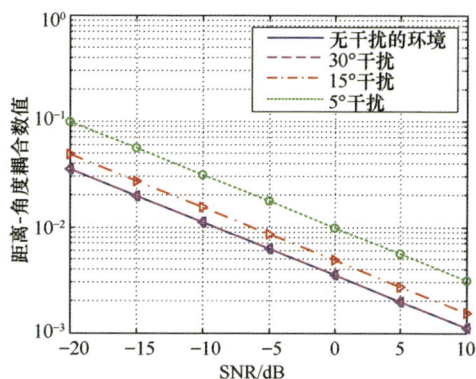

（c）距离-角度耦合

图 4.15　CRB 和耦合随输入 SNR 的变化（续）

式（4-38）给出了频率步进量的选择标准。仿真实验中给出了距离维 CRB 随频率步进量的变化。如图 4.16 所示，随着频率步进量的增加，距离分辨率不断增加。同时，为了实现距离解模糊，频率步进量应该小于 $B/2N_a$。因此，当频率步进量为最大可选择的值时，可得到最优的距离分辨率。

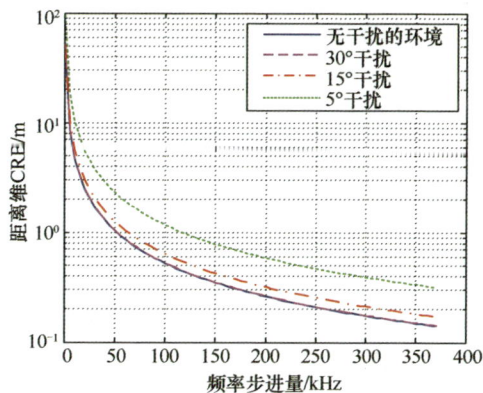

图 4.16　距离维 CRB 随频率步进量的变化

## 4.5　本章小结

本章针对目标参数距离模糊问题，提出了基于 FDA-MIMO 雷达的目标距离-角度参数联合估计方法。本章还利用 MIMO 技术将发射自由度虚拟到接收端，实现发射-接收联合处理，在接收空间频域实现目标角度参数估计，然后利用 FDA 的距离维可控自由度，在联合发射-接收空间频域内实现了目标距离解模糊，并提高了目标的距离估计精度，而且利用 FDA-MIMO 雷达在单个脉冲重复频率条件下实现了目标距离解模糊。

# 参考文献

[1]   ANTONIK P, WICKS M C, GRIFFITHS H D, et al. Range-dependent beamforming using element level waveform diversity[C]//2006 International Waveform Diversity & Design Conference. Lihue, HI. IEEE, 2006: 1-6.

[2]   HUANG J J, TONG K F, WOODBRIDGE K, et al. Frequency diverse array: simulation and design[C]//2009 IEEE Radar Conference. Pasadena, CA, USA. IEEE, 2009: 1-4.

[3]   SECMEN M, DEMIR S, HIZAL A, et al. Frequency diverse array antenna with periodic time modulated pattern in range and angle[C]//2007 IEEE Radar Conference. Waltham, MA, USA. IEEE, 2007: 427-430.

[4]   ANTONIK P, WICKS M C, GRIFFITHS H D, et al. Multi-mission multi-mode waveform diversity[C]//2006 IEEE Conference on Radar. Verona, NY, USA. IEEE, 2006: 580-582.

[5]   HIGGINS T, BLUNT S D. Analysis of range-angle coupled beamforming with frequency-diverse chirps[C]//2009 International Waveform Diversity and Design Conference. Kissimmee, FL, USA. IEEE, 2009: 140-144.

[6]   SAMMARTINO P F, BAKER C J, GRIFFITHS H D. Frequency diverse MIMO techniques for radar[J]. IEEE Transactions on Aerospace and Electronic Systems, 2013, 49(1): 201-222.

[7]   SAMMARTINO P F, BAKER C J. The frequency diverse bistatic system[C]//2009 International Waveform Diversity and Design Conference. Kissimmee, FL, USA. IEEE, 2009: 155-159.

[8]   SAMMARTINO P F, BAKER C J. Developments in the frequency diverse bistatic system[C]//2009 IEEE Radar Conference. Pasadena, CA, USA. IEEE, 2009: 1-5.

[9]   EI KORSO M N, BOYER R, RENAUX A, et al. Statistical resolution limit for source localization with clutter interference in a MIMO radar context[J]. IEEE Transactions on Signal Processing, 2011, 60(2): 987-992.

[10]  HOVANESSIAN S A. An algorithm for calculation of range in a multiple PRF radar[J]. IEEE Transactions on Aerospace and Electronic Systems, 1976(2): 287-290.

[11]  GERLACH K, ANDREWS G A. Cascaded detector for multiple high-PRF pulse

doppler radars[J]. IEEE Transactions on Aerospace and Electronic Systems, 1990, 26(5): 754-767.

[12]　CLEETUS G M. Properties of staggered PRF radar spectral components[J]. IEEE Transactions on Aerospace and Electronic Systems, 1976(6): 800-803.

[13]　SCHOLNIK D P. Range-ambiguous clutter suppression with pulse-diverse waveforms[C]//2011 IEEE RadarCon (RADAR). Kansas City, MO, USA. IEEE, 2011: 336-341.

# 第5章　FDA机载雷达距离模糊杂波抑制技术

## 5.1　引言

机载 STAP 利用空间-时间二维信息实现耦合的地海杂波抑制，能够大大提高雷达 MTI 性能。在高速运动平台 STAP 雷达下，杂波多普勒谱扩散严重；在中/低脉冲重复频率体制下，存在严重的多普勒模糊效应，导致杂波自由度大大增加，降低了雷达的目标检测性能。为尽量减弱多普勒模糊程度，通常采用高脉冲重复频率雷达。然而，高脉冲重复频率雷达带来严重的距离模糊效应，导致雷达杂波抑制性能下降。尤其是在非正侧视阵体制下，传统杂波补偿方法难以应用在距离模糊的情形中，导致杂波抑制性能急剧恶化。

为了克服非正侧视阵 STAP 雷达的杂波距离依赖性问题，研究人员提出了一系列杂波补偿方法，这些杂波补偿方法在不存在距离模糊的情况下性能较好，但在存在距离模糊时，不同距离模糊区的杂波补偿对应的变换形式不同，这些杂波补偿方法的性能会急剧下降。因此，在 STAP 雷达应用研究中，距离模糊杂波抑制是研究人员广泛关注的难题。距离模糊杂波会导致杂波凹口展宽，甚至产生额外的凹口。实际上，采用平面阵列，利用俯仰维自由度能够在一定程度上缓解距离模糊问题，但是俯仰波束形成需要较高的俯仰维自由度，同时还会形成一系列的距离盲区。另外，文献[1]~[5]提出了三维（方位、俯仰和多普勒）STAP 方法。通过增加俯仰维自由度来实现距离模糊杂波抑制。然而，三维 STAP 方法需要利用大量的训练样本，而且沿距离维分布的训练样本不满足独立同分布特性，实际应用中难以保证性能。

FDA 机载雷达能够获得目标的距离-角度二维自由度，具有抑制距离模糊杂波的可能。FDA 机载雷达的不同阵元发射的载频略有差异，从而等效形成了随时间变化的加权因子，改变了发射方向图指向，因此，发射方向图具有距离-角度二维耦合性。通过综合利用空域信息、多普勒信息和频率信息，FDA 机载雷达具有同时进行多任务的能力。文献[6]最早探讨了基于 FDA 抑制距离模糊杂波的方法，提出利用 FDA 在距离维的旁瓣效用，将空时 FDA 的旁瓣对准距离模糊区，来实现距离模糊杂波抑制。实际上，FDA 的距离维自由度在发射端，因此，FDA 的发射方向图具有距离-角度依赖性。文献[7]提出了一维 ULA FDA-STAP 技术，并将发射多通道阵列与接收脉冲进行联合处理，提出了 SRDC 方法，解决了 FDA 引入的快时间距离空变因子的有效补偿问题，利用发射导向矢量中包含的距离模糊信息差异，将近距杂波和远距杂波在发射空间频域进行分离，可解决二重距离模糊杂波抑制问题。文献[8]提出了俯仰维 FDA-STAP 方法，利用了俯仰维频域杂波功率谱分布的特点，通过 FDA 增大了不同距离模糊区的杂波在俯仰维频域的差异，进而通过俯仰波束形成进行预滤波，实现不同距离模糊区的杂波的分离，进而在各个距离模糊区并行开展杂波抑制处理，该方法提高了距离模糊杂波分离能力和杂波抑制性能。

　　本章主要对文献[7]和[8]的研究工作进行总结。本章介绍如何利用 FDA 机载体制以及频率分集距离维自由度，有效地解决距离模糊问题。具体解决思路是，首先利用俯仰维 FDA 发射导向矢量的距离依赖性，将不同距离模糊区的杂波在俯仰维通过预处理实现分离；然后对不同距离模糊区的杂波分别进行自适应抑制。由于不同距离模糊区的杂波被分开，可直接采用传统的杂波补偿方法，同时解决目标的距离模糊问题。

## 5.2　机载雷达杂波抑制概述

　　机载雷达安装在飞机运动平台上，其可视范围远远大于地基雷达的可视范围，可有效解决地基雷达存在的遮挡问题。但机载雷达在下视工作时面临地杂波，平台的运动特性导致地杂波与载机之间存在相对径向运动，地杂波不再呈现零多普勒频率特性，而是具有一定的多普勒频率带宽。此时，若采用传统地基雷达中常用的多普勒滤波方法，则目标多普勒频率与杂波多普勒频率可能非常接近，从而导致杂波抑制能力严重下降，运动目标无法被检测出来。针对机载雷达杂波以及杂波功率谱特性，能够有效提高机载雷达杂波抑制能力和 MTI 性能的 STAP 技术应运而生。

### 5.2.1　机载雷达阵列构型与杂波功率谱特性

　　STAP 技术同时利用多普勒信息与波达方向信息来区分运动目标与杂波，雷达脉冲序列（时间采样）用于提取多普勒信息，相控阵天线（空间采样）用于提取波达方向信息，因此需要研究机载雷达空时二维杂波功率谱，而空时二维杂波功率谱与空时采样有关，其中，空间采样与阵列构型有关。机载雷达下视观测几何示意如图 5.1 所示。其中，$xOy$ 平面表示地面，垂直于地面的方向定义为 $z$ 轴。载机高度为 $H$，速度为 $v$，载机速度方向与 $x$ 轴平行。雷达接收天线为 $N$ 元均匀等距线阵，阵元间距为 $d=\lambda/2$，$\lambda$ 为雷达波长。$\alpha$ 表示天线轴向与载机速度方向之间的夹角，定义为偏航角。

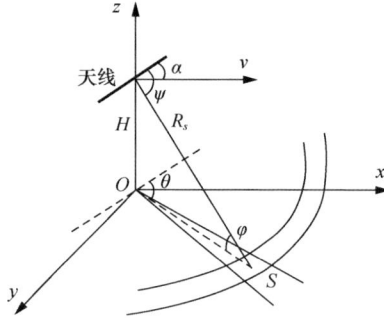

**图 5.1　机载雷达下视观测几何示意**

假设 $S$ 是斜距为 $R_s$ 的距离门上的杂波散射块，杂波散射块相对于天线轴向的俯仰角和方位角分别为 $\varphi$ 和 $\theta$，杂波散射块与天线轴向的夹角为空间锥角 $\psi$，通常有 $\cos\psi=\cos\theta\cos\varphi$。由此可得，该杂波散射块的多普勒频率为

$$f_{\mathrm{d}} = \frac{2v}{\lambda}\cos(\theta-\alpha)\cos\varphi = f_{\mathrm{dm}}\left(\cos\psi\cos\alpha + \sin\alpha\sqrt{\cos^2\varphi - \cos^2\psi}\right) \quad (5\text{-}1)$$

其中，$f_{\mathrm{dm}} = 2v/\lambda$ 为静止杂波最大多普勒频率。式（5-1）可进一步改写成

$$\frac{f_{\mathrm{d}}}{f_{\mathrm{dm}}} - \cos\psi\cos\alpha = \sin\alpha\sqrt{\cos^2\varphi - \cos^2\psi} \quad (5\text{-}2)$$

引入脉冲重复频率 $f_{\mathrm{PRF}}$ 后，可以得到归一化多普勒频率 $2f_{\mathrm{d}}/f_{\mathrm{PRF}}$（$f_{\mathrm{d}}/f_{\mathrm{PRF}}$ 的范围为 $[-0.5,0.5]$），则有

$$\left(\frac{f_{\mathrm{PRF}}}{2f_{\mathrm{dm}}}\right)^2\left(\frac{2f_{\mathrm{d}}}{f_{\mathrm{PRF}}}\right)^2 - \frac{f_{\mathrm{PRF}}}{f_{\mathrm{dm}}}\frac{2f_{\mathrm{d}}}{f_{\mathrm{PRF}}}\cos\psi\cos\alpha + \cos^2\psi = \sin^2\alpha\cos^2\varphi \quad (5\text{-}3)$$

进一步地，根据式（5-3）可以看出不同阵列构型下杂波在空时二维平面内的功率谱分布特点。对于 $\alpha$ 的取值，通常有如下规定：当 $\alpha=0$ 时，阵列构型为正侧视阵；当 $\alpha=90°$ 时为前视阵；当 $0<\alpha<180°$ 且 $\alpha\neq90°$ 时，阵列构型为斜视阵。图 5.2 给出了几种不同阵列构型下的杂波空时二维分布示意，其中，载机高度为6000m。

通过图 5.2 可以看出，不同阵列构型下杂波在空时二维平面内的功率谱分布特点。

（1）在 $\alpha=0°$ 时，杂波功率谱的分布为线性分布，斜率为 $\lambda f_{\mathrm{PRF}}/4v$，与俯仰角 $\varphi$ 无关，但是线性分布的范围由俯仰角 $\varphi$ 决定。具有不同距离（即斜距）的杂波功率谱在空时二维平面内是重合的，也可以说杂波是距离平稳。这种杂波功率谱最适宜进行空时二维滤波，只要沿图 5.2（a）所示的杂波功率谱线形成深凹口的二维滤波权，空时二维滤波将适用于所有不同俯仰角下的杂波。

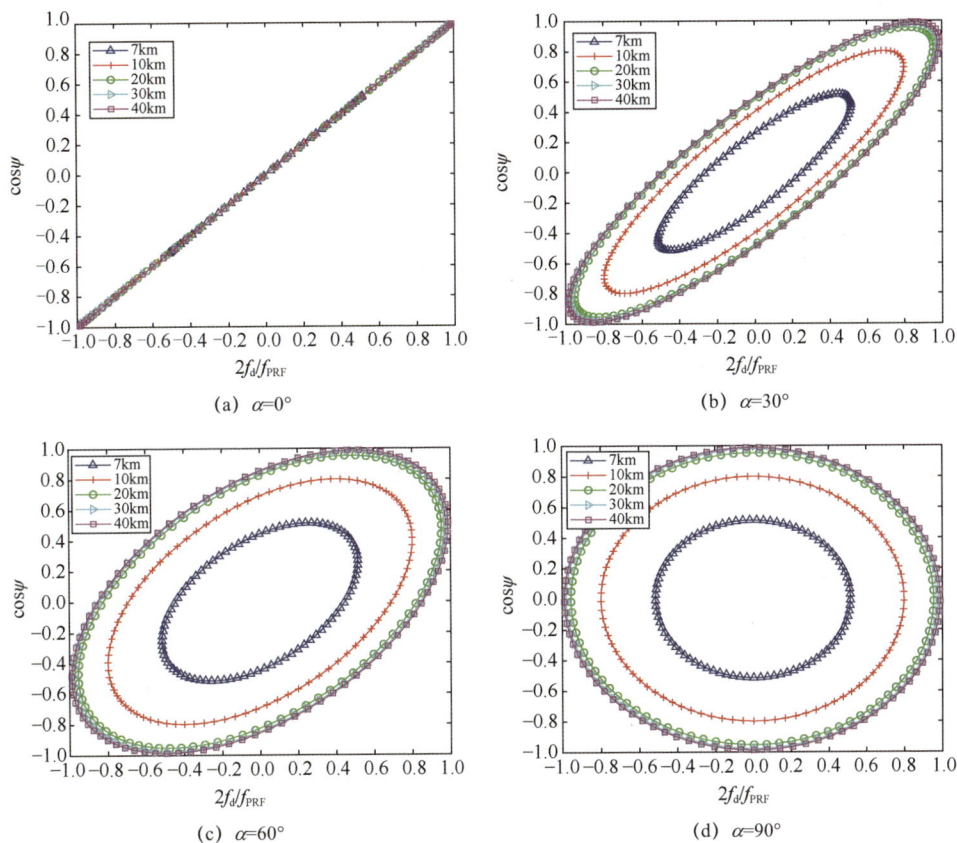

图 5.2　不同阵列构型下的杂波空时二维分布示意（图例代表斜距）

（2）在 $\alpha \neq 0°$（即阵列构型为非正侧视阵）时，杂波功率谱分布为椭圆[特别地，在 $\alpha=90°$（即阵列构型为前视阵）时，杂波功率谱分布为正圆]，椭圆（圆）的长半轴和短半轴（半径）大小与俯仰角 $\varphi$ 的余弦值有关。从图 5.2（b）～图 5.2（d）中可以看出，不同距离阵元的杂波空时二维分布并不相同，这种分布随距离变化而变化的现象称为距离依赖性，并且杂波空时二维分布在近距离处变化剧烈，在远距离处变化相对平缓。对于近距离杂波，邻近训练阵元杂波与待检测阵元杂波在统计特性上的差异会使得直接利用相邻阵元估计得到的协方差矩阵偏离杂波协方差矩阵的真实值，从而导致 STAP 的杂波抑制效果较差，不利于进行近距离慢速 MTI。

此外，在非正侧视阵情况下，杂波功率谱在某个 $\cos\psi$ 处对应两个多普勒频率，这是由于天线阵面存在后向散射，从天线后方也会接收到少量回波。若天线阵面后板有良好反射特性，且近场影响很小，则后向散射可以忽略不计，则实际杂波功率谱只有天线前阵面接收的半个椭圆（圆）。

## 5.2.2　距离模糊问题分析

通常情况下，机载雷达的脉冲重复频率 $f_{PRF}$ 分为高、中、低 3 个范围，高、中脉冲重复频率下会产生距离模糊问题。机载雷达距离模糊示意如图 5.3 所示。

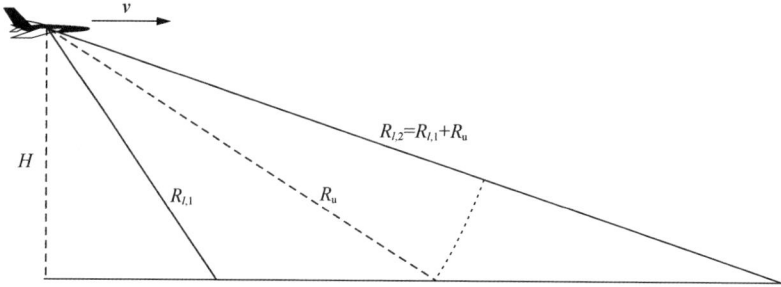

**图 5.3　机载雷达距离模糊示意**

当存在距离模糊时，不同距离门的回波会同时到达雷达接收端，它们之间的距离差是 $R_u$ 的整数倍，$R_u$ 为雷达的最大无模糊距离

$$R_u = \frac{c}{2f_{PRF}} \tag{5-4}$$

其中，$c$ 为光速。若雷达最大检测距离为 $R_{max}$，则距离模糊数可以通过式（5-5）得到

$$N_p = \begin{cases} \text{int}\left(\dfrac{R_{max}}{R_u}\right) + 1, & R_u \geqslant H \\ \text{int}\left(\dfrac{R_{max}}{R_u}\right), & R_u < H \end{cases} \tag{5-5}$$

其中，$\text{int}(x)$ 表示不大于 $x$ 的最小整数。当存在距离模糊时，对于第 $l$ 个距离门，雷达接收了多个斜距下的回波，假设有 $p$ 个斜距下的回波折叠到第 $l$ 个阵元内，则每个斜距的具体表达式为

$$R_{l,p} = \frac{c}{2f_s}l + \frac{c}{2f_{PRF}}(p-1), \quad l \in \left[1, \frac{f_s}{f_{PRF}}\right], p \in \left[1, N_p\right] \tag{5-6}$$

其中，$f_s$ 为距离采样频率。

当雷达探测远距离目标时，由于存在距离模糊情况，近距离杂波会与当前探测区域杂波重叠，近距离杂波的强距离依赖性会影响杂波协方差矩阵的估计，降低目标检测性能。

图 5.4 给出了存在距离模糊时利用多普勒频移（Doppler Warping，DW）算法进行杂波补偿的示意。从图 5.4（a）中可以看出，近距离杂波距离依赖性严重，杂波功率谱在空时二维平面扩散开；而远距离杂波的距离依赖性较弱，因此近距

离杂波和远距离杂波对应的补偿变换不同。传统的杂波补偿方法在减弱近距离杂波距离依赖性的同时，会导致远距离杂波出现新的距离空变性。因此，对于机载雷达，距离模糊杂波抑制是制约 MTI 性能的关键。

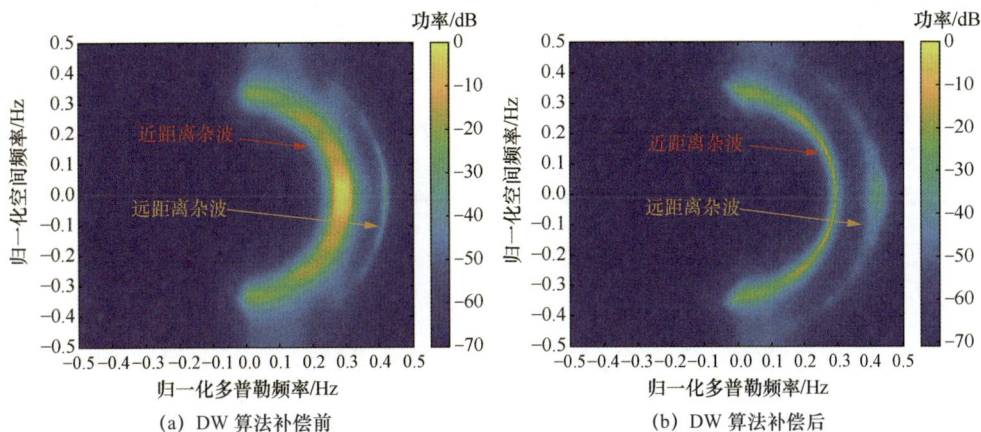

(a) DW 算法补偿前　　　　　　　　　　　(b) DW 算法补偿后

图 5.4　存在距离模糊时利用 DW 算法进行杂波补偿示意

## 5.3　一维线性 FDA 机载雷达信号模型

距离依赖性和距离模糊是非正侧视阵 STAP 雷达中的两个关键问题。当存在距离模糊时，传统杂波补偿方法几乎失效，近距离杂波的距离依赖性会严重影响 STAP 方法性能。FDA 通过在阵元间添加一个微小的频率步进量，具有更灵活的波束扫描特性，能够形成距离-角度依赖的发射方向图，提供额外的距离维自由度，从而提高信号处理的灵活性。利用 FDA 提供的距离维信息，不同距离模糊区的杂波的空间频率是可区分的，能够在空间频域实现不同距离模糊区的杂波的分离与抑制。

### 5.3.1　信号模型

为不失一般性，我们考虑图 5.5 所示的一维线性 FDA 前视阵雷达。雷达平台的高度和速度分别表示为 $H$ 和 $v$。在一个相干处理间隔内发射 $K$ 个脉冲。$f_{PRF}$ 为脉冲重复频率。考虑一个由 $N$ 个全向阵元组成的一维线性 FDA 机载雷达，阵元间距为 $d$，相邻阵元的发射载频相差 $\Delta f$，则第 $n$ 个阵元的发射载频可以表示为

$$f_n = f_0 + (n-1)\Delta f, \quad n = 1, 2, \cdots, N \tag{5-7}$$

其中，$f_0$ 为参考载频，$\Delta f$ 为频率步进量，通常 $\Delta f$ 远小于参考载频和发射信号带宽。假设所有阵元发射正交波形，且回波信号在接收端通过匹配滤波能够有效分离。

注意，理想正交波形在实际中是不存在的，而非理想正交波形中存在的非零互相关会带来轻微的雷达性能损失。图5.6给出了一维线性FDA前视阵雷达接收端处理流程，通过匹配滤波器对接收回波进行有效分离，并对分离后的回波信号中包含相同发射载频的回波构造接收波束。这一处理流程等效于阵列雷达信号由单阵元发射，由全孔径阵列接收。

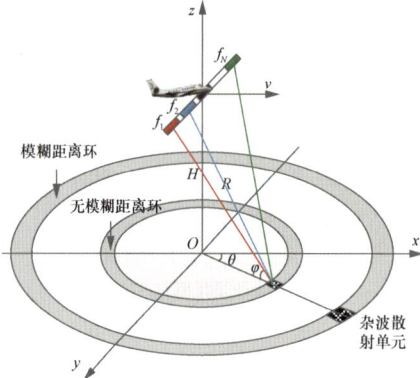

图5.5　一维线性FDA前视阵雷达几何构型　　图5.6　一维线性FDA前视阵雷达接收端处理流程

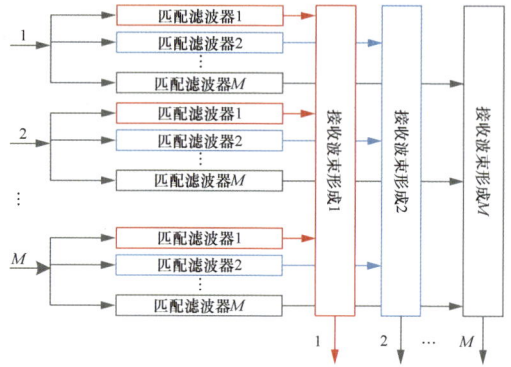

对于任意杂波散射块，其到第 $n$ 个阵元的斜距可以表示为 $R-(n-1)d\sin\theta\cos\varphi$，这里 $R$ 为参考斜距，$\theta$ 为方位角，$\varphi$ 为俯仰角。因此，由全孔径阵列接收的第 $n$ 个阵元发射的信号的相位可表示为

$$\psi_n = -\frac{2\pi f_n}{c}\big(2R-(n-1)d\sin\theta\cos\varphi\big) \tag{5-8}$$

其中，$c$ 为光速。以第1个阵元为参考阵元，则第 $n$ 个阵元与第1个阵元间的相位差为

$$\begin{aligned}
\Delta\psi_n &= \psi_n - \psi_1 \\
&= -\frac{4\pi R}{c}\big(f_n-f_1\big) + \frac{2\pi f_n}{c}\big(n-1\big)d\sin\theta\cos\varphi \\
&= -\frac{4\pi\Delta f\big(n-1\big)R}{c} + \frac{2\pi f_n}{c}\big(n-1\big)d\sin\theta\cos\varphi \\
&= -\frac{4\pi\Delta f\big(n-1\big)R}{c} + \frac{2\pi d}{\lambda_0}\big(n-1\big)\sin\theta\cos\varphi + \\
&\quad \frac{2\pi\Delta f}{c}\big(n-1\big)^2 d\sin\theta\cos\varphi
\end{aligned} \tag{5-9}$$

其中，$\lambda_0 = c/f_0$ 为参考波长。式（5-9）等号右侧的第1项为距离和频率步进量的函数，第2项与传统相控阵雷达的相同，第3项为频率步进量带来的二次调制项。实际上，当频率步进量相比参考载频可以忽略不计时，第3项可以忽略。杂波散

射块对应的归一化多普勒频率为

$$f_t = \frac{2vf_n}{cf_{PRF}} \cos\theta\cos\varphi$$

$$= \frac{2v}{\lambda_0 f_{PRF}} \cos\theta\cos\varphi + \frac{2v\Delta f}{cf_{PRF}}(n-1)\cos\theta\cos\varphi \qquad (5\text{-}10)$$

$$\approx \frac{2v}{\lambda_0 f_{PRF}} \cos\theta\cos\varphi$$

如式（5-10）所示，不同阵元的发射载频不同导致其归一化多普勒频率也不相同。同样地，当频率步进量相比参考载频可忽略不计时，式（5-10）等号右侧的第 2 项也可忽略。于是，第 $n$ 个阵元在第 $k$（$k=1,2,\cdots,K$）个脉冲下接收到的杂波信号可表示为

$$x_{nk} = \gamma \exp(j\Delta\psi_n)\exp(j\zeta_k)$$

$$\approx \gamma \exp\left(j2\pi\left(-\frac{2\Delta f(n-1)R}{c} + \frac{d}{\lambda_0}(n-1)\sin\theta\cos\varphi\right)\right) \qquad (5\text{-}11)$$

$$\times \exp\left(j2\pi\frac{2v}{\lambda_0 f_{PRF}}(k-1)\cos\theta\cos\varphi\right)$$

其中，$\gamma$ 为回波复系数，$\zeta_k$ 为多普勒相位项，这里假设其与载频无关。因此，FDA 机载雷达对应的空时快拍数据可表示为

$$\boldsymbol{x} = \left(x_{11}, x_{21}, \cdots, x_{N1}, x_{12}, \cdots, x_{NK}\right)^T$$

$$\approx \gamma \boldsymbol{s}_t(f_t) \otimes \boldsymbol{s}_s(f_s) \approx \gamma \boldsymbol{s}_t(f_t) \otimes \left(\boldsymbol{s}_R(f_R) \odot \boldsymbol{s}_a(f_a)\right) \qquad (5\text{-}12)$$

其中，$f_t = 2v\cos\theta\cos\varphi/(\lambda_0 f_{PRF})$、$f_R = -2\Delta fR/c$、$f_a = d\sin\theta\cos\varphi/\lambda_0$ 和 $f_s = f_R + f_a$ 分别表示多普勒频率、距离频率、方向频率和空间频率。$\boldsymbol{s}_t(f_t) \in \mathbb{C}^{K\times1}$、$\boldsymbol{s}_R(f_R) \in \mathbb{C}^{N\times1}$、$\boldsymbol{s}_a(f_a) \in \mathbb{C}^{N\times1}$ 和 $\boldsymbol{s}_s(f_s) \in \mathbb{C}^{N\times1}$ 分别表示时域导向矢量、距离导向矢量、角度导向矢量和空间导向矢量（空间导向矢量由距离导向矢量和角度导向矢量两部分组成），可以分别表示为

$$\boldsymbol{s}_t(f_t) = \left(1, \exp(j2\pi f_t), \cdots, \exp(j2\pi f_t(K-1))\right)^T \qquad (5\text{-}13\text{-}a)$$

$$\boldsymbol{s}_R(f_R) = \left(1, \exp(j2\pi f_R), \cdots, \exp(j2\pi f_R(N-1))\right)^T \qquad (5\text{-}13\text{-}b)$$

$$\boldsymbol{s}_a(f_a) = \left(1, \exp(j2\pi f_a), \cdots, \exp(j2\pi f_a(N-1))\right)^T \qquad (5\text{-}13\text{-}c)$$

$$\boldsymbol{s}_s(f_s) = \boldsymbol{s}_R(f_R) \odot \boldsymbol{s}_a(f_a)$$

$$= \left(1, \exp(j2\pi(f_R + f_a)), \cdots, \exp(j2\pi(f_R + f_a)(N-1))\right)^T \qquad (5\text{-}13\text{-}d)$$

从式（5-13）可以看出，时域导向矢量 $\boldsymbol{s}_t(f_t)$ 和角度导向矢量 $\boldsymbol{s}_a(f_a)$ 与传统相控阵

雷达的相同,而距离导向矢量 $s_R(f_R)$ 是 FDA 机载雷达所独有的。

考虑存在距离模糊的情况,FDA 机载雷达任意一个距离门内的杂波是由等距离环内多个杂波散射块叠加而成的,包括无距离模糊区和距离模糊区,杂波可表示为

$$
\begin{aligned}
x_c &= \sum_{p=1}^{N_p}\sum_{i=1}^{N_a}\gamma s_t(f_t)\otimes s_s(f_s) \\
&= \sum_{p=1}^{N_p}\sum_{i=1}^{N_a}\gamma s_t(f_t)\otimes\left(s_R(f_R)\odot s_a(f_a)\right)
\end{aligned}
\tag{5-14}
$$

其中,$N_a$ 为每个距离环内统计独立的杂波散射块数目,$N_p$ 为距离模糊数,这里考虑两重距离模糊,即 $N_p=2$。$i$ 与 $p$ 分别表示杂波散射块索引和距离模糊区索引。

## 5.3.2 距离模糊杂波空时分布

由于频率分集引入了距离维自由度,FDA-STAP 雷达的空间频率由距离频率和方向频率两部分组成

$$
f_s = f_R + f_a = -\frac{2\Delta fR}{c}+\frac{d}{\lambda_0}\sin\theta\cos\varphi
\tag{5-15}
$$

由式(5-15)可知,FDA-STAP 雷达的空间频率依赖于距离-角度,而传统相控阵雷达的空间频率仅与角度有关,与距离无关。

对于无距离模糊区和第一距离模糊区的相同角度的两个散射点,其空间频率分别为

$$
f_s(R_1) = f_R(R_1)+f_a = -\frac{2\Delta fR_1}{c}+\frac{d}{\lambda_0}\sin\theta\cos\varphi
\tag{5-16}
$$

$$
\begin{aligned}
f_s(R_2) &= f_R(R_1+R_u)+f_a \\
&= -\frac{2\Delta f(R_1+R_u)}{c}+\frac{d}{\lambda_0}\sin\theta\cos\varphi
\end{aligned}
\tag{5-17}
$$

其中,$R_u = c/(2f_{PRF})$ 为雷达的最大无模糊距离。对于相同角度的散射点,其空间频率差依赖于其主值距离差,即

$$
\begin{aligned}
\Delta f_s &= f_s(R_1)-f_s(R_2) \\
&= f_s(R_1)-f_s(R_1+R_u) \\
&= \frac{2\Delta fR_u}{c}
\end{aligned}
\tag{5-18}
$$

由式(5-18)可知,对于任意距离门内的回波信号,其距离模糊杂波和无距离模糊杂波在空间频域上仅相差一个常数,且该常数与雷达最大无模糊距离和频

率步进量有关。因此，尽管无距离模糊杂波和距离模糊杂波在时域上重叠，但可以在空间频域上区分它们，这也表明了 FDA-STAP 雷达相比传统相控阵雷达的优越性。

为了抑制待检测距离门杂波，需要利用相邻阵元的训练样本估计杂波协方差矩阵。为了准确估计杂波协方差矩阵，不同距离阵元间的训练样本需满足独立同分布特性，当训练样本数超过系统自由度的两倍时，STAP 处理的 SCNR 损失低于 3dB。对于非正侧视阵相控阵雷达，杂波具有很强的距离依赖性，空时耦合曲线呈椭圆分布。图 5.7（a）给出了存在距离模糊时传统相控阵雷达的杂波分布的角度-多普勒频率耦合曲线。可以看出，杂波空时二维分布与斜距有关，椭圆的大小随斜距的增大而增大。对于 FDA-STAP 雷达，杂波的角度-多普勒频率关系可以表示为

$$\left(\frac{\lambda_0}{d}\left(f_{\mathrm{s}}-f_{\mathrm{R}}\right)\right)^2+\left(\frac{\lambda_0 f_{\mathrm{PRF}}}{2v}f_{\mathrm{t}}\right)^2=\cos^2\varphi \tag{5-19}$$

其中，$\cos\varphi=\sqrt{1-H^2/R^2}$。式（5-19）表明了杂波分布的椭圆耦合关系，同样地，椭圆的大小随斜距的增大而增大。此外需要说明的是，当斜距发生变化时，距离频率会随之变化，造成椭圆耦合曲线在空间频域上平移，平移量与距离频率 $f_{\mathrm{R}}$ 有关，这种杂波分布随距离（即斜距）变化的特点也称为 FDA-STAP 雷达的二次距离依赖性。

图 5.7（b）给出了存在距离模糊时 FDA-STAP 雷达的杂波分布的角度-多普勒频率耦合曲线。对比图 5.7（a）和图 5.7（b），可以看出传统相控阵雷达和 FDA-STAP 雷达的角度-多普勒频率耦合曲线均为椭圆。二者的区别在于 FDA-STAP 雷达的椭圆中心随斜距变化在空间频域上平移，而传统相控阵雷达的椭圆中心不随斜距变化。因此，FDA-STAP 雷达可以在空间频域实现对无距离模糊杂波和距离模糊杂波的区分。

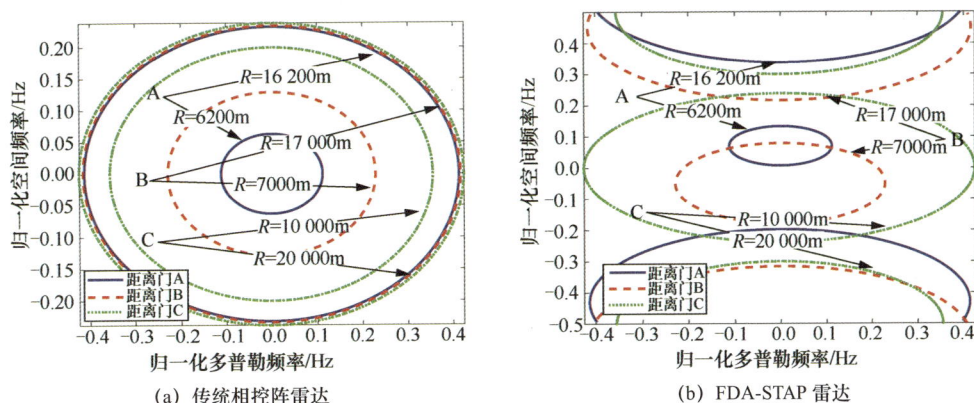

(a) 传统相控阵雷达　　　　　　(b) FDA-STAP 雷达

图 5.7　存在距离模糊时杂波分布的角度-多普勒频率耦合曲线

## 5.4 一维线性 FDA 机载雷达距离模糊杂波抑制技术

### 5.4.1 距离模糊杂波抑制技术

通过分析 FDA-STAP 雷达空间频率的距离-角度依赖性，本小节介绍一种有效的距离模糊杂波抑制技术，并给出保证距离模糊杂波实现有效分离的频率步进量设计准则。FDA-STAP 雷达中存在二次距离依赖性，破坏了训练样本间的独立同分布特性。为了解决这一问题，提出了 SRDC 方法。补偿后，可以在空间频域实现无距离模糊杂波和距离模糊杂波的有效分离。

为不失一般性，考虑目标位于无距离模糊区，即目标距离区间为$[0, R_u]$。对于任意距离门，根据目标所在的距离区，在空间频域构造补偿矢量

$$\boldsymbol{h}(f_c) = \left(1, \exp(-\mathrm{j}2\pi f_c), \cdots, \exp(-\mathrm{j}2\pi f_c(N-1))\right)^{\mathrm{T}} \tag{5-20}$$

其中，$\boldsymbol{h}(f_c) \in \mathbb{C}^{N \times 1}$，$f_c = -2\Delta f R_1 / c$ 为补偿频率，$R_1$ 为目标的无模糊距离。进一步，空时二维联合域的补偿矢量可表示为

$$\boldsymbol{g}(f_c) = \boldsymbol{1}_K \otimes \boldsymbol{h}(f_c) \tag{5-21}$$

其中，$\boldsymbol{1}_K$ 是全 1 的 $K$ 维列向量。对式（5-14）中的空时快拍数据进行补偿，可得补偿后的数据

$$
\begin{aligned}
\breve{\boldsymbol{x}}_c &= \boldsymbol{g}(f_c) \odot \boldsymbol{x}_c \\
&= \sum_{p=1}^{N_p} \sum_{i=1}^{N_a} \gamma \boldsymbol{g}(f_c) \odot \left(\boldsymbol{s}_t(f_t) \otimes \boldsymbol{s}_s(f_s)\right) \\
&= \sum_{p=1}^{N_p} \sum_{i=1}^{N_a} \gamma \boldsymbol{s}_t(f_t) \otimes \left(\boldsymbol{h}(f_c) \odot \boldsymbol{s}_s(f_s)\right) \\
&= \sum_{p=1}^{N_p} \sum_{i=1}^{N_a} \gamma \boldsymbol{s}_t(f_t) \otimes \hat{\boldsymbol{s}}_s(\hat{f}_s)
\end{aligned} \tag{5-22}
$$

其中，$\hat{\boldsymbol{s}}_s(\hat{f}_s) = \boldsymbol{h}(f_c) \odot \boldsymbol{s}_s(f_s)$ 是补偿后的空域导向矢量，$\hat{f}_s$ 是对应的补偿后的空间频率，有

$$\hat{f}_s = f_s - f_c = f_a + \hat{f}_R \tag{5-23}$$

其中，$\hat{f}_R$ 为补偿后的距离频率，可以表示为

$$\hat{f}_R = \begin{cases} 0, & \text{无距离模糊区} \\ -\dfrac{2\Delta f R_u}{c}, & \text{距离模糊区} \end{cases} \tag{5-24}$$

由式（5-24）可见，对于不同距离模糊区的杂波和目标信号，经过 SRDC 后，对应

的补偿后的空间频率将相差一个常数。图 5.8 给出了经过 SRDC 后的 FDA-STAP 雷达的角度-多普勒频率耦合曲线。对比图 5.7（b）中 SRDC 前的 FDA-STAP 雷达的角度-多普勒频率耦合曲线，经过 SRDC 后，空间频域中的无距离模糊杂波和距离模糊杂波可以有效区分。其中，无距离模糊杂波分布与传统相控阵雷达的一致，被对齐到低频区；而距离模糊杂波被平移到两端的高频区。

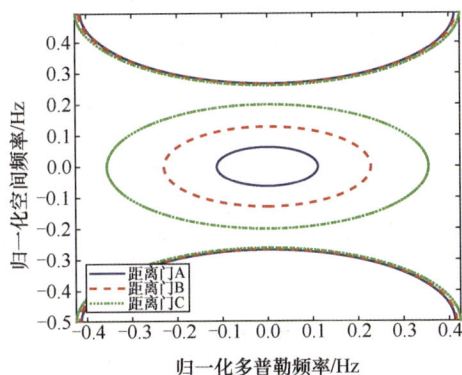

**图 5.8　经过 SRDC 后的 FDA-STAP 雷达的角度-多普勒频率耦合曲线**

经过 SRDC 后，无距离模糊杂波与距离模糊杂波在空间频域上可实现有效区分，传统的杂波补偿方法可以用于补偿由阵列构型造成的距离依赖性。这里采用多普勒弯曲法，经多普勒弯曲法补偿后的杂波矢量可表示为

$$\tilde{\boldsymbol{x}}_{\mathrm{c}} = \tilde{\boldsymbol{x}}_{\mathrm{c}} \odot \boldsymbol{t} \tag{5-25}$$

其中，$\boldsymbol{t} \in \mathbb{C}^{NK \times 1}$ 为对应的多普勒弯曲矢量。例如，待检测距离门的主杂波对应的多普勒频率为 $f_{\mathrm{d0}}$，邻近距离门的主杂波对应的多普勒频率为 $f_{\mathrm{d}l}$，则相应的多普勒弯曲矢量为

$$\boldsymbol{t} = \left(1, \exp\left(\mathrm{j}2\pi\left(f_{\mathrm{d0}} - f_{\mathrm{d}l}\right)\right), \cdots, \exp\left(\mathrm{j}2\pi\left(f_{\mathrm{d0}} - f_{\mathrm{d}l}\right)\left(K-1\right)\right)\right)^{\mathrm{T}} \otimes \mathbf{1}_{N} \tag{5-26}$$

其中，$\mathbf{1}_N$ 为全 1 的 $N$ 维列向量。经过 SRDC 和 DW 算法补偿后，同一距离模糊区内的杂波分布近似满足独立同分布特性，而不同距离模糊区的杂波具有空间频域分离特性，其对目标检测的影响显著降低。因此，距离模糊杂波抑制技术能准确估计本地杂波的协方差矩阵，从而提高杂波抑制性能。

综上，当存在距离模糊时，传统相控阵雷达的 STAP 性能会严重下降。首先，距离模糊导致杂波呈现非平稳性，使得杂波协方差矩阵估计所需的独立同分布样本难以获得；然后，在前视阵几何构型下，无距离模糊区与距离模糊区对应的杂波补偿形式互相制约，造成传统杂波补偿方法性能严重损失；最后，距离模糊引起杂波自由度大大增加，进而增加了杂波抑制的难度。本小节所提的 FDA-STAP 雷达在空间频域实现了不同距离模糊区的杂波的分离，无距离模糊杂波和距离模糊杂波补偿形式不再互相制约，可以利用传统杂波补偿（如采用 DW 算法）实现杂波距离依赖性补偿；接着可以利用降维 STAP 方法完成距离模糊杂波抑制并降低杂波自由度。图 5.9 给出了本章所提的 FDA-STAP 雷达距离模糊杂波抑制技术流程图。

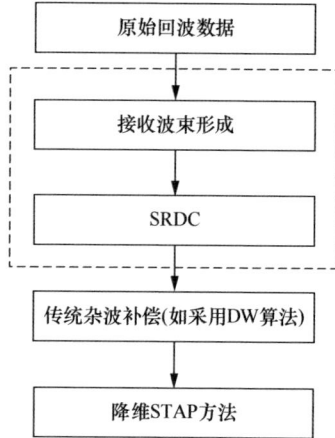

**图 5.9 FDA-STAP 雷达距离模糊杂波抑制技术流程图**

如 5.3.2 小节所述，不同距离模糊区的杂波在空间频域上是可区分的，它们的空间频率差为常数 $2\Delta f R_{\mathrm{u}}/c$，对于给定的脉冲重复频率，该常数项仅依赖频率步进量 $\Delta f$。接下来我们给出频率步进量 $\Delta f$ 的设计准则，以确保无距离模糊杂波和距离模糊杂波在空间频域上能够完全分离。

对于任意给定的斜距，杂波的空间频率占据的带宽为

$$B = \max\left\{f_{\mathrm{s}}\right\} - \min\left\{f_{\mathrm{s}}\right\}$$

$$= \left.\frac{d}{\lambda_0}\sin\theta\cos\varphi\right|_{\theta=\frac{\pi}{2}} - \left.\frac{d}{\lambda_0}\sin\theta\cos\varphi\right|_{\theta=-\frac{\pi}{2}} \qquad (5\text{-}27)$$

$$= \frac{d}{\lambda_0}\cos\varphi + \frac{d}{\lambda_0}\cos\varphi \leqslant \frac{2d}{\lambda_0}$$

因此，经过 SRDC 后的无距离模糊杂波的空间频率满足如下约束

$$-\frac{B}{2} < \hat{f}_{\mathrm{s}} < \frac{B}{2} \qquad (5\text{-}28)$$

而距离模糊杂波的空间频率满足

$$-\frac{B}{2} - \frac{2\Delta f R_{\mathrm{u}}}{c} < \hat{f}_{\mathrm{s}} < \frac{B}{2} - \frac{2\Delta f R_{\mathrm{u}}}{c} \qquad (5\text{-}29)$$

通常 $2\Delta f R_{\mathrm{u}}/c$ 大于 1，于是我们定义

$$\frac{2\Delta f R_{\mathrm{u}}}{c} = \frac{\Delta f}{f_{\mathrm{PRF}}} = p + \upsilon \qquad (5\text{-}30)$$

其中，$p$ 为非负整数部分，$\upsilon$ 为小数部分。考虑到数字频率具有周期性，式（5-29）可进一步表示为

$$-\frac{B}{2}-\upsilon<\hat{f}_s<\frac{B}{2}-\upsilon \tag{5-31}$$

为了保证无距离模糊杂波和距离模糊杂波在空间频域上能够完全分离，需要满足如下约束

$$\begin{cases} B+\upsilon\leqslant1 \\ \upsilon-B\geqslant0 \end{cases} \tag{5-32}$$

式（5-32）中的第一个约束条件需要满足是由于数字频率的周期为 1，第二个约束条件是为了保证无距离模糊杂波和距离模糊杂波在空间频域上能够完全分离。于是有

$$\begin{cases} 2B\leqslant1 \\ B\leqslant\upsilon\leqslant1-B \end{cases} \tag{5-33}$$

将式（5-27）代入式（5-33）中的第一个约束条件，有

$$d\leqslant\frac{\lambda_0}{4} \tag{5-34}$$

因此，为了保证距离模糊杂波的有效分离，FDA-STAP 雷达的阵元间距应不超过四分之一波长，通常令 $d=\lambda_0/4$。根据式（5-33）中的第二个约束条件，若 $\upsilon=0.5$，则频率步进量 $\Delta f$ 为

$$\Delta f=(p+0.5)f_{\text{PRF}} \tag{5-35}$$

注意，非负整数部分 $p$ 不能太大，通常取 0。接下来给出一组仿真实验来验证本小节所提的距离模糊杂波抑制技术的有效性和优越性。FDA-STAP 雷达系统仿真参数如表 5.1 所示。

表 5.1　FDA-STAP 雷达系统仿真参数

| 参数 | 参数值 | 参数 | 参数值 |
|---|---|---|---|
| 参考载频 | 10GHz | 频率步进量 | 22.5kHz |
| 平台速度 | 100m/s | 阵元数 | 10 |
| 平台高度 | 6000m | 阵元间距 | 0.0075m |
| 脉冲重复频率 | 15kHz | 脉冲数 | 16 |
| CNR | 60dB | 目标斜距 | 8000m |

　　本仿真实验假定待检测目标在无距离模糊区中。图 5.10 给出了 FDA-STAP 雷达杂波功率谱分布的仿真结果。由图 5.10 可见，在 FDA-STAP 雷达中，无距离模糊杂波和距离模糊杂波在空间频域可以被有效区分。图 5.10（a）给出了 FDA-STAP 雷达原始杂波功率谱分布，由于杂波存在二次距离依赖性，杂波功率谱在空间频

域上严重扩散。经过 SRDC 后，无距离模糊杂波位于空间频域的低频区，即归一化空间频率区间为[-0.25Hz,0.25Hz]，而距离模糊杂波分布在空间频域的高频区，即归一化空间频率区间为[-0.5Hz,-0.25Hz]∪[0.25Hz,0.5Hz]，如图 5.10（b）所示。图 5.10（c）中给出了对无距离模糊杂波进行多普勒补偿后的杂波功率谱分布。从中可看出，由于无距离模糊杂波功率谱扩散严重，经过补偿后能近似实现杂波的空时谱配准。此时，在对无距离模糊区的目标进行自适应检测时，距离模糊杂波的影响很小。因此，FDA-STAP 雷达能够有效区分无距离模糊杂波和距离模糊杂波，并分别进行杂波抑制和目标检测。

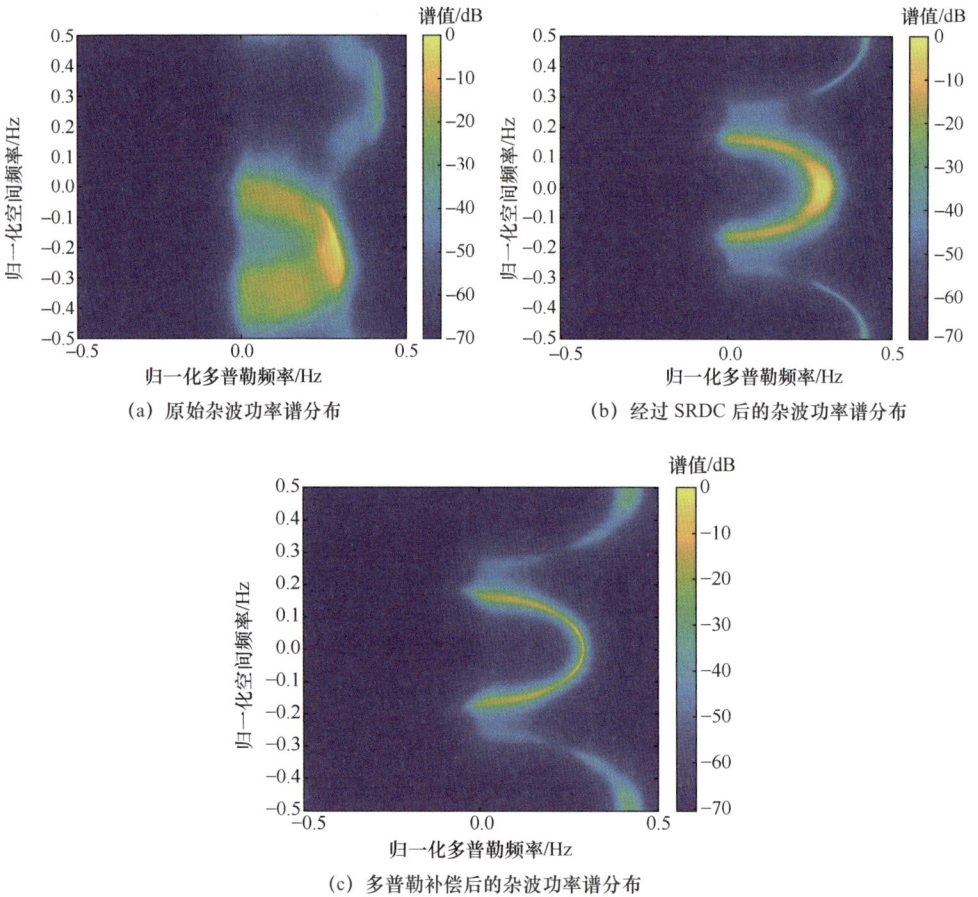

（a）原始杂波功率谱分布          （b）经过 SRDC 后的杂波功率谱分布

（c）多普勒补偿后的杂波功率谱分布

图 5.10　FDA-STAP 雷达杂波功率谱分布的仿真结果

## 5.4.2　不同构型下的杂波功率谱

实际上，5.4.1 小节介绍的距离模糊杂波抑制技术也可用于一般的非正侧视阵几何构型。在本小节中我们考虑了非正侧视角为 30° 的斜视阵几何构型。图 5.11 分别给出了斜视阵下的原始杂波功率谱分布和经过 SRDC、多普勒补偿后的杂波功率谱分布。从仿真结果中可以看出 5.4.1 小节所介绍的技术也适用于斜视阵几何构型，不同距离模糊区的杂波仍然能在空间频域中分离。

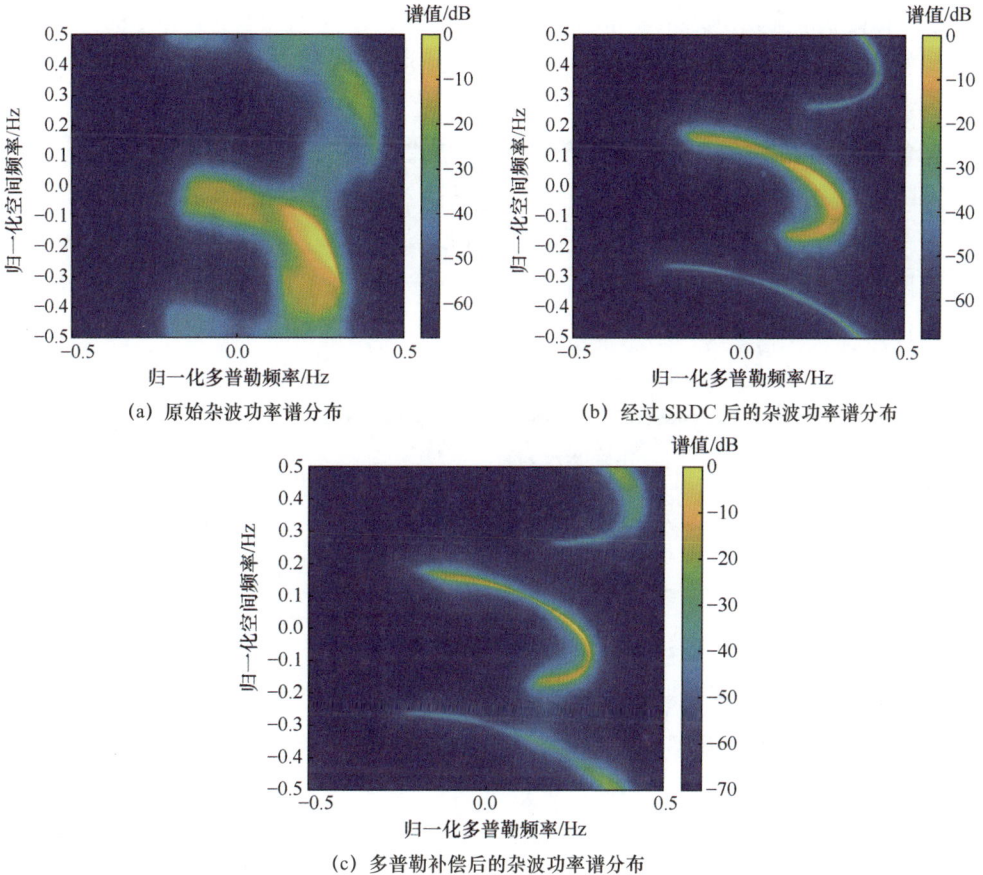

(a) 原始杂波功率谱分布

(b) 经过 SRDC 后的杂波功率谱分布

(c) 多普勒补偿后的杂波功率谱分布

图 5.11　FDA-STAP 雷达杂波功率谱分布的仿真结果（斜视阵）

## 5.4.3　性能分析

本小节对所提出的距离模糊杂波抑制技术的性能进行分析。图 5.12 中给出了不同方法下杂波抑制改善因子随归一化多普勒频率的变化曲线。由图 5.12 可见，对于 FDA-STAP 雷达，基于原始数据的信号处理性能损失严重，经过 SRDC 后，信号处理性能显著提高，并且改善因子只对应一个凹口。经过多普勒补偿后，实现了无距离模糊杂波的空时谱配准，信号处理性能进一步提升。需要注意的是，DW 算法无法对准旁瓣杂波，因此旁瓣杂波有轻微的功率谱扩散损失。对于传统相控阵雷达，改善因子在无距离模糊区主瓣杂波和距离模糊区主瓣杂波处形成两个凹口，雷达性能严重下降。多普勒补偿无法对无距离模糊区和距离模糊区同时实现杂波补偿。对于无距离模糊区的目标检测，无距离模糊杂波扩散严重，距离模糊杂波扩散相对微弱。经过多普勒补偿后，无距离模糊杂波的距离依赖性得到补偿，但距离模糊杂波反而扩散严重。此外，图 5.12 中也给出了 FDA-STAP 雷达的理想的改善因子曲线，改善因子最大值约为 82。

图 5.13 给出了斜视阵几何构型下基于不同方法得到的杂波抑制改善因子随归一化多普勒频率的变化曲线。同样，由于存在距离模糊，传统相控阵雷达性能严重下降，经多普勒补偿后，虽然无距离模糊区的目标检测性能有所改善，但也造成了距离模糊区的目标检测性能的损失。FDA-STAP 雷达在空间频域上实现了无距离模糊杂波和距离模糊杂波的有效分离，改善因子只存在一个凹口，经过 SRDC 和多普勒补偿后，雷达性能显著提高。

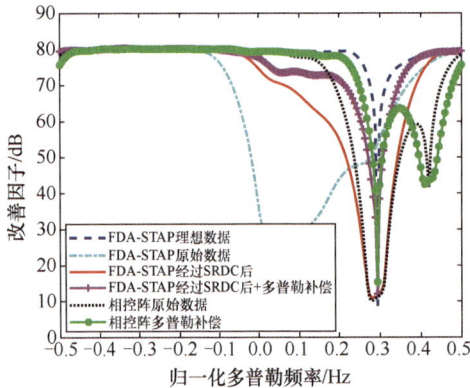

图 5.12　杂波抑制改善因子随归一化
多普勒频率的变化曲线

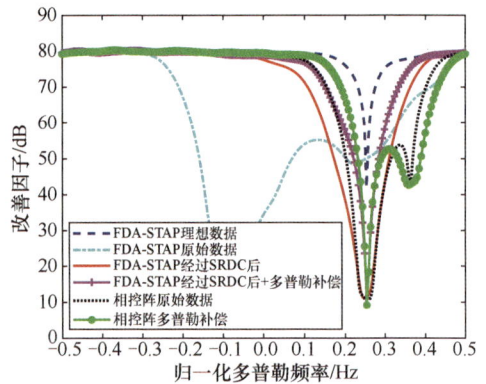

图 5.13　杂波抑制改善因子随归一化
多普勒频率的变化曲线（斜视阵）

## 5.5　俯仰维 FDA 机载雷达信号模型

### 5.5.1　俯仰维 FDA 平面天线的收发等效形式

图 5.14 给出了机载雷达和面阵在右手坐标系下的结构示意。平台高度为 $H$，速度为 $V$；面阵有 $N$ 列 $M$ 行，行阵元间距和列阵元间距均为 $d$；一个 CPI 内发射 $K$ 个脉冲，脉冲重复频率为 $f_{PRF} = 1/T$，其中，$T$ 为脉冲重复时间；距离门数为 $L$；同一行阵元发射相同载频的信号，不同行阵元之间的发射载频存在差异，即采用了本小节所提出的俯仰维 FDA 机载体制。各行的载频依次为 $f_1, f_2, \cdots, f_M$，关系满足

$$f_m = f_0 + (m-1)\Delta f, \quad m = 1, 2, \cdots, M \tag{5-36}$$

其中， $f_0$ 为参考载频， $\Delta f$ 为频率步进量，且满足 $\Delta f \ll f_0$ 。

假设面阵的任两行发射正交波形， $M$ 个发射通道的等价相位中心在相应各行的中点上。在每个接收通道中，信号经过降频变换、垂直方向波束形成、匹配滤波和存储过程。注意，在接收通道中，第 $n$ 列的接收波束形成过程如图 5.15 所示。实际上，接收天线的等效形式为：存在 $N$ 个接收通道，每个接收通道的等价相位中心在每一列的中点上。因此，该面阵可以看作竖直方向上有 $M$ 个发射阵元，水平方向上有 $N$ 个接收阵元，如图 5.14 所示。

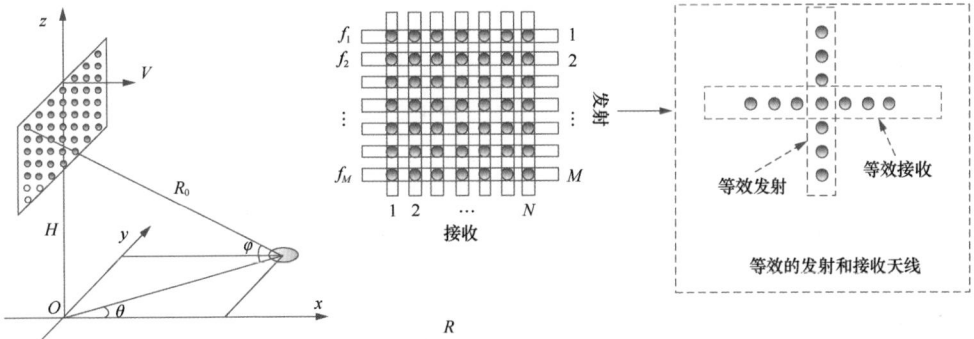

图 5.14　机载雷达和面阵的结构示意（正侧视阵）

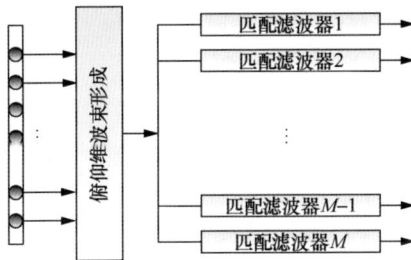

图 5.15　第 $n$ 列的接收波束形成过程

## 5.5.2　信号模型及特性分析

假设发射信号为窄带信号，且左上角的阵元为参考阵元。第 $l$ （ $l=1,2,\cdots,L$ ）个距离门的地杂波是等距阵元内的很多个分散中心的杂波总和。所以，由第 $m$ 个发射阵元发射的由第 $n$ 个接收阵元接收的第 $k$ （ $k=1,2,\cdots,K$ ）个脉冲可以表示为

$$r_{l,m,n,k} \approx \sum_{p=1}^{N_p} \sum_{q=1}^{N_a} \left( \xi_{l,p,q} \exp\left(-\mathrm{j}2\pi f_m \left(\tau_\mathrm{T}(l,p,q,m) + \tau_\mathrm{R}(l,p,q,n)\right)\right) \exp\left(\mathrm{j}2\pi f_\mathrm{d}(l,p,q,m)(k-1)T\right) \right)$$

（5-37）

其中， $N_\mathrm{a}$ 为每个距离环内统计独立的杂波散射块数目； $N_p$ 为距离模糊数； $\xi_{l,p,q}$

为第 $p$ 个距离环内第 $q$ 个杂波散射块的散射系数；$f_\mathrm{d}^{(m)}$ 为第 $m$ 个发射通道的多普勒频率，即 $f_\mathrm{d}^{(m)} = 2Vf_m\cos\theta\cos\varphi/c$，$\theta$ 和 $\varphi$ 分别为方位角和俯仰角；$\tau_\mathrm{T}$ 和 $\tau_\mathrm{R}$ 分别为发射时延和接收时延，满足

$$\tau_\mathrm{T}^{\{p,q\}} = \frac{1}{c}\left( R_0 - \frac{N-1}{2}d\sin\theta\cos\varphi - (m-1)d\sin\varphi \right) \tag{5-38-a}$$

$$\tau_\mathrm{R}^{\{p,q\}} = \frac{1}{c}\left( R_0 - \frac{M-1}{2}d\sin\varphi - (n-1)d\sin\theta\cos\varphi \right) \tag{5-38-b}$$

其中，$R_0$ 为杂波对应的实际距离。为简化表达，下文中省略上标 $\{p,q\}$。考虑远场窄带假设条件，把式（5-38）代入式（5-37），相同的指数项合并到复系数中，得到

$$
\begin{aligned}
r_{m,n,k} &= \sum_{p=1}^{N_p}\sum_{q=1}^{N_\mathrm{a}}\left( \xi\exp\left(-\mathrm{j}2\pi\frac{\Delta f}{c}(m-1)2R_0\right)\exp\left(\mathrm{j}2\pi\frac{f_m}{c}(m-1)d\sin\varphi\right)\right. \\
&\quad \times \left.\exp\left(\mathrm{j}2\pi\frac{f_m}{c}(n-1)d\sin\theta\cos\varphi\right)\exp\left(\mathrm{j}2\pi f_\mathrm{d}^{(m)}(k-1)T\right) \right) \\
&= \sum_{p=1}^{N_p}\sum_{q=1}^{N_\mathrm{a}}\xi\left( \exp\left(\mathrm{j}2\pi(-f_\mathrm{R}+f_\mathrm{v})(m-1)\right)\exp\left(\mathrm{j}2\pi\Delta f_\mathrm{v}(m-1)^2\right)\right. \\
&\quad \times \exp\left(\mathrm{j}2\pi f_\mathrm{h}(n-1)\right)\exp\left(\mathrm{j}2\pi\Delta f_\mathrm{h}(m-1)(n-1)\right) \\
&\quad \times \left.\exp\left(\mathrm{j}2\pi f_\mathrm{t}(k-1)\right)\exp\left(\mathrm{j}2\pi\Delta f_\mathrm{t}(m-1)(k-1)\right) \right) \\
&= \sum_{p=1}^{N_p}\sum_{q=1}^{N_\mathrm{a}}\left( \xi\exp\left(\mathrm{j}2\pi(-f_\mathrm{R}+f_\mathrm{v})(m-1)\right)\exp\left(\mathrm{j}2\pi\Delta f_\mathrm{v}(m-1)^2\right)\right. \\
&\quad \times \left.\exp\left(\mathrm{j}2\pi(f_\mathrm{h}+\Delta f_\mathrm{h}(m-1))(n-1)\right)\exp\left(\mathrm{j}2\pi(f_\mathrm{t}+\Delta f_\mathrm{t}(m-1))(k-1)\right) \right)
\end{aligned} \tag{5-39}
$$

这里为表达方便，不区分式（5-39）与式（5-37）中的散射系数，$f_\mathrm{v}=df_0\sin\varphi/c$、$f_\mathrm{h}=df_0\sin\theta\cos\varphi/c$ 和 $f_\mathrm{t}=2VTf_0\cos\theta\cos\varphi/c$ 分别为俯仰空间频率、水平空间频率和多普勒频率。$\Delta f_\mathrm{v}$、$\Delta f_\mathrm{h}$ 和 $\Delta f_\mathrm{t}$ 分别为附加俯仰空间频率、附加水平空间频率和附加多普勒频率，这 3 个附加频率项均是由频率步进量 $\Delta f$ 引起的，可以分别表示为 $\Delta f_\mathrm{v}=d\Delta f\sin\varphi/c$、$\Delta f_\mathrm{h}=d\Delta f\sin\theta\cos\varphi/c$、$\Delta f_\mathrm{t}=2VT\Delta f\cos\theta\cos\varphi/c$。另外，$f_\mathrm{R}=2\Delta fR_0/c$，也称为距离频率。

如前所述，$\Delta f$ 远小于载频，即 $\Delta f\ll f_0$，以此类推

$$
\begin{aligned}
\frac{\Delta f_\mathrm{h}(m-1)}{f_\mathrm{h}} &= \frac{\Delta f}{f_0}(m-1)\ll 1 \\
\frac{\Delta f_\mathrm{t}(m-1)}{f_\mathrm{t}} &= \frac{\Delta f}{f_0}(m-1)\ll 1
\end{aligned} \tag{5-40}
$$

因此，式（5-39）可以近似表示为

$$r_{m,n,k} \approx \sum_{p=1}^{N_p} \sum_{q=1}^{N_a} \left( \xi \exp\left(j2\pi(-f_R+f_v)(m-1)\right)\exp\left(j2\pi\Delta f_v(m-1)^2\right) \right. \\ \left. \times \exp\left(j2\pi f_h(n-1)\right)\exp\left(j2\pi f_t(k-1)\right) \right) \tag{5-41}$$

因此，俯仰-水平-时域三维杂波快拍数据可以表示为

$$c_l = \sum_{p=1}^{N_p} \sum_{q=1}^{N_a} \xi s_t \otimes s_h \otimes s_v \tag{5-42}$$

其中，下标 $l$ 表示第 $l$ 个距离门，$s_t$、$s_h$ 和 $s_v$ 分别为时域导向矢量、水平导向矢量和俯仰导向矢量，有

$$s_t = \left(1, \exp\left(j2\pi f_t\right), \cdots, \exp\left(j2\pi f_t(K-1)\right)\right)^T \tag{5-43-a}$$

$$s_h = \left(1, \exp\left(j2\pi f_h\right), \cdots, \exp\left(j2\pi f_h(N-1)\right)\right)^T \tag{5-43-b}$$

$$s_v = \left(1, \exp\left(j2\pi(-f_R+f_v)\right), \cdots, \exp\left(j2\pi(-f_R+f_v)(M-1)\right)\right)^T \odot \\ \left(1, \exp\left(j2\pi\Delta f_v\right), \cdots, \exp\left(j2\pi\Delta f_v(M-1)^2\right)\right)^T \tag{5-43-c}$$

由于俯仰维采用 FDA，式（5-43）中的俯仰导向矢量与传统三维空时处理的俯仰导向矢量的形式不同。在 5.5.3 小节中将进一步探索式（5-43）的特点，并与传统相控阵雷达回波模型进行对比分析。

## 5.5.3　与平面相控阵雷达回波信号的对比分析

本小节分析俯仰维 FDA 的特点。与传统的相控阵雷达相比，本小节所提俯仰维 FDA 机载体制下，不同距离模糊区的杂波频率在俯仰空间频域中能够完全分离，因此不同距离模糊区的杂波能够被独立地提取出来。

在图 5.14 所示的阵列结构中，俯仰角范围为 0°～90°。对于传统相控阵雷达，俯仰空间频率仅依赖于俯仰角，即

$$f_{v\text{-PA}} = \frac{d}{\lambda_0}\sin\varphi = \frac{d}{\lambda_0}\frac{H}{R_0} \tag{5-44}$$

其中，$\lambda_0 = c/f_0$ 为参考波长，$d = \lambda_0/2$。由于 $\sin\varphi \in (0,1)$，因此 $0 < f_{v\text{-PA}} < 0.5$。由于归一化数字频率范围为 [-0.5,0.5]，传统相控阵雷达的俯仰空间频率仅出现在数字频率的正半轴。图 5.16 给出了传统相控阵雷达的俯仰空间频率与斜距的关系，其中，距离模糊区的个数为 4，$p$ 为距离模糊区的索引。俯仰空间频率是关于斜距的单调递减函数，从图 5.16 中可以看出，随着斜距的增加，俯仰空间频率的变化

幅度越来越小。此外，远距离杂波的俯仰空间频率很小且变化轻微，第二、三、四距离模糊区的俯仰空间频率很接近。因此，当传统相控阵雷达在俯仰方向进行波束形成时，往往需要在主瓣内形成零点以实现距离模糊杂波抑制。因此，对于传统相控阵雷达，不同距离模糊区的杂波难以分离。

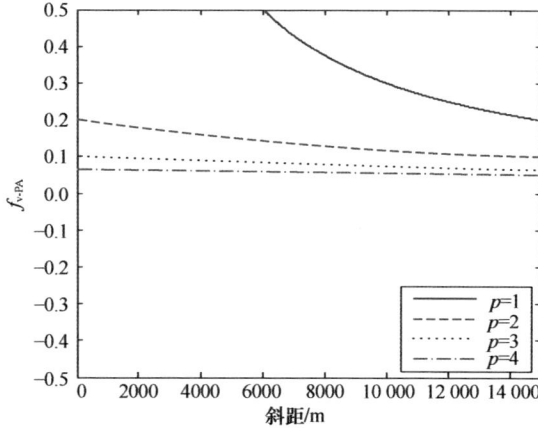

图 5.16　传统相控阵雷达的俯仰空间频率与斜距的关系

如式（5-43-c）所示，俯仰导向矢量由两项组成：第一项可以看作将等价俯仰空间频率为 $f_v$ 与 $f_R$ 总和的窄带信号作用于阵列，第二项可以看作 LFM 的贡献。用 $f_{v-\text{FDA}}(m)$ 表示俯仰维 FDA 的第 $m$ 个发射通道的俯仰空间频率

$$f_{v\text{-FDA}}(m) = -f_R + f_v + \Delta f_v(m-1) \tag{5-45}$$

由于频率步进量远小于参考载频，且频率步进量与载频的比例通常可以设置为 $10^{-3} \sim 10^{-6}$，因此有

$$\Delta f_v = \frac{d}{c}\Delta f \sin\varphi = \frac{\Delta f}{f_0}\frac{d}{\lambda_0}\sin\varphi = \frac{\Delta f}{f_0}f_v \ll f_v \tag{5-46}$$

因此，式（5-45）中的第三项可以忽略。式（5-45）可以近似写为

$$f_{v\text{-FDA}} \approx -f_R + f_v = -\frac{\Delta f}{c}2R_0 + \frac{d}{\lambda_0}\sin\varphi = -\frac{\Delta f}{c}2R_0 + \frac{d}{\lambda_0}\frac{H}{R_0} \tag{5-47}$$

如式（5-47）所示，由于 $f_R$ 的存在，俯仰空间频率与传统相控阵的俯仰空间频率有所不同。在距离模糊存在的情况下，第 $l$ 个距离门对应的第 $p$ 距离模糊区的杂波的俯仰空间频率可以写为

$$f_{v\text{-FDA}} \approx -\frac{\Delta f}{c}2\left(R_l + (p-1)R_u\right) + \frac{d}{\lambda_0}\frac{H}{R_0}$$
$$= -\frac{\Delta f}{c}2R_l - \frac{\Delta f}{c}2(p-1)R_u + \frac{d}{\lambda_0}\frac{H}{R_0} \tag{5-48}$$

其中，$R_l$ 为对应第 $l$ 个距离门的主值距离，$R_u$ 为最大无模糊距离，满足 $R_u = c/2f_{PRF}$，$p = 1, 2, \cdots, N_p$，$N_p$ 为距离模糊数。因此，$f_R$ 可以分解成两项：第一项依赖于主值距离 $R_l$，第二项依赖于 $p$。

图 5.17 给出了式（5-48）所示的距离模糊存在的情况下，俯仰维 FDA 机载雷达的俯仰空间频率与斜距的关系。与图 5.16 对比可见，俯仰维 FDA 机载体制下的不同距离模糊区的杂波的俯仰空间频率明显不同，因此，在俯仰维 FDA 机载体制下，距离模糊杂波能够完全被分离。为更好地实现距离模糊杂波分离，接下来介绍一种基于俯仰空间频率补偿的方法来补偿式（5-48）中第一项的频率成分。

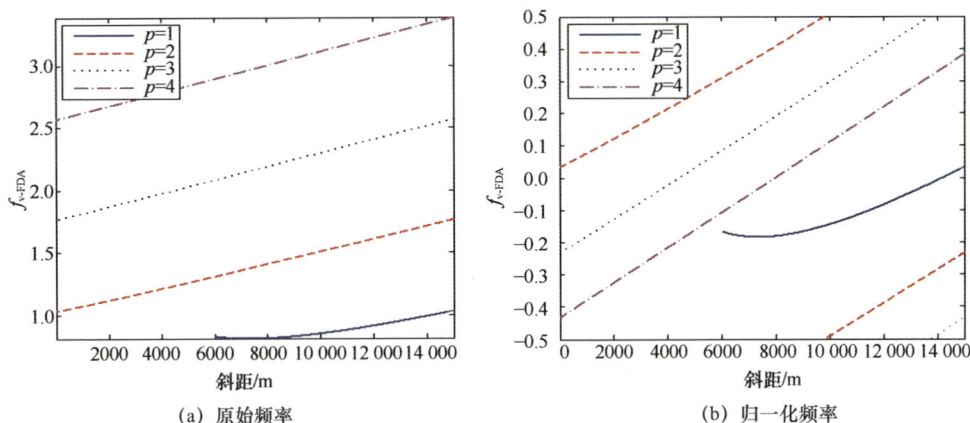

(a) 原始频率　　　　　　　　　　　　(b) 归一化频率

图 5.17　俯仰维 FDA 机载雷达的俯仰空间频率与斜距的关系

给定 $R_l$ 和 $\Delta f$，可以构造俯仰维的补偿矢量

$$h_c(R_l) = \left(1, \exp\left(j4\pi\frac{\Delta f}{c}R_l\right), \cdots, \exp\left(j4\pi\frac{\Delta f}{c}R_l(M-1)\right)\right)^T \quad (5\text{-}49)$$

对于 $R_l$ 处的俯仰-水平-时域三维杂波快拍数据，其经过补偿后，相应的杂波快拍数据可以表示为

$$\tilde{c}_l = \left(I_{NK} \otimes \mathrm{diag}(h_c(R_l))\right)c_l = \sum_{p=1}^{N_p}\sum_{q=1}^{N_a} \xi s_t \otimes s_h \otimes \left(\mathrm{diag}(h_c(R_l))s_v\right) \quad (5\text{-}50)$$

其中，$I_{NK}$ 为一个 $N \times K$ 维的单位矩阵。补偿后的俯仰空间频率可以写为

$$\hat{f}_{v\text{-}FDA} \approx -\frac{\Delta f}{c}2(p-1)R_u + \frac{d}{\lambda_0}\frac{H}{R_0} = -\frac{\Delta f}{f_{PRF}}(p-1) + \frac{d}{\lambda_0}\frac{H}{R_0} \quad (5\text{-}51)$$

如式（5-51）所示，补偿后的俯仰空间频率表示为两项之和：第一项为一个关于 $p$ 的函数，第二项和传统相控阵雷达的俯仰空间频率相同。因此，在俯仰维 FDA 机载体制下，补偿后的俯仰空间频率可以看作传统俯仰空间频率 $f_{\text{v-PA}}$ 附加一个与距离模糊区索引有关的因子。如前所述，传统相控阵雷达的俯仰空间频率带宽有限，且只出现在归一化数字频率的正半轴，即 $f_{\text{v-PA}} \in (0,0.5)$。相比之下，俯仰维 FDA 机载体制下补偿后的俯仰空间频率将占据全部的主值区间。图 5.18 给出了俯仰维 FDA 机载雷达的补偿后归一化俯仰空间频率与斜距的关系。由图 5.18 可见，不同距离模糊区的杂波在补偿后的俯仰空间频域中能够完全区分。对于 $p=2,3,4$，补偿后的俯仰空间频率近似为常数，此外，补偿后的俯仰空间频率不仅分布于归一化数字频率的负半轴，也分布于正半轴。因此，俯仰维 FDA 机载体制能够在俯仰空间频域中有效地实现距离模糊杂波的分离。

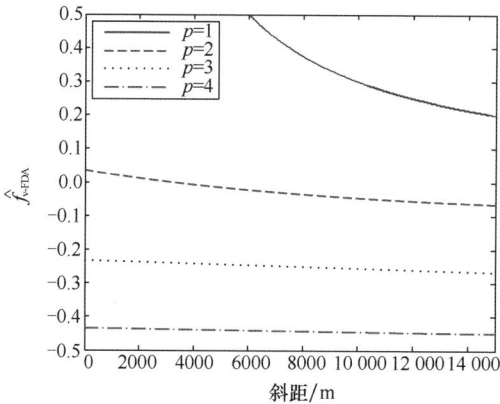

图 5.18　俯仰维 FDA 机载雷达的补偿后归一化俯仰空间频率与斜距的关系

# 5.6　俯仰维 FDA 机载雷达距离模糊杂波抑制技术

## 5.6.1　距离模糊数分析与参数设计

从式（5-51）中可以看出，在俯仰维 FDA 机载体制下，经过补偿后的俯仰空间频率可以看作传统俯仰空间频率 $f_{\text{v-PA}}$ 加上一个与距离模糊区索引有关的因子。由于数字频率存在周期性，俯仰空间频率将出现模糊，并会在主值区间产生混叠。若不同距离模糊区的杂波在俯仰空间频域发生重叠，会导致距离模糊杂波分离的失效。因此，为了能有效区分不同距离模糊区的杂波，频率步进量的选择和设计至关重要。此外，由于雷达工作模式的不同，对应的频率步进量设计准则有所不同。下面将针对雷达不同的工作模式给出详细分析。

（1）雷达搜索模式应用分析

将频率步进量与脉冲重复频率的比值表示成两部分，即非负整数部分和小数部分，可得

$$-\frac{\Delta f}{f_{\text{PRF}}} = z + \upsilon \tag{5-52}$$

其中，$z$ 表示非负整数部分，$\upsilon$ 表示小数部分，即 $z \in \mathbb{N}$，$\upsilon \in (0,1)$。所以，式（5-51）可以进一步表示为

$$
\begin{aligned}
\hat{f}_{\text{v-FDA}} &= -\frac{\Delta f}{f_{\text{PRF}}}(p-1) + \frac{d}{\lambda_0}\frac{H}{R_0} = (z+\upsilon)(p-1) + \alpha \\
&= z(p-1) + \upsilon(p-1) + \alpha
\end{aligned}
\tag{5-53}
$$

其中，$p = 1, 2, \cdots, N_p$，$\alpha = d/\lambda_0 \cdot (H/R_0)$，第一项 $z(p-1)$ 为整数。基于对传统相控阵雷达的分析，第一距离模糊区的杂波的俯仰空间频率占主值区间正半轴的大部分，而其他距离模糊区的杂波的俯仰空间频率接近 0。从式（5-53）中可以看出，第一距离模糊区的杂波的俯仰空间频率在俯仰空间频域没有发生偏移，而其他距离模糊区的均发生了偏移。为了有效地分离距离模糊杂波，除第一距离模糊区的杂波以外，考虑其他距离模糊区的杂波在平移后相应的俯仰空间频率，其满足如下不等式关系

$$0.5 \leqslant \hat{f}_{\text{v-FDA}} - \left[\hat{f}_{\text{v-FDA}}\right] < 1, \quad p = 2, 3, \cdots, N_p \tag{5-54}$$

其中，[·] 表示取不大于给定参数的最大整数。由于归一化俯仰空间频率具有周期性，区间[0.5,1)等价于区间[-0.5,0)。又因为除第一距离模糊区的杂波以外的其他距离模糊区对应的 $\alpha$ 接近于 0，式（5-54）可以近似写成

$$0.5 \leqslant \upsilon(p-1) - \left[\upsilon(p-1)\right] < 1, \quad p = 2, 3, \cdots, N_p \tag{5-55}$$

即

$$
\begin{aligned}
&0.5 \leqslant \upsilon < 1, \; p = 2 \\
&0.5 \leqslant 2\upsilon - [2\upsilon] < 1, \; p = 3 \\
&0.5 \leqslant 3\upsilon - [3\upsilon] < 1, \; p = 4 \\
&\qquad\vdots \\
&0.5 \leqslant (N_p-1)\upsilon - \left[(N_p-1)\upsilon\right] < 1, \; p = N_p
\end{aligned}
\tag{5-56}
$$

所以，式（5-52）的小数部分应满足如下约束条件

$$\frac{N_p - 1.5}{N_p - 1} \leqslant \upsilon < 1 \tag{5-57}$$

因此，频率步进量可以由 $\Delta f = -(z+\upsilon)f_{\text{PRF}}$ 确定。其中，非负整数部分 $z$ 可以选择任意非负整数，小数部分 $\upsilon$ 应该满足式（5-57）。雷达在搜索模式下采用俯仰

宽波束实现广域覆盖，不同距离模糊区的杂波可以在式（5-57）的约束条件下实现有效分离。对于分离后的距离区，可以无距离模糊地实现目标检测。

（2）雷达跟踪模式应用分析

在雷达跟踪模式下，可以通过更合理地选取频率步进量实现对距离模糊区的目标检测。为提取感兴趣的距离模糊区的目标信号，需要进一步修改约束条件。假定目标在第二距离模糊区，为使第二距离模糊区的杂波和其他距离模糊区的杂波完全分离，可以将其他距离模糊区的杂波的俯仰空间频率移动到区间[0,0.5)内，同时只保留第二距离模糊区的在区间[0.5,1)内，即

$$0.5 \leqslant \upsilon(p-1) - \left[\upsilon(p-1)\right] < 1, \ p = 2$$
$$0 \leqslant \upsilon(p-1) - \left[\upsilon(p-1)\right] < 0.5, \ p \neq 2$$

（5-58）

注意，在这种情况下距离模糊区不能太多。通过对式（5-58）的求解，可以得到相应的 $\upsilon$ 的约束条件

$$\begin{cases} 0.5 \leqslant \upsilon < 1, & N_p = 2 \\ 0.5 \leqslant \upsilon < 0.75, & N_p = 3 \\ 2/3 \leqslant \upsilon < 0.75, & N_p = 4 \end{cases}$$

（5-59）

根据式（5-59）选择频率步进量，第二距离模糊区的杂波的俯仰空间频率位于区间[0.5,1)，即[-0.5,0)，同时，其他距离模糊区的杂波的俯仰空间频率被移至区间[0,0.5)。需要强调说明的是，距离模糊区不能太多，因为当 $N_p \geqslant 5$ 时无法选取一个合适的 $\upsilon$。同样地，将其他距离模糊区（第三或者第四距离模糊区）的杂波的俯仰空间频率移动到区间[0.5,1)，以实现该距离模糊区的目标跟踪，同样可得相应的 $\upsilon$ 的约束条件。

（3）雷达广域监视模式应用分析

如前所述，在接收端可以进行沿列的波束形成。当波束形成时，波束指向不同的俯仰角，FDA-STAP 雷达能够同时实现不同距离模糊区的目标检测。采用本小节方法，在进行俯仰波束形成后，不同距离模糊区的杂波可以通过 STAP 预处理实现分离。当俯仰波束指向角很小时，FDA-STAP 雷达将实现远距离模糊区的目标检测，此时近距离模糊区的杂波通过方向图的旁瓣进入雷达接收机。近距离杂波的功率很高，传统 STAP 方法不能分离距离模糊杂波，雷达系统性能急剧恶化。本节方法能够有效地分离距离模糊杂波，实现距离模糊杂波抑制，大大提高雷达系统的性能。当俯仰波束指向角较大时，FDA-STAP 雷达将实现近距离模糊区的目标检测，远距离杂波通过波束形成器的旁瓣进入雷达接收机，此时远距离杂波功率较小。对于高 SNR 目标信号，距离模糊杂波的分离与否对目标检测性能影响不大。然而，对于低 SNR 目标信号，通过距离模糊杂波的分离，目标检测性能可进一步提高。

图 5.19 给出了俯仰角与距离（即斜距）的关系。对于远距离杂波，其俯仰角随距离的变化很小。那么，当波束形成对应的俯仰角较小时，主瓣会覆盖很大的距离模糊区。例如，当波束形成的主瓣宽度达到 20º 时，第二、三、四距离模糊区的杂波可以被同一波束覆盖。因此，距离模糊杂波的分离变得很有必要。另外，对于近距离杂波，俯仰角随距离变化很大，因此，通常需要多个波束来覆盖第一距离模糊区。

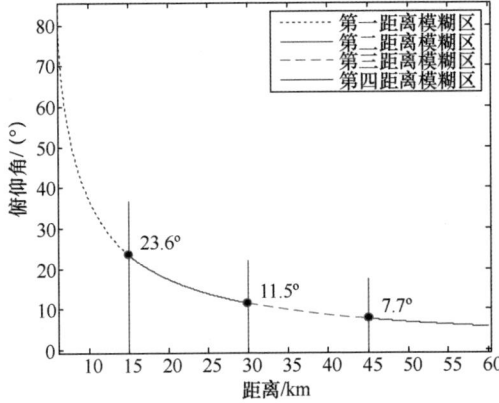

**图 5.19**　俯仰角与距离的关系

## 5.6.2　距离模糊杂波分离与抑制技术

为了在俯仰空间频域分离距离模糊杂波，需要设计一系列在俯仰方向的滤波器进行 STAP 预处理，对应的滤波器系数为 $\boldsymbol{g}_p - \left(g_1, g_2, \cdots, g_M\right)^{\mathrm{T}}$，具体的滤波器设计方法将在 5.6.3 小节中给出。经过 STAP 预处理后，可以提取不同俯仰空间频率对应的杂波，则 $N \times K \times M$ 维的杂波快拍数据可以减少为 $N \times K$ 维的杂波快拍数据。因此，对应第 $p$ 距离模糊区的杂波可以写为

$$
\begin{aligned}
\hat{\boldsymbol{c}}_{pl} &= \left(\boldsymbol{I}_{NK} \otimes \boldsymbol{g}_p\right)^{\mathrm{H}} \tilde{\boldsymbol{c}}_l \\
&= \left(\boldsymbol{I}_{NK} \otimes \boldsymbol{g}_p\right)^{\mathrm{H}} \left(\boldsymbol{I}_{NK} \otimes \operatorname{diag}\left(\boldsymbol{h}_{\mathrm{c}}\left(R_l\right)\right)\right)\boldsymbol{c}_l \\
&= \sum_{p=1}^{N_p}\sum_{q=1}^{N_{\mathrm{a}}} \xi \left(\boldsymbol{g}_p^{\mathrm{H}}\operatorname{diag}\left(\boldsymbol{h}_{\mathrm{c}}\left(R_l\right)\right)\boldsymbol{s}_{\mathrm{v}}\right)\left(\boldsymbol{s}_{\mathrm{t}} \otimes \boldsymbol{s}_{\mathrm{h}}\right)
\end{aligned}
\tag{5-60}
$$

经过 STAP 预处理后，俯仰方向的输出被合成为 $\boldsymbol{g}_p^{\mathrm{H}}\operatorname{diag}\left(\boldsymbol{h}_{\mathrm{c}}\left(R_l\right)\right)\boldsymbol{s}_{\mathrm{v}}$。因此，第 $p$ 距离模糊区的杂波能够被独立地提取出来，也就是说，经过 STAP 预处理后，不同距离模糊区的杂波可以被分离。然后，分离出来的距离模糊区不存在距离模糊问题，可以采用传统的基于杂波补偿的 STAP 方法进行目标检测，该过程同样也

可以并行处理。基于此，传统的杂波补偿方法能够运用到提取后的无距离模糊杂波中，其他的距离模糊区以同样的方法进行处理。俯仰维 FDA 机载体制的信号处理流程如图 5.20 所示。注意，杂波的距离依赖性与俯仰空间频率不相关。

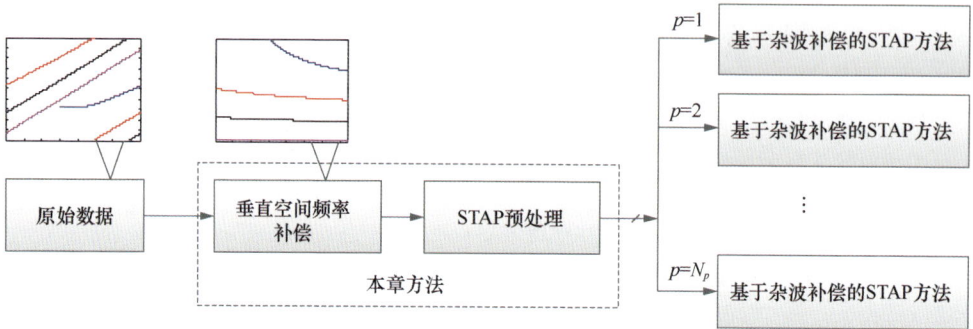

图 5.20　俯仰维 FDA 机载体制的信号处理流程

接下来给出一组仿真实验来验证本小节所提的俯仰维FDA机载雷达距离模糊杂波分离技术的有效性和优越性。俯仰维 FDA 机载雷达系统仿真参数如表 5.2 所示。注意，频率步进量$\Delta f$在雷达搜索和跟踪模式下分别取-8750Hz 和-7000Hz。

表 5.2　俯仰维 FDA 机载雷达系统仿真参数

| 参数 | 参数值 | 参数 | 参数值 |
|---|---|---|---|
| 第一通道载频 | 2GHz | 阵元间距 | 0.075m |
| 载机速度 | 500m/s | 水平通道数 | 12 |
| 载机高度 | 6km | 垂直通道数 | 17 |
| 脉冲重复频率 | 10kHz | 脉冲数 | 12 |
| 频率步进量 | -8750Hz/-7000Hz | 脉冲宽度 | 2μs |
| 最远探测斜距 | 60 000m | CNR | 50dB |

高速运动平台前视阵相控阵雷达系统的杂波分布在水平空间频率-多普勒频率的二维平面中是随距离而变化的。仿真实验中假设距离模糊数为 4。如图 5.21 所示，仿真结果中给出了对应主值距离分别为 6200m、7000m 和 10 000m 时的杂波分布曲线。可以看出，由于距离依赖性，杂波分布不再满足独立同分布特性。低脉冲重复频率雷达不存在距离模糊问题，可以采用杂波补偿方法克服杂波的距离依赖性。对于高脉冲重复频率雷达，由于存在距离模糊问题，传统的杂波补偿技术不再有效。从图 5.21 可以看出，第一距离模糊区的距离依赖性相当明显，其他距离模糊区的距离依赖性比较轻微。因此，针对第一距离模糊区的杂波补偿将会与针对其他距离模糊区的杂波补偿之间产生矛盾，从而导致杂波补偿失效。

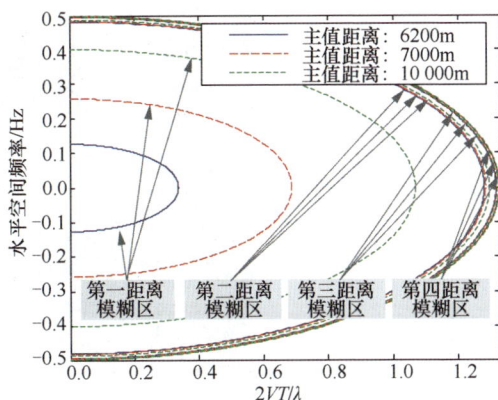

图 5.21　杂波分布曲线（水平空间频率-多普勒频率的二维平面）

图 5.22 中给出了所有距离门对应的杂波功率谱分布。第一距离模糊区的杂波功率谱与其他距离模糊区的杂波功率谱具有明显的不同，通常第一距离模糊区的杂波与其他距离模糊区的杂波是分开的，而第二、三、四距离模糊区的杂波功率谱在空时二维平面上彼此很接近，因此，很难在水平空间频率-多普勒频率的二维平面中分离杂波。此外，对于所有距离门的杂波信号，其杂波功率谱分布几乎占满了整个右半空间，此时的目标检测性能将急剧恶化。在平台快速运动的情况下，杂波的距离模糊和多普勒模糊相互制约，接下来考虑在高脉冲重复频率体制、多普勒模糊不严重的情况下，通过频率分集技术实现距离模糊杂波分离。

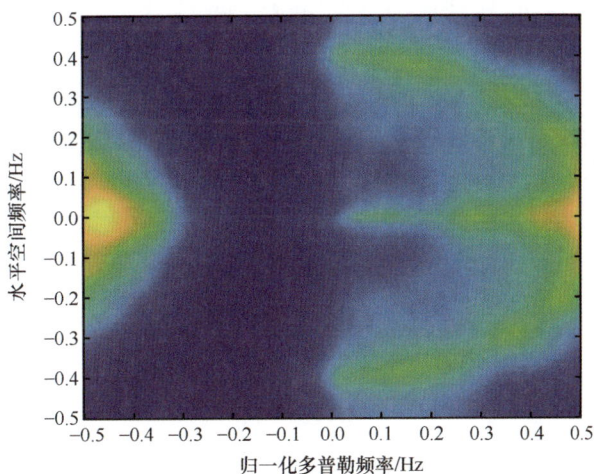

图 5.22　杂波在水平空间频域和多普勒频域的二维分布

图 5.23 给出了传统相控阵体制下杂波的俯仰空间频率与斜距的关系。对于传统相控阵雷达，杂波的俯仰空间频率仅占主值区间的正半部分。在第一距离模糊区（图 5.23 最上方区域），俯仰角随斜距迅速变化，因此，第一距离模糊区的俯仰空间频率变化很快；而第二、三、四距离模糊区的俯仰空间频率变化缓慢。并且，由于第二、三、四距离模糊区的杂波的俯仰角接近 0°，因此其相应的俯仰空间频

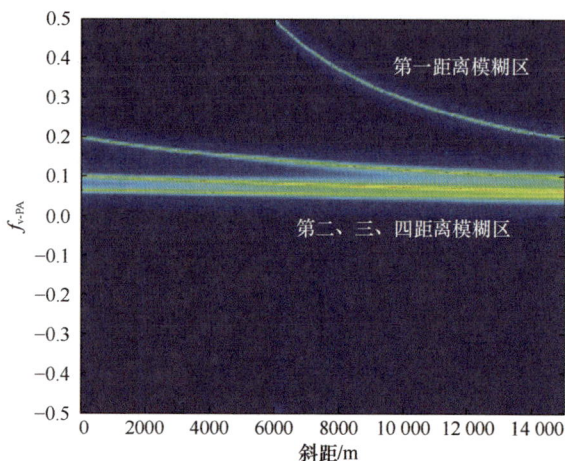

图 5.23　传统相控阵体制下杂波的俯仰空间频率与斜距的关系

率也接近于 0。实际上，由于第二、三、四距离模糊区的杂波的俯仰空间频率彼此接近，因此传统相控阵雷达进行俯仰波束形成时需要在主瓣方向形成零点，才能有效地抑制距离模糊杂波信号，因此，距离模糊杂波抑制难以实现。注意，斜距小于 6000m 的区域没有杂波。

图 5.24 给出了俯仰维 FDA 机载体制下杂波的俯仰空间频率与斜距的关系。与传统相控阵体制不同，在俯仰维 FDA 机载体制下，由于在俯仰方向引入频率分集，所有距离模糊区的杂波的俯仰空间频率随距离的变化都十分明显，如图 5.24（a）所示。第二、三、四距离模糊区的杂波对应的俯仰空间频率与斜距近似呈线性关系，在这种情况下可以得出如下结论：通过一系列的波束形成器（不同的距离对应不同的波束形成器），可以有效地实现距离模糊杂波的分离，缺点在于需要在俯仰方向设计很多波束形成器，并且一旦雷达参数发生改变，相应的波束形成器也要重新设计。本节所提的俯仰空间频率补偿方法能够有效地解决这一问题，经过补偿后，第二、三、四距离模糊区的杂波的俯仰空间频率随斜距的变化不大，如图 5.24（b）所示。因此，通过几个波束形成器可以在俯仰空间频域实现距离模糊杂波的分离，即用 4 个空域带通波束形成器分离相应的距离模糊杂波。

经过在俯仰空间频域进行杂波补偿，距离模糊杂波可以在俯仰空间频域被完全分离，然后采用本章所提的 STAP 预处理方法实现距离模糊杂波的有效分离。图 5.25 给出了利用所提 STAP 预处理方法实现大片距离模糊杂波分离的结果。如图 5.25 所示，第一、二、三、四距离模糊区的杂波经过 STAP 预处理后能够被有效地分离。在考虑将所有距离模糊杂波同时处理时，由于补偿后的俯

仰空间频率随距离的变化不大，可以通过设计一组预处理滤波器实现所有距离模糊杂波的有效分离。如图 5.25 所示，仿真实验中的分离结果就是杂波经一组滤波器分离的结果，当杂波被有效分离以后，可以在各距离模糊区分别实现目标检测。第一距离模糊区的杂波有很明显的距离依赖性，杂波分布不满足独立同分布特性，而第二、三、四距离模糊区的杂波分布可近似认为满足独立同分布特性。传统的杂波补偿方法可以减弱分离后的杂波的距离依赖性。注意，距离依赖性强弱和俯仰空间频率分布在某种意义上是相关的：在第一距离模糊区，俯仰空间频率随距离变化迅速，相应地，在第一距离模糊区，杂波距离依赖性较为严重；在第二、三、四距离模糊区，俯仰空间频率随距离变化较为缓慢，相应地，杂波距离依赖性较弱。

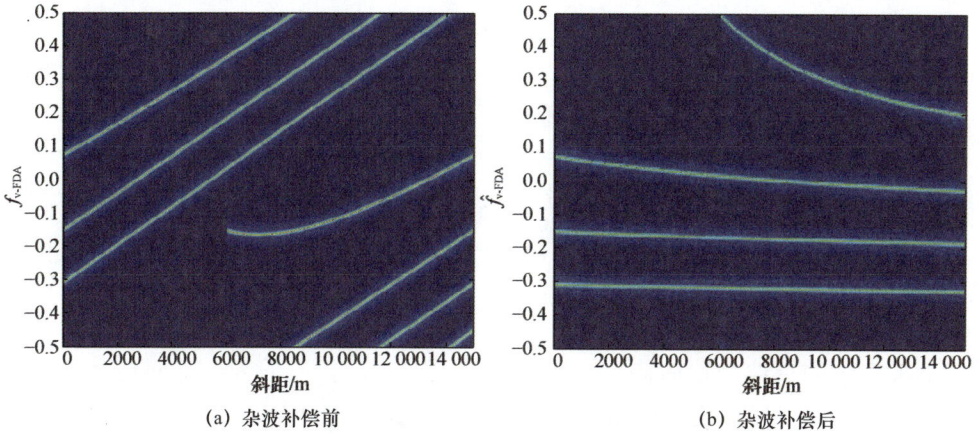

(a) 杂波补偿前　　　　　　　　　　　(b) 杂波补偿后

图 5.24　俯仰维 FDA 机载体制下杂波的俯仰空间频率与斜距的关系

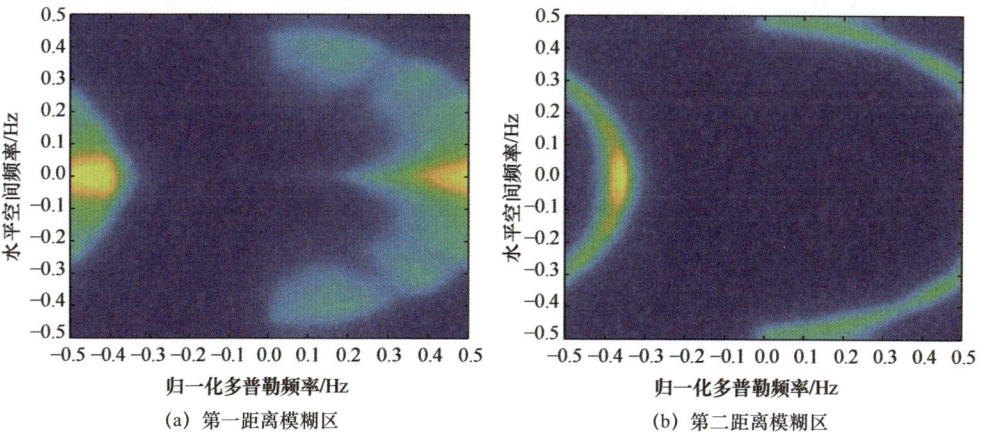

(a) 第一距离模糊区　　　　　　　　　(b) 第二距离模糊区

图 5.25　每个距离模糊区的分离后杂波的功率谱分布

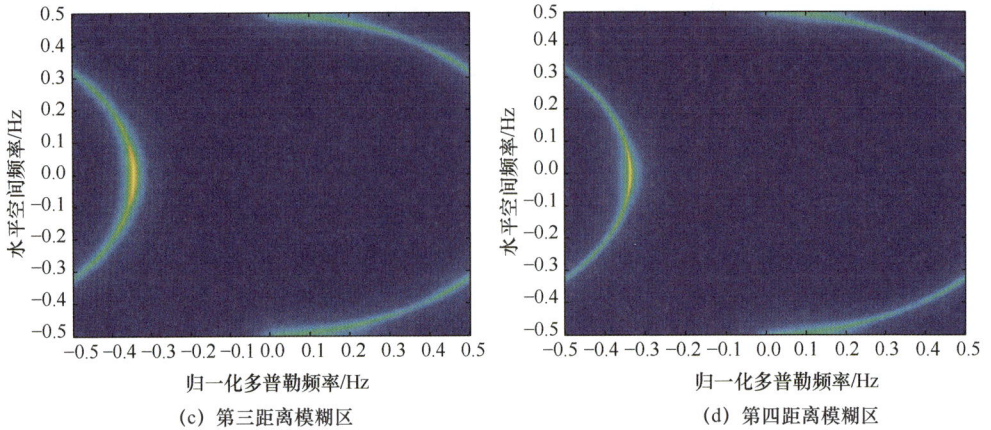

(c) 第三距离模糊区                                (d) 第四距离模糊区

图 5.25　每个距离模糊区的分离后杂波的功率谱分布（续）

## 5.6.3　俯仰维预处理滤波器设计

本小节给出实现不同距离模糊区的杂波分离所需的俯仰维预处理滤波器设计准则。如 5.6.2 小节所述，为了分离距离模糊杂波，可以在每个距离门设计 STAP 预处理滤波器，该方法的缺点在于需要设计许多个滤波器，并且随着雷达参数的改变需要重新设计滤波器。实际上，当俯仰方向的自由度充足时，不同距离模糊区的杂波经过俯仰空间频率补偿处理后，相应的俯仰空间频率彼此并不重叠。此时，通过设计一组 STAP 预处理滤波器即可有效实现距离模糊杂波的分离。在本仿真实验中，距离模糊数为 4，即 STAP 预处理滤波器组只需要包含 4 个滤波器即可。同时，实现距离模糊杂波分离的过程互相独立，在不同距离模糊区进行杂波抑制和目标检测时，可以实现独立并行处理。以下给出详细描述。

本小节假设俯仰维的通道数为 37，其他参数如表 5.2 所示。为了在俯仰空间频域实现距离模糊杂波的有效分离，需要精心设计带通滤波器组。图 5.26 给出了对应 4 个距离模糊区的 4 个滤波器的幅度响应特性。在机载雷达系统中，由于 CNR 相对较高，需要滤波器具有超低旁瓣特性。此外，由于第一距离模糊区的杂波的俯仰空间频率占主值区间正半轴的大部分，带通滤波器的通带应该覆盖这一区间，以保证对第一距离模糊区的杂波的无失真响应。对于第二、三、四距离模糊区的杂波，相应的带通滤波器应该设计为通带较窄的超低旁瓣线性无失真响应滤波器。

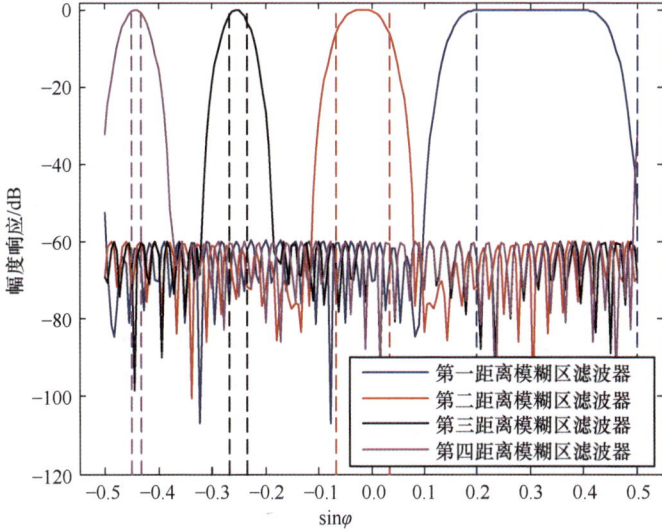

图 5.26　滤波器幅度响应特性

由 5.5.3 小节的分析可知，对不同距离模糊区的杂波进行补偿后，相应的俯仰空间频率可以写成

$$\frac{d}{\lambda_0}\frac{H}{R_u} \leqslant \hat{f}_{\text{v-FDA}}^{\{p\}} \leqslant \frac{d}{\lambda_0}, \ p=1 \qquad (5\text{-}61\text{-a})$$

$$\frac{d}{\lambda_0}\frac{H}{(p-1)R_u} + \frac{\Delta f}{f_{\text{PRF}}}(p-1) \leqslant \hat{f}_{\text{v-FDA}}^{\{p\}} \leqslant \frac{d}{\lambda_0}\frac{H}{pR_u} + \frac{\Delta f}{f_{\text{PRF}}}(p-1), \ p=2,3,\cdots,N_p \quad (5\text{-}61\text{-b})$$

其中，上标 $\{p\}$ 表示第 $p$ 距离模糊区。可以看出，第一距离模糊区的俯仰空间频率下限不为 0（例如，在本仿真实验中为 0.2），上限为 0.5。对斜距接近载机高度 $H$ 的杂波，俯仰空间频率接近上限；对斜距接近 $R_u$ 的杂波，俯仰空间频率接近下限。因为近距离杂波存在严重的距离依赖问题，允许上限附近存在滤波损失，这意味着允许滤波器在上限附近具有平滑衰减的过渡带。需要说明的是，过渡带频谱泄露到主值区间负半轴会导致距离模糊杂波分离性能下降。图 5.27 给出了对应第一距离模糊区的期望滤波器和非期望滤波器。

总体来说，第二、三、四距离模糊区的杂波容易被分离。同样地，滤波器过渡带频谱泄露到主值区间的正半轴也会造成距离模糊杂波分离性能的下降。特别是对应最后一个距离模糊区（本仿真实验中为第四距离模糊区）的滤波器，过渡带频谱可能泄露到主值区间的正半轴。式（5-59）给出了小数部分 $\upsilon$ 的约束条件。实际上，对于第 $p$ 距离模糊区和第 $p+1$ 距离模糊区，杂波的俯仰空间频率的差值为

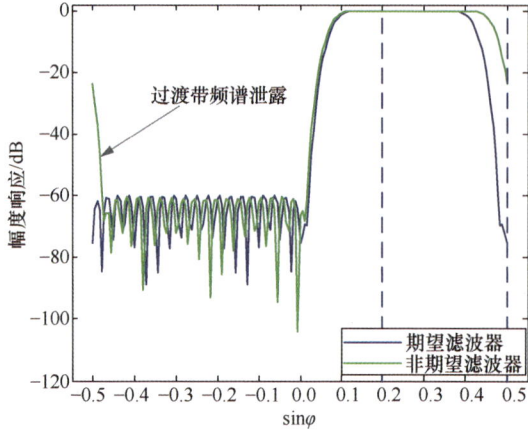

图 5.27 对应第一距离模糊区的带通滤波器

$$\Delta \hat{f}_{\text{v-FDA}} = \frac{\Delta f}{f_{\text{PRF}}} + \alpha^{\{p+1\}} - \alpha^{\{p\}}, \ p = 2, \cdots, N_p \qquad (5\text{-}62)$$

由于对第二、三、四距离模糊区来说，相应的 $\alpha$ 值很小，因此式（5-62）中的差值可以近似估计为 $\Delta f / f_{\text{PRF}}$。所以，参数 $\upsilon$ 对这些距离模糊区的杂波的俯仰空间频率分布有重要影响。特别地，不同距离模糊区的杂波的俯仰空间频率的间隔（归一化差值）近似为 $1 - \upsilon$。因此，为了有效分离距离模糊杂波，在设计频率步进量等雷达系统参数时应考虑如下两个条件：（1）俯仰空间频率在主值区间的负半轴应该尽可能分开；（2）为了避免信号通过过渡带泄露到主值区间的正半轴，最后一个距离模糊区的俯仰空间频率应该大于-0.5。图 5.28 显示了对应第二、三、四距离模糊区的改进后的带通滤波器，其中 $\upsilon = 0.875$。

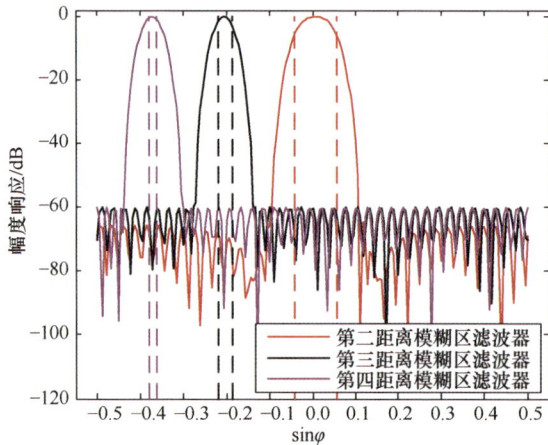

图 5.28 对应第二、三、四距离模糊区的改进后的带通滤波器

接下来给出俯仰维 FDA 机载雷达的跟踪模式仿真分析结果。假设目标在第二距离模糊区，根据式（5-59）选择频率步进量，仿真实验中取 $\upsilon = 0.7$，图 5.29 给出了 4 个距离模糊区的杂波的俯仰空间频率的分布情况。第二距离模糊区的杂波在俯仰空间频域与其他距离模糊区的杂波呈现明显的分离状态：第二距离模糊区的杂波的俯仰空间频率在主值区间的负半轴，而第一、三、四距离模糊区的杂波的俯仰空间频率在主值区间的正半轴。在这种情况下，为第二距离模糊区设计带通滤波器相对简单有效。同样地，当距离模糊数不超过 4 时，这 4 个距离模糊区中任意一个距离模糊区的杂波都能够被有效分离出来。如果距离模糊数超过 4，在式（5-59）的约束条件下，利用俯仰维 FDA 机载体制仍然可以分离出感兴趣的距离模糊区。图 5.30 给出了相应的带通滤波器幅度响应结果。如图 5.30 所示，第二距离模糊区的杂波可以被有效地分离出来。

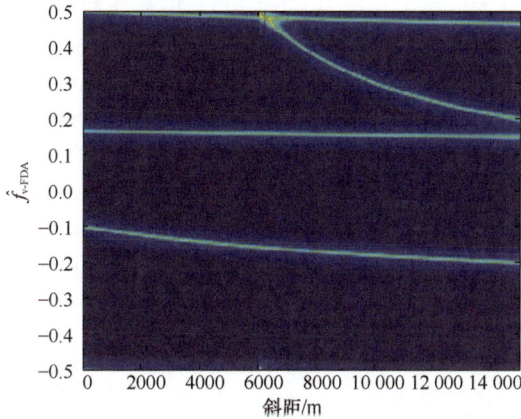

图 5.29　跟踪模式下的杂波俯仰空间频率与斜距的关系

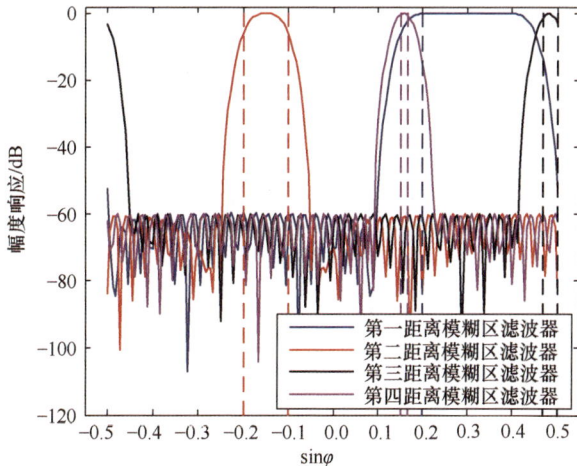

图 5.30　相应的带通滤波器幅度响应

## 5.6.4　性能分析

SCNR 损失是 FDA-STAP 雷达系统性能分析中常用的指标之一，定义为杂波背景下的输出 SCNR 与噪声背景下的输出 SNR 的比值

$$\text{SCNR}_{\text{loss}}=\frac{\text{SCNR}_{\text{out}}}{\text{SNR}_{\text{out}}}=\left(\frac{\boldsymbol{w}^{\text{H}}\boldsymbol{R}_{\text{s}}\boldsymbol{w}}{\boldsymbol{w}^{\text{H}}\boldsymbol{R}_{\text{c+n}}\boldsymbol{w}}\right)\bigg/\left(\frac{\boldsymbol{w}^{\text{H}}\boldsymbol{R}_{\text{s}}\boldsymbol{w}}{\boldsymbol{w}^{\text{H}}\boldsymbol{R}_{\text{n}}\boldsymbol{w}}\right)=\left(\frac{\boldsymbol{w}^{\text{H}}\boldsymbol{R}_{\text{s}}\boldsymbol{w}}{\boldsymbol{w}^{\text{H}}\boldsymbol{R}_{\text{c+n}}\boldsymbol{w}}\right)\bigg/\left(\frac{\sigma_{\text{s}}^{2}NK}{\sigma_{\text{n}}^{2}}\right) \quad (5\text{-}63)$$

其中，$\boldsymbol{R}_{\text{s}}$ 为信号的自相关矩阵，$\boldsymbol{w}\in\mathbb{C}^{NK\times1}$ 为空时自适应权矢量，$\boldsymbol{R}_{\text{c+n}}$ 为杂波加噪声的自相关矩阵，$\boldsymbol{R}_{\text{n}}$ 为噪声的自相关矩阵，$\sigma_{\text{s}}$ 为信号功率标准差，$\sigma_{\text{n}}$ 为噪声功率标准差。

本小节对比几种方法的 SCNR 损失，包括相控阵体制下不进行杂波补偿的 SCNR 损失、基于杂波补偿后 STAP 方法的 SCNR 损失、俯仰维 FDA 机载体制下不进行杂波补偿的 SCNR 损失以及俯仰维 FDA 机载体制下进行杂波补偿的 SCNR 损失。为了进行对比，仿真结果中给出了理想的 SCNR 损失曲线。图 5.31（a）～图 5.31（d）分别给出了 4 个距离模糊区对应的 SCNR 损失曲线。由于第一距离模糊区的杂波存在严重的距离依赖性，基于传统 STAP 方法的目标检测性能急剧下降。杂波补偿方法在不同的距离模糊区相互制约，因此，传统的杂波补偿方法由于距离模糊问题的存在而不能有效地提高目标检测性能。在本章所提俯仰维 FDA 机载体制下，距离模糊杂波能够被有效地分离，因此可以在每一个距离模糊区独立地使用传统的杂波补偿方法实现杂波的非均匀性补偿，有效克服杂波的距离依赖性。因此，用所提 STAP 预处理方法分离距离模糊杂波后，大大提高了目标检测性能。对于第三、四距离模糊区的杂波，由于杂波分布近似满足独立同分布特征，是否进行杂波补偿对目标检测性能的影响不大。换句话说，传统 STAP 方法可以直接应用于第三、四距离模糊区。

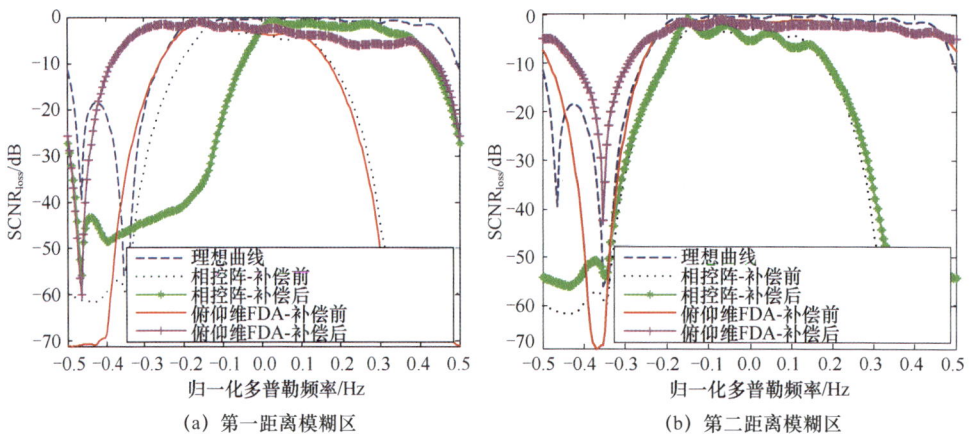

图 5.31　SCNR 损失与归一化多普勒频率的关系

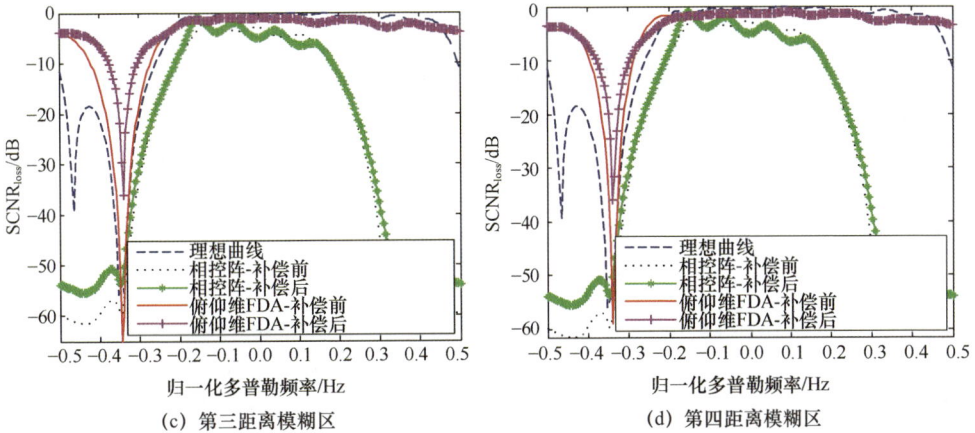

(c) 第三距离模糊区　　　　　　　　(d) 第四距离模糊区

图 5.31　SCNR 损失与归一化多普勒频率的关系（续）

## 5.7　本章小结

本章针对高速运动平台距离模糊杂波抑制困难的问题，介绍了一维线性 FDA 机载雷达距离模糊杂波抑制技术。将 FDA 应用于一维等距线阵，能够在空域引入距离维自由度，经过有效的距离依赖性补偿和相应的参数设计，远距离和近距离的重叠模糊杂波能够在空间频域实现有效分离，从而解决两重模糊下的杂波抑制问题。对分离后的距离模糊杂波可以分别进行杂波补偿和 MTI 处理，这是传统相控阵体制下无法实现的。

本章还介绍了俯仰维 FDA 机载雷达距离模糊杂波分离与抑制技术。将 FDA 应用于俯仰维，通过分析俯仰空间频率的分布特性，提出了有效的俯仰空间频率补偿方法，补偿后的不同距离模糊区的杂波在俯仰空间频域能够实现有效区分。而且，本章利用俯仰维自由度设计有效的滤波器，实现了距离模糊杂波的分离。本章还分析了相应的频率步进量的设计准则和约束条件，针对雷达搜索模式和雷达跟踪模式分别讨论了频率步进量的约束条件；讨论了俯仰维预处理滤波器的设计准则，实现了距离模糊杂波的分离与抑制；通过仿真实验验证了本章所提方法的有效性。

## 参考文献

[1]　HALE T B, TEMPLE M A, RAQUET J F, et al. Localized three-dimensional adaptive spatial-temporal processing for airborne radar[J]. IEE Proccedings-Radar, Sonar and Navigation, 2003, 150(1): 18-22.

[2]　HALE T B, TEMPLE M A, WICKS M C, et al. Performance characterisation of

hybrid STAP architecture incorporating elevation interferometry[J]. IEE Proceedings-Radar, Sonar and Navigation, 2002, 149(2): 77.

[3] FERTIG L B, KRICH S I. Benefits of 3D-STAP for X-band GMTI airborne radars[C]//Adaptive Sensor Array Processing (ASAP) Workshop, 2005: 1-5.

[4] CORBELL P M, PEREZ J J, RANGASWAMY M. Enhancing GMTI performance in non-stationary clutter using 3D STAP[C]//2007 IEEE Radar Conference. Waltham, MA, USA. IEEE, 2007: 647-652.

[5] CORBELL P M, TEMPLE M A, HALE T B. Forward-looking planar array 3D-STAP using space time illumination patterns (STIP)[C]//Fourth IEEE Workshop on Sensor Array and Multichannel Processing, 2006. Waltham, MA, USA. IEEE, 2006: 602-606.

[6] BAIZERT P, HALE T B, TEMPLE M A, et al. Forward-looking radar GMTI benefits using a linear frequency diverse array[J]. Electronics Letters, 2006, 42(22): 1311.

[7] XU J W, ZHU S Q, LIAO G S. Range ambiguous clutter suppression for airborne FDA-STAP radar[J]. IEEE Journal of Selected Topics in Signal Processing, 2015, 9(8): 1620-1631.

[8] XU J W, LIAO G S, SO H C. Space-time adaptive processing with vertical frequency diverse array for range-ambiguous clutter suppression[J]. IEEE Transactions on Geoscience and Remote Sensing, 2016, 54(9): 5352-5364.

# 第6章 FDA-MIMO雷达空时距三维处理技术

## 6.1 引言

第 1 章介绍了 FDA 杂波抑制技术研究现状。文献[1]最早探讨了基于 FDA 进行距离模糊杂波抑制的方法，提出利用 FDA 发射方向图实现机载前视阵雷达距离模糊杂波抑制。文献[2]～[6]提出了基于 FDA-MIMO 阵列的 STAP 技术，修正了 FDA-MIMO-STAP 雷达的距离模糊杂波秩模型，在发射-接收-多普勒域进行三维自适应处理，将距离模糊杂波在发射域和接收域进行区分，等价于找到了一个新维度进行空时谱搬移，有效实现了距离模糊杂波抑制和动目标显示。

本章介绍 FDA-MIMO 雷达距离模糊杂波特性及杂波抑制技术，联合利用 FDA-MIMO 雷达在发射-接收-多普勒域中的信号特征，进行空时距三维处理，实现多重模糊杂波的区分和抑制。

## 6.2 FDA-MIMO 雷达信号建模分析

### 6.2.1 FDA-MIMO 雷达发射与接收

为不失一般性，考虑图 6.1 所示的机载正侧视阵 MIMO 雷达几何构型。假设发射波形之间理想正交，能够在接收机中实现有效区分。共址 FDA-MIMO 雷达发射阵列和接收阵列均为一维等距线阵，包括 $M$ 个发射阵元和 $N$ 个接收阵元。发射阵列为 FDA 结构，则第 $m$ 个发射阵元的载频为

$$f_m = f_0 + (m-1)\Delta f, m = 1, 2, \cdots, M \quad (6\text{-}1)$$

其中，$f_0 = f_1$ 为参考载频，$\Delta f$ 为阵元间的频率步进量。注意，这里频率步进量$\Delta f$ 仍然远小于参考载频和发射信号带宽[7]。过大的频率步进量会使目标散射系数去相关，造成相干性损失和目标波动[8-9]。理论上，对于窄带系统，可以假设目标对所有频率分量具有相同的响应。因此，第 $m$ 个阵元的发射信号为

$$s_m(t) = \sqrt{\frac{E}{M}}\varphi_m(t)\exp(j2\pi f_m t), \quad 0 \leqslant t \leqslant T_p, m = 1, 2, \cdots, M \quad (6\text{-}2)$$

其中，$E$ 为发射信号总能量；$T_p$ 为脉冲持续时间；$\varphi_m(t)$ 为归一化能量波形，有

$$\int_0^{T_p} \varphi_m(t)\varphi_m^*(t)\mathrm{d}t = 1, \ m = 1, 2, \cdots, M \text{。假设波形间满足正交条件，即}$$

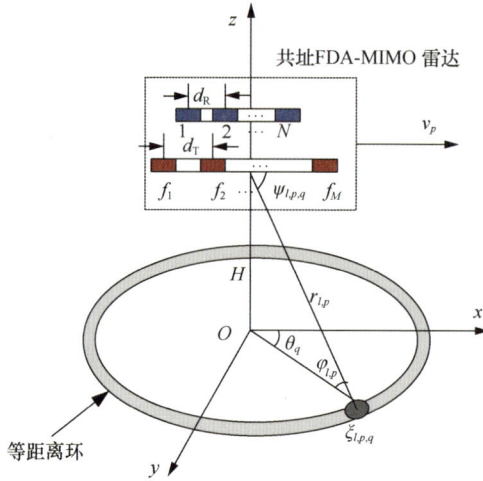

图 6.1 机载正侧视阵 MIMO 雷达几何构型

$$\int_{T_p}\varphi_m(t)\varphi_n^*(t-\tau)\exp\big(j2\pi\Delta f(m-n)t\big)dt=0,\ 1\leqslant m,n\leqslant M, m\neq n,\forall\tau \quad(6\text{-}3)$$

其中，$\tau$ 表示任意时延。

假设载机平台高度为 $H$，以速度 $v_p$ 沿着 $x$ 轴匀速飞行。雷达在一个相干处理间隔内共发射 $K$ 个脉冲。对于任意一个位于第 $l$ 个距离门、斜距为 $r_{l,p}$、方位角为 $\theta_q$、俯仰角为 $\varphi_{l,p}$ 的杂波散射块，在第 $k$（$k=1,\cdots,K$）个脉冲下，由第 $m$ 个阵元发射、第 $n$（$n=1,\cdots,N$）个阵元接收的杂波散射块信号的双程时延为

$$\tau_{m,n,k}(r_{l,p},\psi_{l,p,q})=\frac{1}{c}\big(2r_{l,p}-2v_pT(k-1)\cos\psi_{l,p,q}-$$
$$d_T(m-1)\cos\psi_{l,p,q}-d_R(n-1)\cos\psi_{l,p,q}\big)\quad(6\text{-}4)$$

其中，$c$ 为光速，$T$ 为脉冲重复周期，$d_T$ 和 $d_R$ 分别为发射阵元间距和接收阵元间距，$\psi_{l,p,q}$ 是杂波散射块位置矢量与阵列轴向间的空间锥角函数，满足 $\cos\psi_{l,p,q}=\cos\theta_q\cos\varphi_{l,p}$。在第 $k$ 个脉冲下，第 $n$ 个阵元接收到的信号是所有 $M$ 个发射阵元的回波叠加，即

$$y_{n,k}(t,r_{l,p},\psi_{l,p,q})=\sum_{m=1}^M\left(\sqrt{\frac{E}{M}}\xi_{l,p,q}\varphi_m\big(t-\tau_{m,n,k}(r_{l,p},\psi_{l,p,q})\big)\right.$$
$$\left.\times\exp\big(j2\pi f_m\big(t-\tau_{m,n,k}(r_{l,p},\psi_{l,p,q})\big)\big)\right)\quad(6\text{-}5)$$

其中，$\xi_{l,p,q}$ 为该杂波散射块的散射系数。在接收端，接收回波经过下变频、数字混频和匹配滤波处理。来自第 $n$ 个阵元的接收回波经 $M$ 个匹配滤波器处理后，能够得到 $M$ 个分离的发射回波。经 $\varphi_m(t)\exp(j2\pi f_mt)$ 匹配滤波处理后，由第 $m$ 个阵

元发射、第 $n$ 个阵元接收的第 $k$ 个脉冲下的杂波回波为

$$y_{m,n,k}\left(r_{l,p},\psi_{l,p,q}\right) \approx \sqrt{\frac{E}{M}}\xi_{l,p,q}\exp\left(\mathrm{j}2\pi f_{\mathrm{T}}(r_{l,p},\psi_{l,p,q})(m-1)\right) \tag{6-6}$$
$$\times \exp\left(\mathrm{j}2\pi f_{\mathrm{R}}(\psi_{l,p,q})(n-1)\right)\exp\left(\mathrm{j}2\pi f_{\mathrm{d}}(\psi_{l,p,q})(k-1)\right)$$

其中，$f_{\mathrm{T}}(r_{l,p},\psi_{l,p,q}) = -2\Delta f r_{l,p}/c + d_{\mathrm{T}}\cos(\psi_{l,p,q})/\lambda_0$ 为发射空间频率，$\lambda_0$ 为参考波长；$f_{\mathrm{R}}(\psi_{l,p,q}) = d_{\mathrm{R}}\cos(\psi_{l,p,q})/\lambda_0$ 为接收空间频率；$f_{\mathrm{d}}(\psi_{l,p,q}) = 2v_p T\cos(\psi_{l,p,q})/\lambda_0$ 为归一化多普勒频率。式（6-6）成立的条件仍然是 $\Delta f$ 远小于 $f_0$。因此，发射-接收-多普勒域的杂波回波的矢量形式可以表示为

$$\boldsymbol{y}(r_{l,p},\psi_{l,p,q}) = \left(y_{1,1,1}(r_{l,p},\psi_{l,p,q}),\cdots,y_{M,N,K}(r_{l,p},\psi_{l,p,q})\right)^{\mathrm{T}} \tag{6-7}$$
$$= \sqrt{\frac{E}{M}}\xi_{l,p,q}\boldsymbol{a}_{\mathrm{T}}(f_{\mathrm{T}}(r_{l,p},\psi_{l,p,q}))\otimes\boldsymbol{a}_{\mathrm{R}}(f_{\mathrm{R}}(\psi_{l,p,q}))\otimes\boldsymbol{b}(f_{\mathrm{d}}(\psi_{l,p,q}))$$

其中，$\boldsymbol{a}_{\mathrm{T}}\left(f_{\mathrm{T}}\left(r_{l,p},\psi_{l,p,q}\right)\right)\in\mathbb{C}^{M\times1}$、$\boldsymbol{a}_{\mathrm{R}}\left(f_{\mathrm{R}}\left(\psi_{l,p,q}\right)\right)\in\mathbb{C}^{N\times1}$ 和 $\boldsymbol{b}\left(f_{\mathrm{d}}\left(\psi_{l,p,q}\right)\right)\in\mathbb{C}^{K\times1}$ 分别为发射导向矢量、接收导向矢量和多普勒导向矢量。具体表达形式为

$$\boldsymbol{a}_{\mathrm{T}}\left(f_{\mathrm{T}}\left(r_{l,p},\psi_{l,p,q}\right)\right) = \left(1,\exp\left(\mathrm{j}2\pi f_{\mathrm{T}}\left(r_{l,p},\psi_{l,p,q}\right)\right),\cdots,\exp\left(\mathrm{j}2\pi f_{\mathrm{T}}\left(r_{l,p},\psi_{l,p,q}\right)(M-1)\right)\right)^{\mathrm{T}} \tag{6-8}$$

$$\boldsymbol{a}_{\mathrm{R}}\left(f_{\mathrm{R}}\left(\psi_{l,p,q}\right)\right) = \left(1,\exp\left(\mathrm{j}2\pi f_{\mathrm{R}}\left(\psi_{l,p,q}\right)\right),\cdots,\exp\left(\mathrm{j}2\pi f_{\mathrm{R}}\left(\psi_{l,p,q}\right)(N-1)\right)\right)^{\mathrm{T}} \tag{6-9}$$

$$\boldsymbol{b}\left(f_{\mathrm{d}}\left(\psi_{l,p,q}\right)\right) = \left(1,\exp\left(\mathrm{j}2\pi f_{\mathrm{d}}\left(\psi_{l,p,q}\right)\right),\cdots,\exp\left(\mathrm{j}2\pi f_{\mathrm{d}}\left(\psi_{l,p,q}\right)(K-1)\right)\right)^{\mathrm{T}} \tag{6-10}$$

从式（6-8）中可以看出，发射空间频率是距离依赖的，这意味着 FDA-MIMO 雷达除了角度和多普勒域自由度外，还提供了额外的距离维可控自由度，优于只具有角度和多普勒域自由度的传统 MIMO 雷达。

通常，对于机载雷达系统，来自第 $l$ 个距离门的杂波回波包括该距离环上所有杂波散射块的回波，并且由于地面较广，在高脉冲重复频率条件下，还需要考虑多个距离模糊区的距离环杂波的叠加，因此第 $l$ 个距离门的杂波矢量为

$$\boldsymbol{c}_l = \sum_{p=1}^{N_p}\sum_{q=1}^{N_c}\boldsymbol{y}\left(r_{l,p},\psi_{l,p,q}\right) \tag{6-11}$$
$$= \sum_{p=1}^{N_p}\sum_{q=1}^{N_c}\left(\sqrt{\frac{E_t}{M}}\xi_{l,p,q}\boldsymbol{a}_{\mathrm{T}}\left(f_{\mathrm{T}}\left(r_{l,p},\psi_{l,p,q}\right)\right)\otimes\boldsymbol{a}_{\mathrm{R}}\left(f_{\mathrm{R}}\left(\psi_{l,p,q}\right)\right)\otimes\boldsymbol{b}\left(f_{\mathrm{d}}\left(\psi_{l,p,q}\right)\right)\right)$$

其中，$E_t$ 为发射点功率，$N_p$ 为总距离模糊数；$N_c$ 为单个距离环上统计独立的杂波散射块个数；通常假设 $\xi_{l,p,q}$ 满足零均值高斯分布。因此，第 $l$ 个距离门的总回波信号可以表示为

$$x_l = s_l + c_l + n_l \qquad (6\text{-}12)$$

其中，$s_l$ 是目标分量，$n_l$ 是噪声分量。这里我们假设目标分量、杂波分量和噪声分量彼此统计独立。噪声分量通常满足 $n_l \sim CN(\mathbf{0}, \mathbf{I}_{MNK})$，$\mathbf{I}_{MNK}$ 表示 $M \times N \times K$ 维的单位矩阵。

## 6.2.2  FDA-MIMO 雷达信号处理及特性分析

由式（6-8）可知，FDA-MIMO 雷达的发射导向矢量是距离依赖的，不同距离门对应的斜距 $r_{l,p}$ 不同，造成发射空间频率随斜距变化，影响数据的独立同分布特性。而直接利用邻近距离门数据来估计杂波协方差矩阵会造成杂波功率谱沿着发射域扩散。为了获得独立同分布的样本，采用 SRDC 方法来解决杂波的二次距离依赖性问题。构造发射域的补偿矢量

$$\boldsymbol{g}_{\mathrm{T}}(r_l) = \left(1, \exp\left(-\mathrm{j}4\pi\frac{\Delta f r_l}{c}\right), \cdots, \exp\left(-\mathrm{j}4\pi\frac{\Delta f r_l}{c}(M-1)\right)\right)^{\mathrm{T}} \qquad (6\text{-}13)$$

其中，$r_l$ 是第 $l$ 个距离门对应的主值距离。接收域和多普勒域不需要补偿，于是发射-接收-多普勒域的完整补偿矢量为

$$\boldsymbol{g}(r_l) = \boldsymbol{g}_{\mathrm{T}}(r_l) \otimes \mathbf{1}_N \otimes \mathbf{1}_K \qquad (6\text{-}14)$$

其中，$\mathbf{1}_N$ 和 $\mathbf{1}_K$ 分别为 $N$ 维和 $K$ 维的全 1 矢量。补偿后的快拍数据为

$$\hat{\boldsymbol{x}}_l = \mathrm{diag}\left(\boldsymbol{g}(r_l)^{\mathrm{H}}\right)\boldsymbol{x}_l \qquad (6\text{-}15)$$

补偿后的发射空间频率可以表示为

$$
\begin{aligned}
\hat{f}_{\mathrm{T}}(p, \psi_{l,p,q}) &= f_{\mathrm{T}} + \frac{2\Delta f}{c}r_l \\
&= -\frac{2\Delta f}{c}(r_{l,p} - r_l) + \frac{d_{\mathrm{T}}}{\lambda_0}\cos\psi_{l,p,q} \\
&= -\frac{2\Delta f r_{\mathrm{u}}}{c}(p-1) + \frac{d_{\mathrm{T}}}{\lambda_0}\cos\psi_{l,p,q}
\end{aligned} \qquad (6\text{-}16)
$$

其中，$r_{l,p} = r_l + (p-1)r_{\mathrm{u}}$ 是第 $p$ 距离模糊区第 $l$ 个距离门对应的真实距离，$r_{\mathrm{u}}$ 为无模糊距离。由式（6-16）可知，补偿后的发射空间频率与距离模糊区索引 $p$ 有关，而与主值距离 $r_l$ 无关。由于不同距离模糊区对应的 $p$ 不同，故不同距离模糊区的发射空间频率相差一个常数项 $2\Delta f r_{\mathrm{u}}/c$，定义此常数项为平移因子。此外，由于补偿是在发射域进行的，因此补偿后杂波的接收空间频率和多普勒频率保持不变。补偿后第 $l$ 个距离门的杂波矢量为

$$\hat{c}_l = \text{diag}\left(\boldsymbol{g}\left(r_l\right)^{\text{H}}\right)\boldsymbol{c}_l$$

$$= \sum_{p=1}^{N_p} \sum_{q=1}^{N_c} \left( \sqrt{\frac{E_t}{M}} \xi_{l,p,q} \boldsymbol{a}_{\text{T}}\left(\hat{f}_{\text{T}}\left(p,\psi_{l,p,q}\right)\right) \otimes \boldsymbol{a}_{\text{R}}\left(f_{\text{R}}\left(\psi_{l,p,q}\right)\right) \otimes \boldsymbol{b}\left(f_{\text{d}}\left(\psi_{l,p,q}\right)\right) \right) \tag{6-17}$$

由式（6-16）可知，补偿后的发射空间频率依赖于角度和距离模糊区索引。对某一特定的距离模糊区来说，其发射空间频率和接收空间频率呈线性相关，而不同距离模糊区的发射空间频率相差一个常数项，这使得不同距离模糊区的杂波在发射-接收域是可区分的，而且区分程度与频率步进量有关。定义平移因子为

$$\frac{2\Delta f r_{\text{u}}}{c} = \frac{\Delta f}{f_{\text{PRF}}} = z + v \tag{6-18}$$

其中，$f_{\text{PRF}}$ 为脉冲重复频率，$z$ 为整数部分，$v$ 为非负小数部分，$v \in (0,1)$。此时发射空间频率可以重新表示为

$$\hat{f}_{\text{T}}\left(p,\psi_{l,p,q}\right) = -\left(z+v\right)\left(p-1\right) + \frac{d_{\text{T}}}{\lambda_0}\cos\psi_{l,p,q} \tag{6-19}$$

考虑到数字频率的周期性，整数项 $-z(p-1)$ 对发射空间频率的影响可以忽略，于是式（6-19）可进一步表示成

$$\hat{f}_{\text{T}}\left(p,\psi_{l,p,q}\right) = -v\left(p-1\right) + \frac{d_{\text{T}}}{\lambda_0}\cos\psi_{l,p,q} \tag{6-20}$$

当 $v=0$ 时，不同距离模糊区对应的空间锥角相同，造成发射空间频率也相同，无法在发射-接收域区分不同距离模糊区的杂波。为了使不同距离模糊区的杂波能够明显区分，需要合理设计平移因子 $2\Delta f r_{\text{u}}/c$。显然，在发射-接收域均匀分离不同距离模糊区的杂波是一种可行的方式。在给定斜距时，经距离依赖性补偿后的杂波的发射域带宽可以表示为

$$B_{\text{s}} = \max\left\{\hat{f}_{\text{T}}\left(p,\psi_{l,p,q}\right)\right\} - \min\left\{\hat{f}_{\text{T}}\left(p,\psi_{l,p,q}\right)\right\}$$

$$= \frac{d_{\text{T}}}{\lambda_0}\cos\theta_q\cos\varphi_{l,p}\bigg|_{\theta_q=0} - \frac{d_{\text{T}}}{\lambda_0}\cos\theta_q\cos\varphi_{l,p}\bigg|_{\theta_q=\pi} \tag{6-21}$$

$$= \frac{2d_{\text{T}}}{\lambda_0}\cos\varphi_{l,p} \leqslant \frac{2d_{\text{T}}}{\lambda_0}$$

经距离依赖性补偿后，无距离模糊杂波的发射空间频率满足

$$-\frac{B_{\text{s}}}{2} < \hat{f}_{\text{T}}\left(p,\psi_{l,p,q}\right) < \frac{B_{\text{s}}}{2}, \ p=1 \tag{6-22}$$

而距离模糊杂波的发射空间频率满足

$$-\frac{B_s}{2} - \frac{2\Delta fr_u}{c}(p-1) < \hat{f}_T(p, \psi_{l,p,q}) < \frac{B_s}{2} - \frac{2\Delta fr_u}{c}(p-1) \qquad (6\text{-}23)$$
$$p = 2, 3, \cdots, N_p$$

由于平移因子满足

$$\frac{2\Delta fr_u}{c} = \frac{\Delta f}{f_{PRF}} = z + v \qquad (6\text{-}24)$$

且数字频率具有周期性，式（6-23）能够进一步表示为

$$-\frac{B_s}{2} - v(p-1) < \hat{f}_T(p, \psi_{l,p,q}) < \frac{B_s}{2} - v(p-1), p = 2, 3, \cdots, N_p \qquad (6\text{-}25)$$

从上述分析可以看出，相邻两个距离模糊区在发射空间频率上的平移量为 $v$。$v$ 的选取需要考虑两方面因素：一方面，为了保证无距离模糊区与距离模糊区在发射域上尽可能区分开，$v$ 的取值越大越好；另一方面，由于空间谱范围是有限的，$N_p$ 个距离模糊区的杂波共享 $[-0.5, 0.5]$ 空间谱范围，也就是说，如果满足关系式 $vN_p \leqslant 1$，就可以保证不发生周期性模糊。在考虑上述两方面因素的基础上，$v$ 的选取可以转化为对下列优化问题进行求解

$$\begin{cases} \max\ \{v\} \\ \text{s.t.}\ vN_p \leqslant 1 \end{cases} \qquad (6\text{-}26)$$

显然，$v$ 的最优取值为 $1/N_p$，等效为在发射-接收域使杂波功率谱均匀分布。因此，频率步进量满足以下关系

$$\Delta f = f_{PRF}\left(z + \frac{1}{N_p}\right) \qquad (6\text{-}27)$$

由于频率步进量不能取太大的值（如果取太大的值，由频率步进量带来的二次相位项和交叉相位项的影响将无法忽略），故 $z$ 的取值不能过大，通常取 0。

下面对 FDA-MIMO 雷达经 SRDC 前后的杂波功率谱进行仿真，验证上述理论分析的正确性，仿真参数如表 6.1 所示。

表 6.1　FDA-MIMO 雷达系统仿真参数

| 参数 | 参数值 | 参数 | 参数值 |
|---|---|---|---|
| 发射阵元数 | 6 | 平台速度 | 150m/s |
| 接收阵元数 | 6 | 平台高度 | 6km |
| 脉冲数 | 8 | 距离模糊数 | 4 |
| 脉冲重复频率 | 2kHz | CNR | 50dB |
| 参考载频 | 1GHz | 训练样本数 | 300 |

续表

| 参数 | 参数值 | 参数 | 参数值 |
| --- | --- | --- | --- |
| 频率步进量 | 2.5kHz | 目标空间锥角 | 90° |
| 发射阵元间距 | 0.15m | 目标斜距 | 15km |
| 接收阵元间距 | 0.15m | 目标径向速度 | 50m/s |

图 6.2 中给出了 FDA-MIMO 雷达发射-接收-多普勒三维原始杂波功率谱分布。可以看出，原始杂波功率谱分布在归一化多普勒频率和接收空间频率的对角线所在的斜平面上。这是因为如果不考虑发射空间频率，即将功率谱在发射域做积分，并叠加到接收域和多普勒域，功率谱就只存在于接收域和多普勒域的对角线上，与一般正侧视阵相控阵雷达的功率谱分布一致。对发射空间频率而言，其具有距离依赖性，对同一个杂波散射点的功率谱而言，发射空间频率会随距离变化发生偏移，当杂波散射点较多（所有距离环上均有多个杂波散射点）时，整个杂波功率谱会在发射域上沿两边扩散至整个平面，从而导致原始杂波功率谱是一个斜平面。

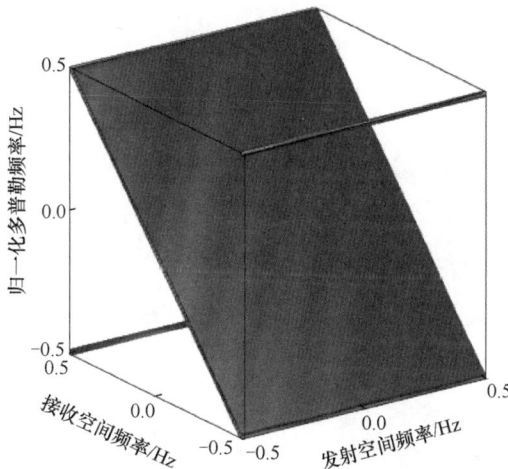

图 6.2　FDA-MIMO 雷达发射-接收-多普勒三维原始杂波功率谱分布

图 6.3 给出了 FDA-MIMO 雷达经 SRDC 后的杂波功率谱分布。可以看出，补偿后的发射空间频率与主值距离无关，只与距离模糊数有关，所以杂波功率谱在发射域实现了收缩，并汇聚到该距离模糊区的直线上。对于无距离模糊区，由于发射空间频率和接收空间频率相等，故杂波功率谱存在于立方体对角斜线上。对于一重距离模糊区，由于发射空间频率中存在平移因子，故其杂波功率谱相比于无距离模糊区的在发射域产生了平移。其他距离模糊区的杂波分布情况以此类推。

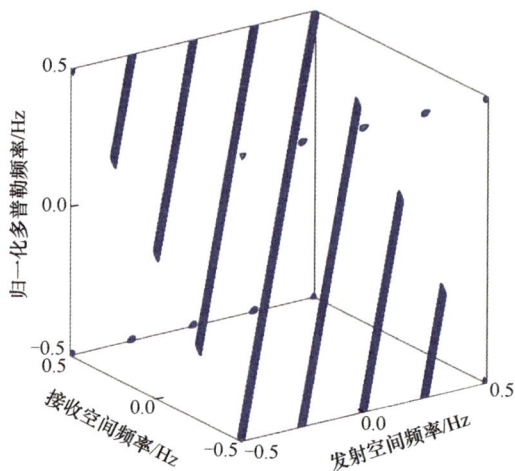

图 6.3　FDA-MIMO 雷达经 SRDC 后的杂波功率谱分布

　　为了更好地观察杂波功率谱的分布特性，图 6.4 分别给出了空时二维平面的杂波功率谱分布和发射-接收平面的杂波功率谱分布。从图 6.4（a）中可以看出，杂波功率谱分布于对角线上，与传统正侧视阵相控阵雷达的分布特性一致。从图 6.4（b）中可以看出，与前面的理论分析一致，各个距离模糊区的杂波在发射域和接收域被有效区分。

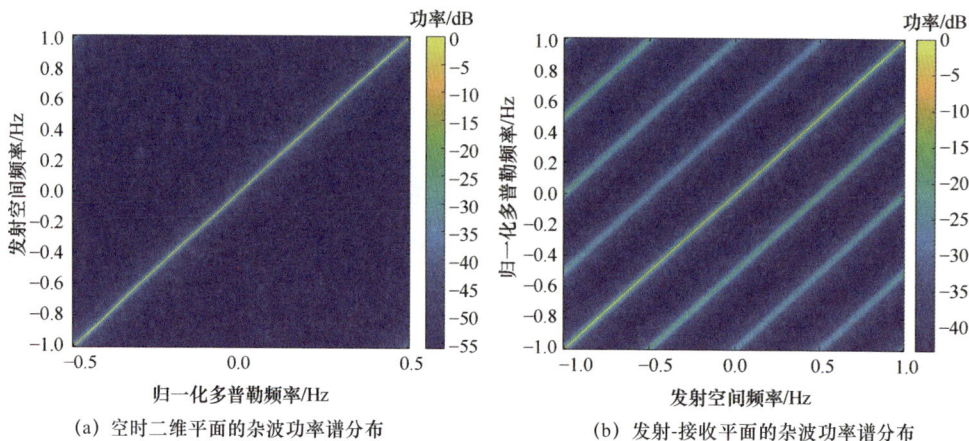

(a) 空时二维平面的杂波功率谱分布　　　　　　　(b) 发射-接收平面的杂波功率谱分布

图 6.4　经 SRDC 后的不同平面的杂波功率谱分布

# 6.3　空时距三维处理技术及性能分析

## 6.3.1　空时距三维处理技术

　　FDA-MIMO 雷达由于引入了额外的距离维可控自由度，能够进行距离-角度-

多普勒自适应处理。空时距三维处理在 STAP 的基础上增加了距离维可控自由度，扩大了自适应处理的维度。根据 6.2 节的分析，不同距离模糊区的杂波功率谱在发射-接收域是可以被区分的。通过联合发射域、接收域和多普勒域，扩大了整个谱空间维度，更加有利于区分运动目标和距离模糊杂波。下面对全维的距离-角度-多普勒自适应处理方法进行介绍。

首先构造目标经 SRDC 后的三维导向矢量 $\hat{\boldsymbol{t}}(p_0, \psi_0, v_0)$

$$\hat{\boldsymbol{t}}(p_0, \psi_0, v_0) = \boldsymbol{a}_{\mathrm{T}}\left(\hat{f}_{\mathrm{T}}(p_0, \psi_0)\right) \otimes \boldsymbol{a}_{\mathrm{R}}\left(f_{\mathrm{R}}(\psi_0)\right) \otimes \boldsymbol{b}\left(f_{\mathrm{d}}(\psi_0, v_0)\right) \quad (6\text{-}28)$$

其中，$p_0$、$\psi_0$ 和 $v_0$ 分别为目标所在距离模糊区索引、目标锥角和目标径向速度。MVDR 准则在保持期望目标信号响应的同时，最小化总输出信号功率，可以表示为

$$\begin{cases} \min \boldsymbol{w}^{\mathrm{H}} \hat{\boldsymbol{R}} \boldsymbol{w} \\ \text{s.t. } \boldsymbol{w}^{\mathrm{H}} \hat{\boldsymbol{t}}(p_0, \psi_0, v_0) = 1 \end{cases} \quad (6\text{-}29)$$

其中，$\hat{\boldsymbol{R}} = \dfrac{1}{L-1} \sum\limits_{l=1, l \neq l_0}^{L} \hat{\boldsymbol{x}}_l \hat{\boldsymbol{x}}_l^{\mathrm{H}}$ 为使用目标邻近距离门数据估计得到的杂波协方差矩阵，$l_0$ 为目标所在距离门索引，$\boldsymbol{w}$ 为自适应权矢量。

图 6.5 给出了全维处理器发射-接收-多普勒三维响应和空时二维平面处理器响应结果。从图 6.5（a）中可以看出，基于全维处理器的方法能够在发射-接收-多普勒域有效实现杂波抑制。从图 6.5（b）中可以看出，空时二维平面处理器响应沿着图 6.4（a）所示的杂波功率谱方向形成准确的凹口，在目标方向形成主瓣，能够有效抑制杂波并保留期望目标信号。

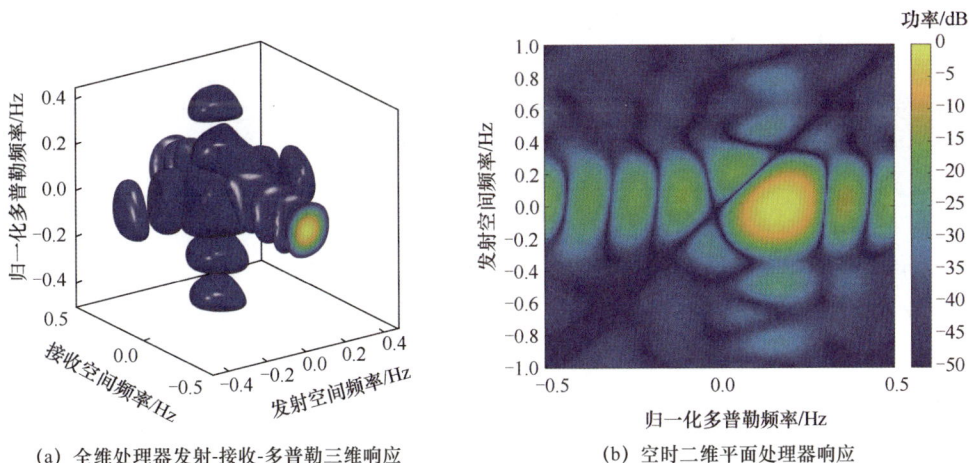

(a) 全维处理器发射-接收-多普勒三维响应　　(b) 空时二维平面处理器响应

图 6.5　不同处理器响应结果

## 6.3.2 降维处理器设计技术

6.3.1 小节中提出的空时距二维处理理论上具有最优的杂波抑制性能，但涉及很大的计算量，并需要大量满足独立同分布特性的训练样本，这在实践中是不易实现的。为此，本小节介绍一种 3DL 降维自适应处理方法，该方法在目标波束周围选择辅助波束进行自适应处理，由于目标波束和辅助波束的通道是正交的，因此利用该方法能够大大减少计算量和训练样本数。图 6.6 给出了发射-接收-多普勒域多波束选择策略示意。

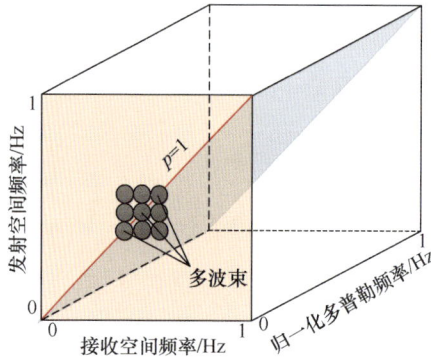

**图 6.6 发射-接收-多普勒域多波束选择策略示意**

本小节所提方法本质上是设计降维矩阵。对于三维自适应处理的 3DL 变换矩阵 $\boldsymbol{T}(p_0,\psi_0,v_0)$，可以通过分别设计发射域、接收域与多普勒域的变换矩阵得到。首先，假设待检测目标在第 $p_0$ 距离模糊区的第 $l_0$ 个距离门上。然后在发射域选择 $Q_1$ 个正交波束，并构造发射域变换矩阵 $\boldsymbol{A}_{\mathrm{T}}(p_0,\psi_0)$

$$\boldsymbol{A}_{\mathrm{T}}(p_0,\psi_0)=\left(\boldsymbol{a}_{\mathrm{T}}\left(\hat{f}_{\mathrm{T}}(p_0,\psi_0)\right),\boldsymbol{a}_{\mathrm{T}}\left(\hat{f}_{\mathrm{T}}(p_0,\psi_1)\right),\cdots,\boldsymbol{a}_{\mathrm{T}}\left(\hat{f}_{\mathrm{T}}(p_0,\psi_{Q_1-1})\right)\right) \quad (6\text{-}30)$$

注意，辅助波束选择的是邻近正交波束，如果发射阵元数是 $M$，那么邻近正交波束在发射域上与目标波束的频率间隔是 $1/M$。在接收域选择 $Q_2$ 个正交波束，并构造接收域变换矩阵 $\boldsymbol{A}_{\mathrm{R}}(\psi_0)$

$$\boldsymbol{A}_{\mathrm{R}}(\psi_0)=\left(\boldsymbol{a}_{\mathrm{R}}\left(f_{\mathrm{R}}(\psi_0)\right),\boldsymbol{a}_{\mathrm{R}}\left(f_{\mathrm{R}}(\psi_1)\right),\cdots,\boldsymbol{a}_{\mathrm{R}}\left(f_{\mathrm{R}}(\psi_{Q_2-1})\right)\right) \quad (6\text{-}31)$$

类似地，如果接收阵元数为 $N$，那么邻近正交波束在接收域上与目标波束的频率间隔为 $1/N$。在多普勒域选择 $Q_3$ 个正交波束，并构造多普勒域变换矩阵 $\boldsymbol{B}(\psi_0,v_0)$

$$\boldsymbol{B}(\psi_0,v_0)=\left(\boldsymbol{b}\left(f_{\mathrm{d}}(\psi_0,v_0)\right),\boldsymbol{b}\left(f_{\mathrm{d}}(\psi_0,v_1)\right),\cdots,\boldsymbol{b}\left(f_{\mathrm{d}}(\psi_0,v_{Q_3-1})\right)\right) \quad (6\text{-}32)$$

如果相干处理脉冲数为 $K$，那么邻近正交波束在多普勒域上与目标波束的频率间隔为 $1/K$。综上，发射-接收-多普勒域上总的变换矩阵为

$$T(p_0,\psi_0,v_0) = A_{\mathrm{T}}(p_0,\psi_0) \otimes A_{\mathrm{R}}(\psi_0) \otimes B(\psi_0,v_0) \tag{6-33}$$

降维后的杂波协方差矩阵为

$$\tilde{R} = T^{\mathrm{H}}(p_0,\psi_0,v_0)\hat{R}T(p_0,\psi_0,v_0) \tag{6-34}$$

降维后的目标导向矢量为

$$\tilde{t}(p_0,\psi_0,v_0) = T^{\mathrm{H}}\hat{t}(p_0,\psi_0,v_0) \tag{6-35}$$

降维自适应处理的最优权可以由 MVDR 准则得到

$$\begin{cases} \min \tilde{w}^{\mathrm{H}}\tilde{R}\tilde{w} \\ \mathrm{s.t.}\ \ \tilde{w}^{\mathrm{H}}\tilde{t}(p_0,\psi_0,v_0) = 1 \end{cases} \tag{6-36}$$

下面对此方法的杂波抑制效果进行分析。图 6.7 分别给出了降维处理器三维响应和空时二维响应结果。3DL 降维自适应处理方法有效地降低了处理器维度。例如，我们在发射域和接收域中分别选择了 3 个波束，以及 3 个多普勒通道，即 $Q_1 = Q_2 = Q_3 = 3$。因此，所需的处理器维度只有 27。然而，全维处理器的原始维度为 $MNK=288$。另外，从图 6.7（a）和图 6.7（b）中可以看出，3DL 降维自适应处理方法能够形成与全维方法近似的响应结果，其杂波凹口对准杂波脊，并保持了良好的主瓣响应，也可以有效抑制距离模糊杂波。

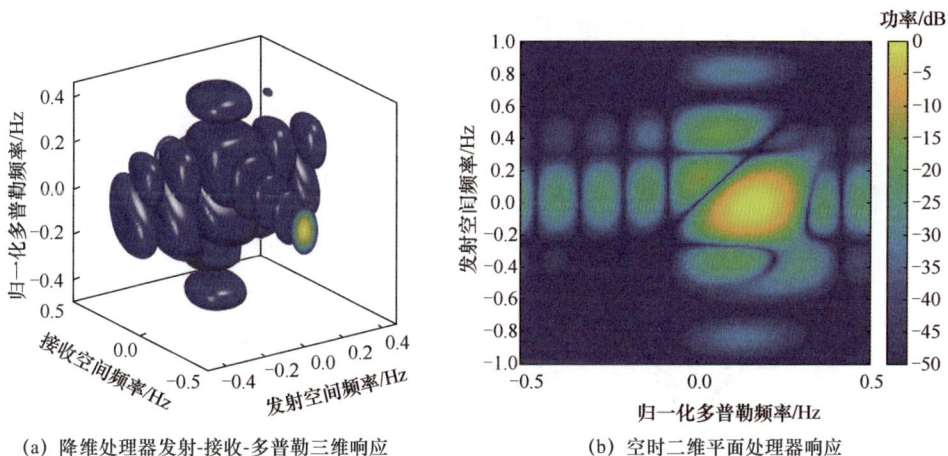

(a) 降维处理器发射-接收-多普勒三维响应　　　　(b) 空时二维平面处理器响应

图 6.7　降维处理器三维响应和空时二维响应结果

## 6.3.3　杂波抑制性能分析

为了衡量自适应处理方法的杂波抑制效果，这里给出全维处理器和降维处理器的 SCNR 损失曲线。仿真结果如图 6.8 所示。理论上，根据 RMB 准则，当训练样本满足独立同分布特性且样本数目大于 2 倍系统自由度时，基于采样矩阵求逆（Sample Matrix Inversion，SMI）的 MVDR 算法的 SCNR 损失小于 3dB。全维处理器需要大量的训练样本，即此处需要 $2MNK$=576 个独立同分布的训练样本。我们采用基于对角加载采样矩阵求逆（Loading Sample Matrix Inversion，LSMI）的 MVDR 算法，令对角加载因子为噪声功率的 5 倍。可以看出，3DL 降维自适应处理方法具有良好的性能，与理论曲线相比，SCNR 损失在 2dB 以内。而全维处理器相比于降维处理器性能损失更严重，这主要是由于仿真实验中的训练样本数为 300，难以满足全维处理器中的系统自由度条件。因此，所提的 3DL 降维自适应处理方法能够有效实现距离模糊杂波抑制，且对训练样本数要求更低。

接下来我们对 3DL 降维自适应处理方法中发射-接收域和多普勒域的辅助波束数对杂波抑制性能的影响进行分析。从图 6.9（a）可见，随着 $Q_3$ 的增加，性能改善基本上在 1dB 以内。同样，$Q_1$ 和 $Q_2$ 的增加带来的性能改善基本上也在 1dB 以内，如图 6.9（b）所示。考虑到实际中独立同分布的训练样本数是有限的，可以选择较少的辅助波束，忽略这约 1dB 性能损失的影响。

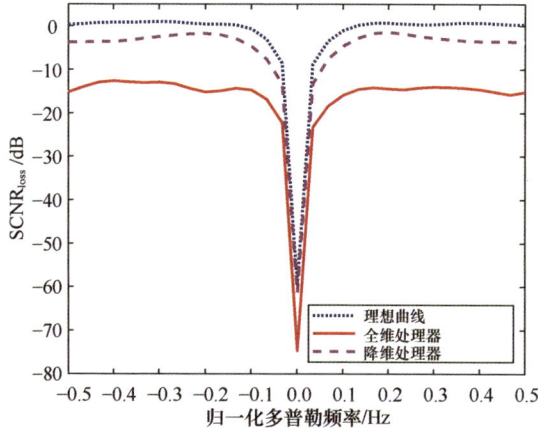

图 6.8　全维处理器和降维处理器的 SCNR 损失曲线

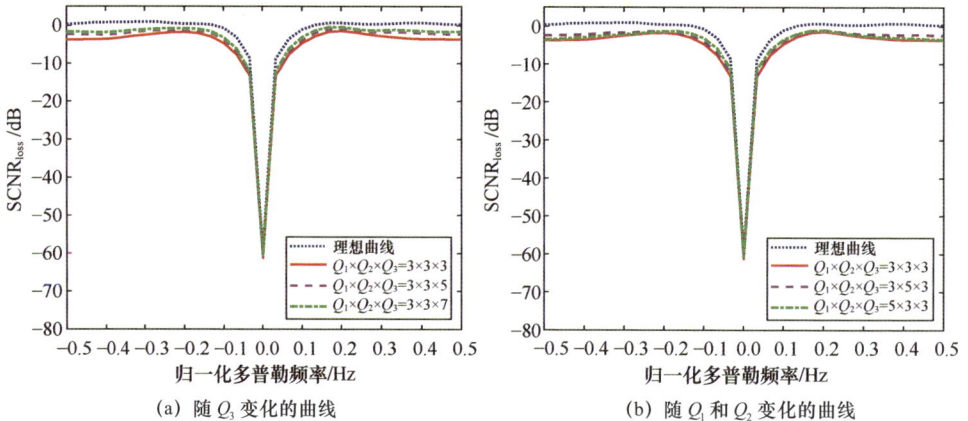

（a）随 $Q_3$ 变化的曲线　　　　（b）随 $Q_1$ 和 $Q_2$ 变化的曲线

图 6.9　降维处理器的 SCNR 损失曲线

## 6.4　非正侧视阵杂波功率谱特性

当天线处于图 6.1 所示的正侧视阵时，同一方位的杂波回波的多普勒频率相同，不随距离发生变化。而对非正侧视阵而言，不同方位的杂波回波的空时分布不同，使得各阵元的回波不再满足独立同分布特性，进而导致利用邻近距离门数据估计的杂波协方差矩阵存在偏差，STAP 的性能下降。本节针对阵列配置引起的 FDA-MIMO 雷达的杂波非均匀特性进行分析，给出前视阵下 FDA-MIMO 雷达的杂波功率谱特性。

图 6.10 给出了前视阵下机载 FDA-MIMO 雷达的杂波功率谱仿真结果。图 6.10（a）给出了原始杂波功率谱分布，可以看出，原始杂波功率谱由于二次距离依赖性，在空间频域扩散严重。将图 6.10（a）与正侧视阵情况下的图 6.2 进行对比分析，可以发现，前视阵杂波功率谱呈弯曲形，且不只存在于接收域与多普勒域的对角线所在的平面内。同样，使用 SRDC 矢量进行处理，得到经 SRDC 后的杂波功率谱。经 SRDC 后，不同距离模糊区的杂波在发射-接收-多普勒域被成功区分，如图 6.10（b）所示。图 6.10（c）中给出了经多普勒弯曲后的杂波功率谱分布，可以看出目标距离区（无距离模糊区）的杂波功率谱在补偿后能够近似实现空时谱配准；但对其他距离模糊区的杂波来说，补偿矢量是失配的，会造成其他距离模糊区的杂波功率谱有一定程度的扩散。图 6.10（d）是杂波在经 SRDC 后的空时二维平面的功率谱分布。在前视阵构型下，杂波存在一定的展宽，经 DW 处理后，杂波功率谱能很好对齐，如图 6.10（e）所示。图 6.10（f）中给出了杂波在经 SRDC 后的发射-接收域的功率谱分布，无论雷达工作在正侧视阵状态还是前视阵状态，杂波功率谱在发射-接收域的分布都是一样的，不同距离模糊区的杂波是可区分的。

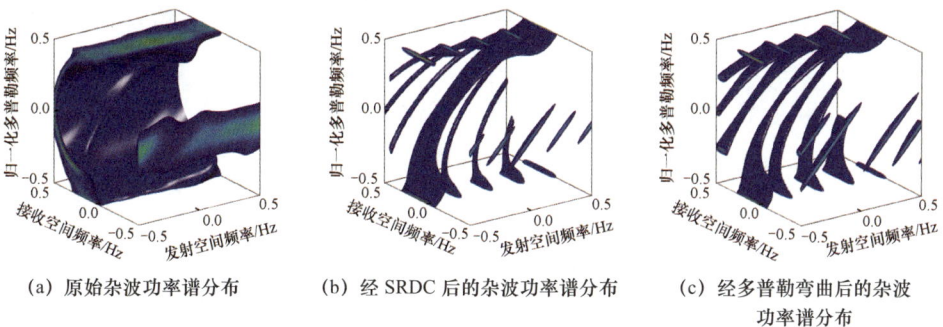

(a) 原始杂波功率谱分布　　(b) 经 SRDC 后的杂波功率谱分布　　(c) 经多普勒弯曲后的杂波功率谱分布

图 6.10　前视阵下机载 FDA-MIMO 雷达的杂波功率谱仿真结果

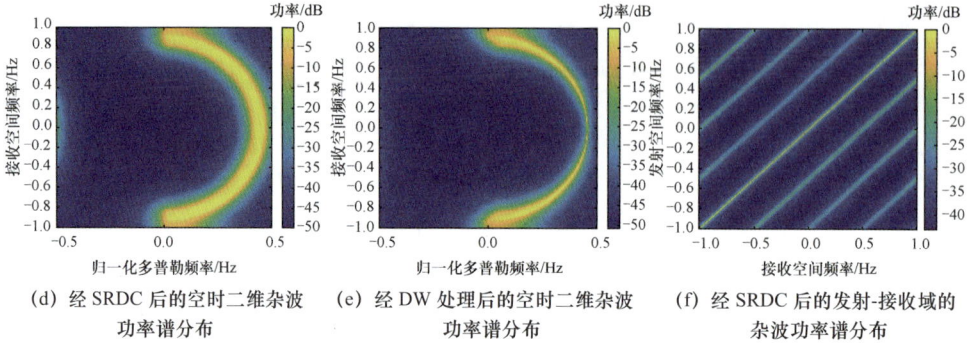

(d) 经 SRDC 后的空时二维杂波　　(e) 经 DW 处理后的空时二维杂波　　(f) 经 SRDC 后的发射-接收域的
　　功率谱分布　　　　　　　　　　　功率谱分布　　　　　　　　　　杂波功率谱分布

图 6.10　前视阵下机载 FDA-MIMO 雷达的杂波功率谱仿真结果（续）

## 6.5　FDA-MIMO 雷达杂波秩分析

### 6.5.1　杂波秩估计基本方法

作为 STAP 中的一个重要概念，杂波自由度（即杂波秩）指杂波子空间的维数（即杂波协方差矩阵 $\boldsymbol{R}$ 的秩，或 $\boldsymbol{R}$ 中远大于 0 的特征值的个数）。一般来说，杂波秩越大，杂波抑制的难度越大，MTI 的难度也就越大。因此，准确估计杂波秩对分析杂波子空间特性具有重要意义。目前，针对传统的机载相控阵雷达杂波秩的研究已经比较成熟。文献[10]中给出了正侧视阵下机载雷达均匀等距线阵杂波秩估计的布伦南准则，文献[11]中研究了正交发射波形下 MIMO 雷达的杂波秩，给出了 MIMO 雷达杂波秩估计的扩展布伦南准则。文献[12]给出了任意发射波形下的MIMO 雷达杂波秩估计准则。FDA-MIMO 雷达的等效发射方向图是距离-角度-时间依赖的，这导致 FDA-MIMO 雷达的杂波特性较为复杂。考虑到 FDA-MIMO 雷达在联合发射-接收域中可区分距离模糊杂波，为便于理论分析，下面将三维杂波功率谱投影在联合发射-接收域中，以研究空域杂波秩。

由 6.2 节中对 FDA-MIMO 雷达信号模型的分析可知，补偿后的发射空间频率和接收空间频率关系如下

$$\hat{f}_{\mathrm{T}}\left(p,\psi_{l,p,q}\right)=-\frac{2\Delta f r_{\mathrm{u}}}{c}\left(p-1\right)+\frac{d_{\mathrm{T}}}{d_{\mathrm{R}}}f_{\mathrm{R}}\left(\psi_{l,p,q}\right) \qquad （6-37）$$

从式（6-37）中可以看出发射-接收域的杂波功率谱分布取决于 $p$ 和发射阵元与接收阵元的间距比 $\gamma=d_{\mathrm{T}}/d_{\mathrm{R}}$。本节首先考虑简单阵列构型（$\gamma=1$，即发射阵元间距和接收阵元间距相等），从子空间变换的角度研究杂波秩估计基本方法。

为了简化表达，对式（6-8）和式（6-9）所示的发射导向矢量和接收导向矢量中的

角频率重新定义。定义如下：与某一杂波散射块对应的角频率为 $\varpi = 2\pi d_{\mathrm{T}} \cos(\psi)/\lambda_0 = 2\pi d_{\mathrm{R}} \cos(\psi)/\lambda_0$，与 $p$ 有关的角频率为 $\varpi_p = -4\pi\Delta f r_{\mathrm{u}}(p-1)/c$。因此，任意杂波散射块对应的发射导向矢量和接收导向矢量可改写为

$$a_{\mathrm{T}}\left(\varpi,\varpi_p\right) = \left(1, \exp\left(\mathrm{j}\left(\varpi+\varpi_p\right)\right), \cdots, \exp\left(\mathrm{j}\left(\varpi+\varpi_p\right)(M-1)\right)\right)^{\mathrm{T}} \quad (6\text{-}38\text{-a})$$

$$a_{\mathrm{R}}\left(\varpi\right) = \left(1, \exp\left(\mathrm{j}\varpi\right), \cdots, \exp\left(\mathrm{j}\varpi(N-1)\right)\right)^{\mathrm{T}} \quad (6\text{-}38\text{-b})$$

因此，第 $p$ 距离模糊区内任意杂波散射块对应的发射接收导向矢量可以表示为

$$\begin{aligned}
a_{\mathrm{TR}}\left(\varpi,\varpi_p\right) &= a_{\mathrm{T}}\left(\varpi,\varpi_p\right) \otimes a_{\mathrm{R}}\left(\varpi\right) \\
&= \left(a_{\mathrm{Tr}}\left(\varpi_p\right) \odot a_{\mathrm{T}\theta}\left(\varpi\right)\right) \otimes a_{\mathrm{R}}\left(\varpi\right)
\end{aligned} \quad (6\text{-}39)$$

其中，$a_{\mathrm{Tr}}\left(\varpi_p\right) = \left(1, \exp\left(\mathrm{j}\varpi_p\right), \cdots, \exp\left(\mathrm{j}\varpi_p(M-1)\right)\right)^{\mathrm{T}}$ 和 $a_{\mathrm{T}\theta}\left(\varpi\right) = \left(1, \exp\left(\mathrm{j}\varpi\right), \cdots, \exp\left(\mathrm{j}\varpi(M-1)\right)\right)^{\mathrm{T}}$ 分别表示发射域的距离导向矢量和角度导向矢量。式（6-39）可进一步简化为

$$\begin{aligned}
a_{\mathrm{TR}}\left(\varpi,\varpi_p\right) &= \left(a_{\mathrm{Tr}}\left(\varpi_p\right) \odot a_{\mathrm{T}\theta}\left(\varpi\right)\right) \otimes a_{\mathrm{R}}\left(\varpi\right) \\
&= \left(\mathrm{diag}\left(a_{\mathrm{Tr}}\left(\varpi_p\right)\right) a_{\mathrm{T}\theta}\left(\varpi\right)\right) \otimes a_{\mathrm{R}}\left(\varpi\right) \\
&= \mathrm{diag}\left(a_{\mathrm{Tr}}\left(\varpi_p\right) \otimes \mathbf{1}_N\right) a_{\mathrm{T}\theta}\left(\varpi\right) \otimes a_{\mathrm{R}}\left(\varpi\right) \\
&= \mathrm{diag}\left(a_{\mathrm{Tr}}\left(\varpi_p\right) \otimes \mathbf{1}_N\right) E v_A\left(\varpi\right) \\
&= \tilde{E}\left(\varpi_p\right) v_A\left(\varpi\right)
\end{aligned} \quad (6\text{-}40)$$

其中，$v_A\left(\varpi\right)$ 表示由发射域角度导向矢量和接收导向矢量中独立元素所组成的基矢量

$$v_A\left(\varpi\right) = \left(1, \exp\left(\mathrm{j}\varpi\right), \cdots, \exp\left(\mathrm{j}\varpi(N+M-2)\right)\right)^{\mathrm{T}} \quad (6\text{-}41)$$

矩阵 $E \in \mathbb{R}^{MN \times (N+M-1)}$ 为

$$E = \begin{pmatrix}
1 & & & & \\
& 1 & & & \\
& & \ddots & & \\
& & & 1 & \\
0 & 1 & & & \\
& & 1 & & \\
& & & \ddots & \\
& & & & 1 \\
& & \ddots & & \\
0 & 0 & \cdots & & 1
\end{pmatrix}_{MN \times (N+M-1)} \quad (6\text{-}42)$$

$\tilde{E}(\varpi_p)$ 为杂波子空间对应的变换矩阵，可定义为

$$\tilde{E}(\varpi_p) = \mathrm{diag}\left(\boldsymbol{a}_{Tr}(\varpi_p) \otimes \boldsymbol{1}_N\right)\boldsymbol{E} \qquad (6\text{-}43)$$

因此，经距离依赖性补偿后的快拍数据可表示为

$$
\begin{aligned}
\tilde{\boldsymbol{x}}_c &= \sum_{p=1}^{N_p}\sum_{q=1}^{N_c}\left(\sqrt{\frac{E_t}{M}}\rho_{l,p,q}\boldsymbol{a}_{\mathrm{T}}(\varpi,\varpi_p)\otimes\boldsymbol{a}_{\mathrm{R}}(\varpi)\right) \\
&= \sum_{p=1}^{N_p}\sum_{q=1}^{N_c}\left(\sqrt{\frac{E_t}{M}}\rho_{l,p,q}\boldsymbol{a}_{\mathrm{TR}}(\varpi,\varpi_p)\right) \\
&= \sum_{p=1}^{N_p}\sum_{q=1}^{N_c}\left(\sqrt{\frac{E_t}{M}}\rho_{l,p,q}\tilde{\boldsymbol{E}}(\varpi_p)\boldsymbol{v}_A(\varpi)\right)
\end{aligned}
\qquad (6\text{-}44)
$$

其中，$\rho_{l,p,q}$ 为杂波单元散射系数。对应的补偿后的杂波协方差矩阵为

$$
\begin{aligned}
\boldsymbol{R}_c &= E\left(\tilde{\boldsymbol{x}}_c\tilde{\boldsymbol{x}}_c^{\mathrm{H}}\right) \\
&= E\left(\frac{E_t}{M}\sum_{p=1}^{N_p}\sum_{q=1}^{N_c}\left|\rho_{l,p,q}\right|^2\boldsymbol{a}_{\mathrm{TR}}(\varpi,\varpi_p)\boldsymbol{a}_{\mathrm{TR}}^{\mathrm{H}}(\varpi,\varpi_p)\right) \\
&= E\left(\frac{E_t}{M}\sum_{p=1}^{N_p}\sum_{q=1}^{N_c}\left|\rho_{l,p,q}\right|^2\tilde{\boldsymbol{E}}(\varpi_p)\boldsymbol{v}_A(\varpi)\boldsymbol{v}_A^{\mathrm{H}}(\varpi)\tilde{\boldsymbol{E}}^{\mathrm{H}}(\varpi_p)\right) \\
&= \tilde{\boldsymbol{E}}(\varpi_p)\left(E\left(\frac{E_t}{M}\sum_{p=1}^{N_p}\sum_{q=1}^{N_c}\left|\rho_{l,p,q}\right|^2\boldsymbol{v}_A(\varpi)\boldsymbol{v}_A^{\mathrm{H}}(\varpi)\right)\right)\tilde{\boldsymbol{E}}^{\mathrm{H}}(\varpi_p) \\
&= \tilde{\boldsymbol{E}}(\varpi_p)\boldsymbol{R}_0\tilde{\boldsymbol{E}}^{\mathrm{H}}(\varpi_p)
\end{aligned}
\qquad (6\text{-}45)
$$

$\boldsymbol{R}_0$ 是由基矢量 $\boldsymbol{v}_A(\varpi)$ 组成的杂波协方差矩阵，可以表示为

$$\boldsymbol{R}_0 = E\left(\frac{E_t}{M}\sum_{p=1}^{N_p}\sum_{q=1}^{N_c}\left|\rho_{l,p,q}\right|^2\boldsymbol{v}_A(\varpi)\boldsymbol{v}_A^{\mathrm{H}}(\varpi)\right) \qquad (6\text{-}46)$$

$\boldsymbol{R}_0$ 是半正定矩阵。因此，根据式（6-45）可知杂波秩满足 $\mathrm{rank}(\boldsymbol{R}_c) = \mathrm{rank}\left(\tilde{\boldsymbol{E}}(\varpi_p)\right)$，因此可用变换矩阵 $\tilde{\boldsymbol{E}}(\varpi_p)$ 的秩来代替 $\boldsymbol{R}_c$ 的秩。考虑无距离模糊情况，$\varpi_p = 0$，$\tilde{\boldsymbol{E}}(\varpi_p) = \boldsymbol{E}$，其中 $\boldsymbol{E}$ 为列满秩矩阵。因此，无距离模糊区的杂波秩满足

$$\mathrm{rank}(\boldsymbol{R}_c) = \mathrm{rank}\left(\tilde{\boldsymbol{E}}(\varpi_p)\right) = \mathrm{rank}(\boldsymbol{E}) = N + M - 1 \qquad (6\text{-}47)$$

很容易看出变换矩阵 $\tilde{\boldsymbol{E}}(\varpi_p)$ 的第一列和最后一列仅含有一个非零元素，即

$$\tilde{\boldsymbol{E}}_{\bullet,1}(\varpi_p) = (1,0,0,\cdots,0)^{\mathrm{T}} \qquad (6\text{-}48\text{-a})$$

$$\tilde{\boldsymbol{E}}_{\bullet,N+M-1}\left(\varpi_p\right)=\left(0,0,\cdots,0,\exp\left(\mathrm{j}\varpi_p\left(M-1\right)\right)\right)^{\mathrm{T}} \qquad (6\text{-}48\text{-}b)$$

于是不同距离模糊区对应的 $\tilde{\boldsymbol{E}}\left(\varpi_p\right)$ 的第一列和最后一列始终与无距离模糊区 $\tilde{\boldsymbol{E}}\left(\varpi_1\right)$ 的第一列和最后一列向量线性相关。但由于不同距离模糊区对应的角频率 $\varpi_p$ 不同，随着总距离模糊数的增加，$\tilde{\boldsymbol{E}}\left(\varpi_p\right)$ 中会出现新的线性无关的列向量，造成杂波秩增加。例如，当总距离模糊数 $N_p=1$ 时，杂波秩为 $N+M-1$。当 $N_p=2$ 时，$\tilde{\boldsymbol{E}}\left(\varpi_2\right)$ 中除了第一列和最后一列与 $\tilde{\boldsymbol{E}}\left(\varpi_1\right)$ 的第一列和最后一列向量线性相关，其余 $N+M-3$ 列均为新的线性无关的列向量，杂波秩增加了 $N+M-3$，导致总的杂波秩为 $2(N+M-2)$。当 $N_p=3$ 时，$\tilde{\boldsymbol{E}}\left(\varpi_1\right)$、$\tilde{\boldsymbol{E}}\left(\varpi_2\right)$ 和 $\tilde{\boldsymbol{E}}\left(\varpi_3\right)$ 中第二列和倒数第二列向量中仅含有两个非零元素，由这两列元素扩展成的子空间的秩固定为 2。换句话说，$\tilde{\boldsymbol{E}}\left(\varpi_3\right)$ 中的第二列和倒数第二列不会改变矩阵 $\left(\tilde{\boldsymbol{E}}\left(\varpi_1\right),\tilde{\boldsymbol{E}}\left(\varpi_2\right),\tilde{\boldsymbol{E}}\left(\varpi_3\right)\right)$ 的秩。此时，杂波秩增加了 $N+M-5$，导致总的杂波秩为 $3(N+M-3)$。类似地，当总距离模糊数由 $N_p-1$ 变为 $N_p$ 时，$\tilde{\boldsymbol{E}}\left(\varpi_{N_p}\right)$ 中 $2\left(N_p-1\right)$ 列向量中的非零元素个数不超过 $N_p$，这些列向量扩展成的子空间的行秩与列向量中非零元素的个数相等，均不超过 $N_p$，不会改变矩阵 $\left(\tilde{\boldsymbol{E}}\left(\varpi_1\right),\cdots,\tilde{\boldsymbol{E}}\left(\varpi_{N_p}\right)\right)$ 的秩。而 $\tilde{\boldsymbol{E}}\left(\varpi_{N_p}\right)$ 中其他 $N+M-(2N_p-1)$ 列向量中非零元素个数不超过 $N_p$，当总距离模糊数增加时，$\varpi_p$ 的不同会造成杂波秩增加 $N+M-(2N_p-1)$。于是，当总距离模糊数为 $N_p$ 时，总的杂波秩为

$$\mathrm{rank}\left(\boldsymbol{R}_{\mathrm{c}}\right)=N_p\left(N+M-N_p\right) \qquad (6\text{-}49)$$

发射-接收域的系统自由度为 $MN$，受到系统自由度的限制，杂波秩不能一直增加，最大距离模糊数需要满足以下约束条件

$$\mathrm{rank}\left(\boldsymbol{R}_{\mathrm{c}}\right)<MN \Rightarrow N_p<\min\left\{M,N\right\} \qquad (6\text{-}50)$$

可以看出，在发射阵元间距和接收阵元间距相等的情况下，FDA-MIMO 雷达系统最大距离模糊数受阵元数的限制，是发射阵元数和接收阵元数中的较小值。

接下来给出一组仿真实验来验证上述杂波秩估计准则的有效性，仿真参数如表 6.2 所示。当发射/接收阵元间距均为半波长时，根据式（6-50），最大距离模糊数为 5。图 6.11 给出了不同总距离模糊数下杂波的发射-接收域功率谱分布。可以看出，杂波功率谱在发射-接收域线性耦合，杂波脊个数随着总距离模糊数的增加而增加。当 $N_p\leqslant5$ 时，不同距离模糊区的杂波是可区分的。作为对比，图 6.11（f）中给出了 $N_p=6$ 时的杂波功率谱，此时距离模糊杂波在发射-接收域扩散，无法区分不同距离模糊区的杂波，系统失去解模糊能力。

表 6.2　FDA-MIMO 雷达系统仿真参数

| 参数 | 参数值 | 参数 | 参数值 |
|---|---|---|---|
| 发射阵元数 | 6 | 平台速度 | 150m/s |
| 接收阵元数 | 8 | 平台高度 | 6km |
| 脉冲数 | 10 | 最大无模糊距离 | 50km |
| 脉冲重复频率 | 3kHz | CNR | 50dB |
| 参考载频 | 1.5GHz | 训练样本数 | 500 |
| 频率步进量 | 3.5kHz | 目标空间锥角 | 90° |
| 发射阵元间距 | 0.1m | 目标斜距 | 15km |
| 接收阵元间距 | 0.1m | 目标径向速度 | 50m/s |

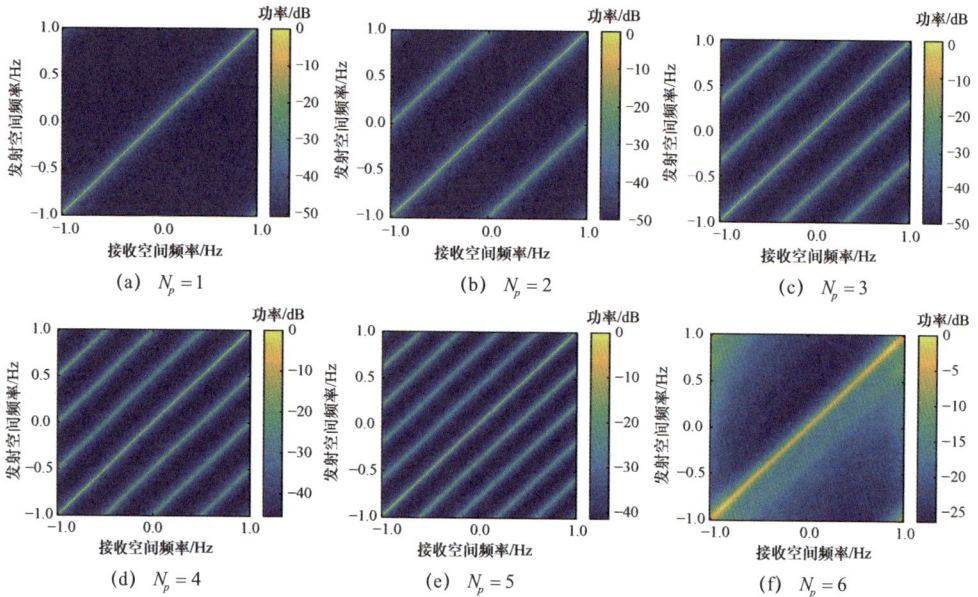

图 6.11　不同总距离模糊数下杂波的发射-接收域功率谱分布

杂波协方差矩阵可分解为

$$R_c = U\Lambda U^H \qquad (6\text{-}51)$$

其中，$\Lambda$ 为由特征值组成的对角矩阵，$U$ 为对应的特征矢量矩阵。图 6.12 所示为不同总距离模糊数下的杂波特征谱分布。黑色实线是基于所提的杂波秩估计准则得到的杂波秩估计值。表 6.3 给出了通过特征分解得到的杂波秩真实值。可以看出，$N_p$ 每增加 1，杂波秩增加 $N+M-(2N_p-1)$，与前面的理论分析结果一致。当杂波秩不超过系统自由度

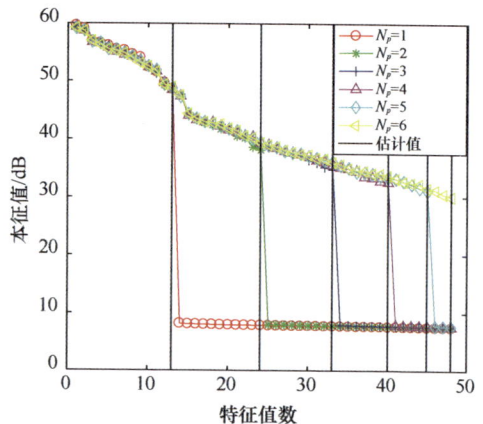

图 6.12　不同总距离模糊数下的杂波特征谱分布

时，所提准则能够准确估计杂波秩。当 $N_p \leqslant 5$ 时，在杂波功率谱中也可以区分不同距离模糊区对应的杂波。但当 $N_p > 5$ 时，不同距离模糊区的杂波在发射-接收域无法区分，杂波秩等于系统自由度。

表 6.3　通过特征分解得到的杂波秩真实值

| 参数 | 参数值 | | | | | |
|---|---|---|---|---|---|---|
| $N_p$ | 1 | 2 | 3 | 4 | 5 | 6 |
| rank$(R_c)$ | 13 | 24 | 33 | 40 | 45 | 48 |

## 6.5.2　阵列构型与杂波秩估计

6.5.1 小节中基于子空间变换的方法将杂波协方差矩阵拆分为变换矩阵和半正定矩阵的乘积，证明了杂波协方差矩阵与变换矩阵具有相同的维度，从而将问题简化为研究变换矩阵的秩。而且，FDA-MIMO 雷达发射-接收域的杂波功率谱分布取决于 $N_p$ 和 $\gamma = d_T / d_R$。当阵列构型改变时，变换矩阵中列向量间的相关性会随之改变。下面给出不同阵列构型下对应的杂波秩估计方法。

（1）阵列构型 1：$1 < \gamma \leqslant N / 2$ 且 $\gamma \in \mathbb{Z}$

此种阵列构型下，任意杂波散射块对应的补偿后的发射导向矢量为

$$\begin{aligned}
\boldsymbol{a}_T(\varpi, \varpi_p) &= \left(1, \exp\left(j(\gamma\varpi + \varpi_p)\right), \cdots, \exp\left(j(\gamma\varpi + \varpi_p)(M-1)\right)\right)^T \\
&= \boldsymbol{a}_{Tr}(\varpi_p) \odot \boldsymbol{a}_{T\theta}(\gamma, \varpi)
\end{aligned} \tag{6-52}$$

其中，$\boldsymbol{a}_{T\theta}(\gamma, \varpi) = \left(1, \exp(j\gamma\varpi), \cdots, \exp(j\gamma\varpi(M-1))\right)^T$ 为发射域角度导向矢量。类似地，发射接收导向矢量为

$$\begin{aligned}
\boldsymbol{a}_{TR}(\varpi, \varpi_p) &= \left(\boldsymbol{a}_{Tr}(\varpi_p) \odot \boldsymbol{a}_{T\theta}(\gamma, \varpi)\right) \otimes \boldsymbol{a}_R(\varpi) \\
&= \operatorname{diag}\left(\boldsymbol{a}_{Tr}(\varpi_p) \otimes \boldsymbol{1}_N\right) \boldsymbol{a}_{T\theta}(\varpi) \otimes \boldsymbol{a}_R(\varpi) \\
&= \operatorname{diag}\left(\boldsymbol{a}_{Tr}(\varpi_p) \otimes \boldsymbol{1}_N\right) \boldsymbol{E} \boldsymbol{v}_B(\varpi) \\
&= \tilde{\boldsymbol{E}}(\varpi_p) \boldsymbol{v}_B(\varpi)
\end{aligned} \tag{6-53}$$

其中，$\boldsymbol{v}_B(\varpi)$ 为给定角频率下由 $\boldsymbol{a}_{T\theta}(\varpi) \otimes \boldsymbol{a}_R(\varpi)$ 中的独立元素组成的基矢量。不同于 $\boldsymbol{v}_A(\varpi)$，$\boldsymbol{v}_B(\varpi)$ 依赖于阵元间距比 $\gamma$，可以表示为

$$\boldsymbol{v}_B(\varpi) = \left(1, \exp(j\varpi), \cdots, \exp\left(j(N-1+\gamma(M-1))\varpi\right)\right)^T \tag{6-54}$$

矩阵 $\boldsymbol{E}$ 可以表示为

$$
\boldsymbol{E} = \begin{pmatrix} 1 & & & & & & & & \\ & 1 & & & & & & & \\ & & \ddots & & & & & & \\ & & & 1 & & & & & \\ \underbrace{0\ 0\cdots1}_{\gamma} & & & & & & & & \\ & & & & 1 & & & & \\ & & & & & \ddots & & & \\ & & & & & & 1 & & \\ & & & & & & & \ddots & \\ 0\ 0 & & \cdots & & & & & & 1 \end{pmatrix}_{MN \times \left(N+\gamma(M-1)\right)}
\tag{6-55}
$$

当不存在距离模糊情况时，无距离模糊区的杂波秩满足

$$
\operatorname{rank}\left(\boldsymbol{R}_{\mathrm{c}}\right) = \operatorname{rank}\left(\tilde{\boldsymbol{E}}\left(\varpi_p\right)\right) = \operatorname{rank}\left(\boldsymbol{E}\right) = N + \gamma\left(M-1\right)
\tag{6-56}
$$

当存在距离模糊情况时，变换矩阵 $\tilde{\boldsymbol{E}}\left(\varpi_p\right)$ 的前 $\gamma$ 列和最后 $\gamma$ 列向量仅含有一个非零元素，可以表示为

$$
\tilde{\boldsymbol{E}}_{\bullet,i}\left(\varpi_p\right) = \boldsymbol{e}_i, \quad i = 1,\cdots,\gamma
\tag{6-57-a}
$$

$$
\tilde{\boldsymbol{E}}_{\bullet,i}\left(\varpi_p\right) = \exp\left(\mathrm{j}\varpi_p(M-1)\right)\boldsymbol{e}_i, i = N+\gamma(M-2)+1,\cdots,N+\gamma(M-1)
\tag{6-57-b}
$$

其中，$\boldsymbol{e}_i \in \mathbb{C}^{MN\times 1}$ 表示第 $i$ 个元素为 1、其他元素为 0 的单位列向量。由于只含一个非零元素，不同距离模糊区对应的 $\tilde{\boldsymbol{E}}\left(\varpi_p\right)$ 的前 $\gamma$ 列与最后 $\gamma$ 列向量始终线性相关，因此，随着距离模糊数增加，这 $2\gamma$ 列向量不会引起杂波秩的增加。但由于不同距离模糊区对应的 $\varpi_p$ 不同，$\tilde{\boldsymbol{E}}\left(\varpi_p\right)$ 中会出现其他线性无关的列向量，导致杂波秩增大。具体来说，当 $N_p=1$ 时，杂波秩为 $N+\gamma(M-1)$。当 $N_p=2$ 时，$\tilde{\boldsymbol{E}}\left(\varpi_2\right)$ 中的前 $\gamma$ 列向量和最后 $\gamma$ 列向量与 $\tilde{\boldsymbol{E}}\left(\varpi_1\right)$ 中的列向量线性相关，而 $\tilde{\boldsymbol{E}}\left(\varpi_2\right)$ 中的其他 $N+\gamma(M-1)-2\gamma$ 列向量与 $\tilde{\boldsymbol{E}}\left(\varpi_1\right)$ 中的列向量线性无关，使得杂波秩增加 $N+\gamma(M-1)-2\gamma$，总的杂波秩为 $2\left(N+\gamma(M-2)\right)$。当 $N_p=3$ 时，杂波秩增加 $N+\gamma(M-1)-4\gamma$，总的杂波秩为 $3\left(N+\gamma(M-3)\right)$。这是因为 $\tilde{\boldsymbol{E}}\left(\varpi_3\right)$ 中的 $\gamma+1$ 到 $2\gamma$ 列向量和 $N+\gamma(M-1)-2\gamma+1$ 到 $N+\gamma(M-1)-\gamma$ 列向量中含有两个非零元素，由这些列向量扩展得到的矩阵空间的行秩与非零元素的个数相等，固定为 2，因此 $\tilde{\boldsymbol{E}}\left(\varpi_3\right)$ 中的 $4\gamma$ 列向量不会引起杂波秩增加。考虑更一般性的情况，当总距离模糊数由 $N_p-1$ 变为 $N_p$ 时，变换矩阵中的 $2\gamma\left(N_p-1\right)$ 列向量中非零元素的个数小于

$N_p$，不会引起杂波秩增加，而其他 $N+\gamma(M-1)-2\gamma(N_p-1)$ 列向量中非零元素的个数大于等于 $N_p$，会引起杂波秩增加。因此，$N_p$ 重距离模糊数下总的杂波秩为

$$\text{rank}(\boldsymbol{R}_c) = N_p\left(N+\gamma(M-N_p)\right) \qquad (6\text{-}58)$$

此种阵列构型下的最大距离模糊数为

$$\text{rank}(\boldsymbol{R}_c)<MN \Rightarrow N_p<\min\left\{M,\left\lceil\frac{N}{\gamma}\right\rceil\right\} \qquad (6\text{-}59)$$

从式（6-59）中可以看出，最大距离模糊数受限于发射阵元数 $M$ 和接收阵元数与阵元间距比的比值 $N/\gamma$。

表 6.4 给出了 $1<\gamma\leqslant N/2$ 时不同总距离模糊数下的杂波秩真实值。可以看出，$N_p$ 每增加 1，杂波秩增加 $N+\gamma(M-1)-2\gamma(N_p-1)$，与理论分析结果一致。由式（6-59）可知，当 $\gamma$ 为 2、3、4 时，对应的最大距离模糊数分别为 3、2、1。当杂波秩不超过系统的自由度时，所提准则也能很好地估计杂波秩真实值。图 6.13 给出了 $1<\gamma\leqslant N/2$ 时不同总距离模糊数下的杂波特征谱分布。

表 6.4　$1<\gamma\leqslant N/2$ 时的杂波秩真实值

| 参数 | 参数值 | | |
|---|---|---|---|
| $N_p$ | 1 | 2 | 3 |
| $\text{rank}(\boldsymbol{R}_c)$（$\gamma=2$） | 18 | 32 | 42 |
| $\text{rank}(\boldsymbol{R}_c)$（$\gamma=3$） | 23 | 40 | 48 |
| $\text{rank}(\boldsymbol{R}_c)$（$\gamma=4$） | 28 | 48 | 48 |

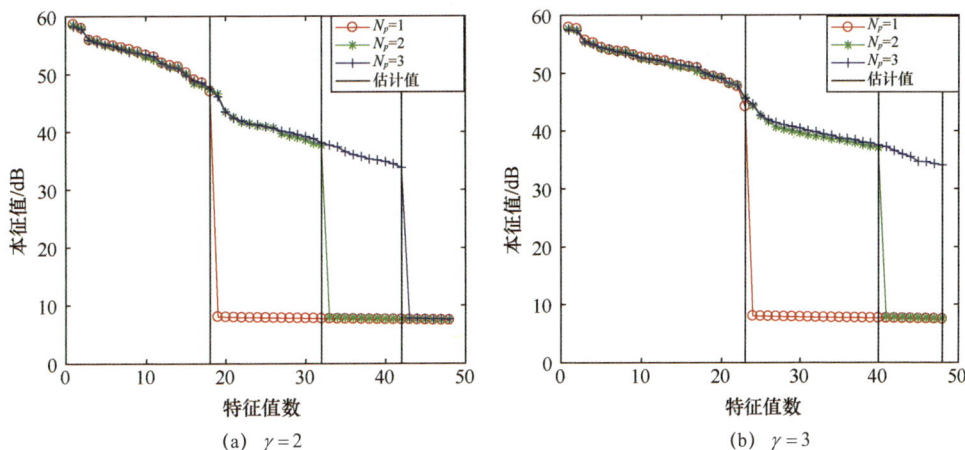

图 6.13　$1<\gamma\leqslant N/2$ 时不同总距离模糊数下的杂波特征谱分布

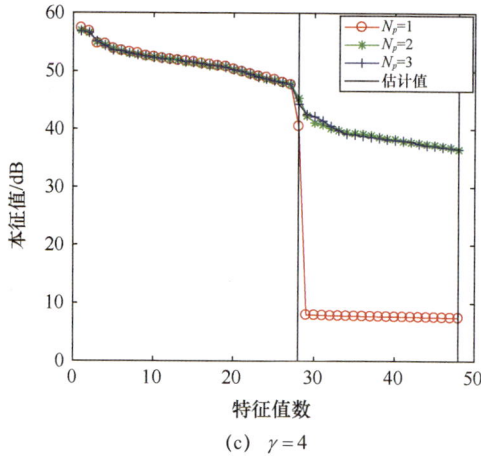

(c) $\gamma = 4$

图 6.13　$1 < \gamma \leqslant N / 2$ 时不同总距离模糊数下的杂波特征谱分布（续）

（2）阵列构型 2：$N / 2 < \gamma \leqslant N$ 且 $\gamma \in \mathbb{Z}$

当发射阵元间距更大，即 $N / 2 < \gamma \leqslant N$ 时，$\tilde{E}(\varpi_p)$ 中除了前 $\gamma$ 列和最后 $\gamma$ 列向量，中间的 $(M - 2)(2\gamma - N)$ 列向量中也仅含有一个非零元素。此时，若总距离模糊数由 $N_p - 1$ 变为 $N_p$，杂波秩将会增加 $N + \gamma(M - 1) - 2\gamma(N_p - 1) - (M - 2)(2\gamma - N)$，而非增加 $N + \gamma(M - 1) - 2\gamma(N_p - 1)$。于是，$N_p$ 重距离模糊数下总的杂波秩为

$$\operatorname{rank}(\boldsymbol{R}_c) = N_p\Big((M - 1)(N - \gamma) + (3 - N_p)\gamma\Big) + (M - 2)(2\gamma - N) \quad (6\text{-}60)$$

对应的系统最大距离模糊数为

$$\operatorname{rank}(\boldsymbol{R}_c) < MN \Rightarrow N_p < \min\left\{2, \left\lceil 2 + \frac{MN - M\gamma - N}{\gamma} \right\rceil\right\} \quad （6\text{-}61）$$

由式（6-61）可知，当 $N / 2 < \gamma \leqslant N$ 时，满足 $N_p < 2$，也就是 $N_p = 1$，此时系统已经失去了距离解模糊能力。根据式（6-59）和式（6-61）可知，FDA-MIMO 雷达系统中的距离解模糊能力与阵元间距比 $\gamma$ 成反比，而 MIMO 中虚拟孔径的长度随阵元间距比 $\gamma$ 的增加而增大，因此，FDA-MIMO 雷达系统的距离解模糊能力与虚拟孔径长度是互相制约的。在图 6.14 所示的仿真实验中，我们验证了 $N / 2 < \gamma \leqslant N$ 时的杂波秩估计准则，此时系统失去了距离解模糊能力，即不同阵元间距比下的最大距离模糊数均为 1。在 $\gamma = 5$、$\gamma = 6$ 和 $\gamma = 8$ 时，杂波秩分别为 33、38 和 48，杂波秩的估计值等于其真实值。

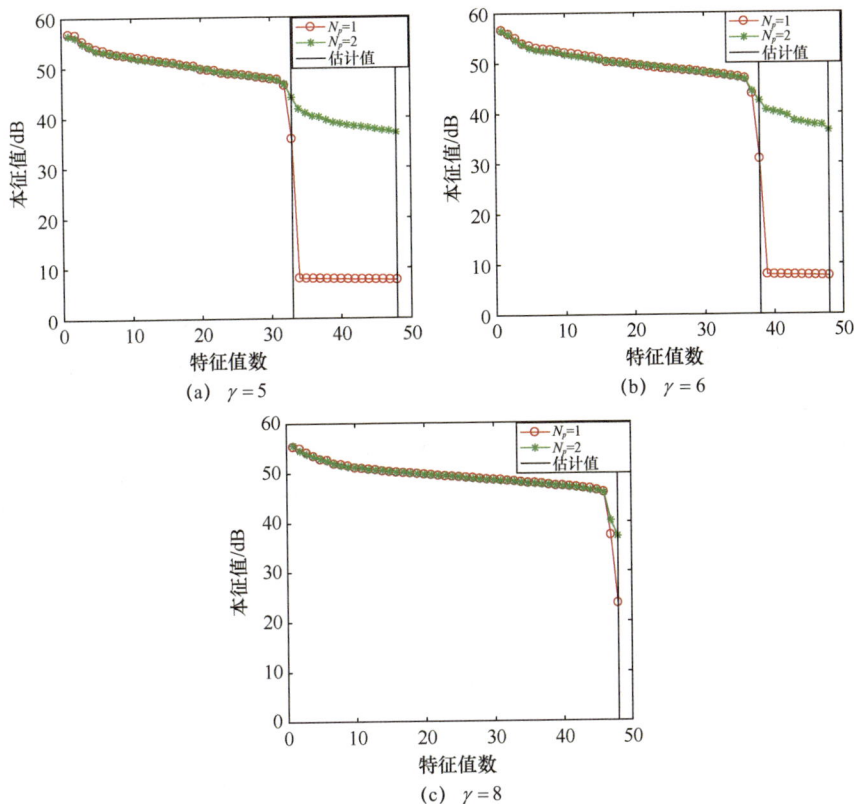

(a) $\gamma = 5$

(b) $\gamma = 6$

(c) $\gamma = 8$

图 6.14　$N/2 < \gamma \leqslant N$ 时不同总距离模糊数下的杂波特征谱分布

## 6.6　本章小结

本章针对高维 FDA-MIMO 雷达距离模糊杂波特性及杂波抑制技术展开研究。首先，本章分析了 FDA-MIMO 雷达距离模糊杂波功率谱特性，经 SRDC 后，不同距离模糊区的杂波功率谱能够在发射-接收域中区分。FDA-MIMO 雷达由于引入了额外的距离维可控自由度，能够在距离-角度-多普勒域进行三维自适应处理，于是将 STAP 技术拓展至空时距三维进行处理。这种全维处理器理论上具有最优的杂波抑制性能，但涉及很大的计算量，并需要大量满足独立同分布特性的训练样本，这在实际中是不可行的。为此，本章进一步提出了一种 3DL 降维自适应处理方法，该方法在目标波束周围选择辅助波束进行自适应处理，由于目标波束和辅助波束的通道是正交的，因此能够大大降低计算量和所需训练样本数。仿真结果表明降维自适应处理方法与全维处理器的性能相当，且所需样本数与计算量大大降低。然后，本章针对存在距离模糊情况下的杂波秩估计问题，提出了一种 FDA-MIMO 雷达杂波秩估计方法。该方法构造了等效变换矩阵代替杂波协方差矩阵，再对矩阵进行求秩，通过分析等效变换矩阵列向量间的相关性，推导了杂波秩的变化规律，建立了发射-接收阵元间距比、距离模糊数与杂波秩之间的定量关系，分析了 FDA-MIMO 雷达的最大距离模糊数。

# 参考文献

[1]  BAIZERT P, HALE T B, TEMPLE M A, et al. Forward-looking radar GMTI benefits using a linear frequency diverse array[J]. Electronics Letters, 2006, 42(22): 1311.

[2]  XU J W, ZHU S Q, LIAO G S. Space-time-range adaptive processing for airborne radar systems[J]. IEEE Sensors Journal, 2015, 15(3): 1602-1610.

[3]  XU J W, LIAO G S, ZHANG Y H, et al. An adaptive range-angle-Doppler processing approach for FDA-MIMO radar using three-dimensional localization[J]. IEEE Journal of Selected Topics in Signal Processing, 2017, 11(2): 309-320.

[4]  WANG K Y, LIAO G S, XU J W, et al. Clutter rank analysis in airborne FDA-MIMO radar with range ambiguity[J]. IEEE Transactions on Aerospace and Electronic Systems, 2022, 58(2): 1416-1430.

[5]  AKCAKAYA M, NEHORAI A. MIMO radar sensitivity analysis for target detection[J]. IEEE Transactions on Signal Processing, 2011, 59(7): 3241-3250.

[6]  GOODMAN N A. Angle-dependent range sidelobes of MIMO waveforms[C]//2015 IEEE Radar Conference (RadarCon). Arlington, VA, USA. IEEE, 2015: 1756-1760.

[7]  SAMMARTINO P F, BAKER C J, GRIFFITHS H D. Frequency diverse MIMO techniques for radar[J]. IEEE Transactions on Aerospace and Electronic Systems, 2013, 49(1): 201-222.

[8]  ZHANG J J, PAPANDREOU-SUPPAPPOLA A. MIMO radar with frequency diversity[C]//2009 International Waveform Diversity and Design Conference. Kissimmee, FL, USA. IEEE, 2009: 208-212.

[9]  BLISS D W, FORSYTHE K W, DAVIS S K, et al. Gmti mimo radar[C]//2009 International Waveform Diversity and Design Conference. IEEE, 2009: 118-122.

[10]  WARD J. Space-time adaptive processing for airborne radar[C]//IEE Colloquium on Space-Time Adaptive Processing. London, UK. IEE, 1998: 2.

[11]  CHEN C Y, VAIDYANATHAN P P. MIMO radar space–time adaptive processing using prolate spheroidal wave functions[J]. IEEE Transactions on Signal Processing, 2008, 56(2): 623-635.

[12]  WANG G H, LU Y L. Clutter rank of STAP in MIMO radar with waveform diversity[J]. IEEE Transactions on Signal Processing, 2010, 58(2): 938-943.

# 第7章　FDA-MIMO雷达抗主瓣转发欺骗干扰技术

## 7.1　引言

随着现代电子系统技术的发展，雷达系统遭受的电子干扰威胁愈加严重，干扰的方式和形式日益复杂，特别是有源干扰技术能够形成多维度灵巧调制的欺骗干扰信号，对雷达系统的威力和生存能力都提出了严峻的挑战。

从产生的效果出发，干扰主要分为压制式和欺骗式两大类。顾名思义，压制干扰的效果是使雷达无法工作，这类干扰可以在时域、频域、空域、极化域以及联合多维域产生大功率信号，达到使雷达接收机阻塞、目标淹没在干扰中等目的。而欺骗干扰的效果则是使雷达做出错误的判断，这类干扰通过产生类似真目标的假目标，以假乱真。目前，宽频覆盖、时域连续的压制干扰技术已经非常成熟，而干扰通常来自有限个空间方向，这就给雷达提供了空域抗干扰的可能。但是，在自卫式干扰环境下，识别来自主瓣方向的干扰成为雷达领域需要解决的难题。随着宽带雷达脉冲压缩技术的发展，压制干扰技术需要覆盖的频率范围很宽，干扰功率受限，且存在匹配滤波的损失，压制干扰的效能减弱。而欺骗干扰技术恰恰能弥补这一缺陷，通过对截获的雷达信号进行多普勒调制和时延调制，形成的假目标能够通过匹配滤波输出，对雷达产生严重的干扰。随着数字射频存储器（Digital Radio Frequency Memory，DRFM）技术的成熟，混合的压制干扰和欺骗干扰技术具有极强的干扰能力。

针对主瓣方向的欺骗干扰信号，人们尝试了多种解决方法和策略[1-5]。基于目标极化特征的解决思路是利用目标极化的多样性和复杂性来识别真目标，其基本假设是干扰机产生的极化为单极化或者确定的极化形式，与目标的极化形式不同。实际上，极化域抗欺骗干扰的性能与干扰机极化调制形式密切相关，并且极化自由度低、目标极化起伏变化等均是实际应用中尚待解决的问题。此外，人们研究了基于分布式多基地雷达系统的抗欺骗干扰性能，多基地雷达能够利用目标的空间去相关特性（需要满足一定的条件），以及干扰信号同源的特点实现干扰抑制。实际上，在很多应用场合中都需要单基地雷达具备抗干扰的能力，提升单基地雷达抗干扰能力是提升武器系统整体能力的关键。

本章介绍 FDA-MIMO 雷达抗主瓣转发欺骗干扰技术。首先分析欺骗干扰的信号特征，给出对抗主瓣转发欺骗干扰需要满足的约束条件。然后针对转发欺骗干扰问题，特别是主瓣方向的转发欺骗干扰问题，提出 FDA-MIMO 体制的抗主瓣转发欺骗干扰技术[6-7]。FDA-MIMO 雷达发射域包含的目标距离信息与脉冲雷达回波延迟所表达的目标距离信息，从信号处理角度上来讲是有本质区别的。通过利用信号导向矢量的距离-角度二维依赖性，FDA-MIMO 雷达具有跨脉冲信号的区分能力（即慢时间距离自由度），可对信号进行去模糊处理。目标信号通过距离-角度二维匹配检测，可实现距离-角度联合处理。对于主瓣方向跨周期的转发欺骗干扰，FDA-MIMO 雷达利用其慢时间-距离维的区分能力可解决主瓣转发欺骗干扰问题。

# 7.2 FDA-MIMO 雷达信号模型及干扰特性

## 7.2.1 构建信号模型

采用 MIMO 雷达技术可有效地虚拟发射自由度，从而将 FDA 的发射导向矢量的距离-角度二维依赖性加以利用，此时信号的导向矢量具有距离-角度二维依赖性。考虑 FDA-MIMO 雷达，MIMO 阵列具有 $M$ 个发射阵元和 $N$ 个接收阵元，阵列收发天线第 $m$ 个阵元的发射信号可表示为

$$s_m(t) = \sqrt{\frac{E}{N}} \varphi_m(t) \exp(j2\pi f_m t), \qquad 0 \leqslant t \leqslant T, \quad m = 1, 2, \cdots, M \qquad (7\text{-}1)$$

其中，$E$ 表示发射总能量；$T$ 为雷达脉冲持续时间；$f_m$ 表示第 $m$ 个阵元的发射载频，$f_0$ 为参考载频，$f_m = f_0 + (m-1)\Delta f$；$\varphi_m(t)$ 表示归一化功率的发射波形，即 $\int \varphi_m(t)\varphi_m^*(t)\mathrm{d}t = 1$，$m = 1, 2, \cdots, M$。此处假设波形满足正交条件

$$\int_T \varphi_m(t)\varphi_n^*(t-\tau)\mathrm{d}t = 0, \quad m \neq n, \forall \tau \qquad (7\text{-}2)$$

其中，$\tau$ 为任意时延。

考虑远场点源，信号由第 $m$ 个阵元发射，经过该远场点源后向散射，并由第 $n$ 个阵元接收，该信号的时延可表示为

$$\tau'_{m,n} = \tau_0 + \tau_{m,n} = \frac{2r_0}{c} - \frac{d(m-1)\sin\theta_0 + d(n-1)\sin\theta_0}{c} \qquad (7\text{-}3)$$

其中，$c$ 为光速，$r_0$ 为点源距离，$\theta_0$ 为点源角度，$\tau_0 = 2r_0/c$ 为公共时延，$\tau_{m,n}$ 表示阵元间时延差，$\tau'_{m,n}$ 表示考虑了点源距离的阵元间时延差，$d$ 为阵元间距。第 $n$ 个阵元接收到的信号可表示为

$$y_n(t) = \rho \sum_{m=1}^{M} \varphi_m(t-\tau'_{m,n}) \exp(j2\pi f_m(t-\tau'_{m,n})) \qquad (7\text{-}4)$$

其中，$\rho$ 为目标的复系数。考虑远场窄带假设条件，即 $\varphi_m(t-\tau) \approx \varphi_m(t-\tau_0)$，那么信号在经过第 $m$ 个匹配滤波器后可分解为

$$y_{m,n} = \rho \exp\left(-\mathrm{j}4\pi\frac{f_m}{c}r_0\right)\exp\left(\mathrm{j}2\pi\frac{f_m d}{c}(m-1)\sin\theta_0\right)$$

$$\times \exp\left(\mathrm{j}2\pi\frac{f_m d}{c}(n-1)\sin\theta_0\right)$$

$$\approx \xi\exp\left(-\mathrm{j}4\pi\frac{\Delta f}{c}(m-1)r_0\right)\exp\left(\mathrm{j}2\pi\frac{d}{\lambda_0}(m-1)\sin\theta_0\right) \qquad (7\text{-}5)$$

$$\times \exp\left(\mathrm{j}2\pi\frac{d}{\lambda_0}(n-1)\sin\theta_0\right)$$

其中，$\lambda_0 = c/f_0$ 为参考波长。定义 $\xi = \rho\exp(-\mathrm{j}4\pi f_0 r_0/c)$。因此 FDA-MIMO 雷达的接收信号可表示为

$$\boldsymbol{x}_\mathrm{s} = \left(y_{1,1}, y_{1,2}, \cdots, y_{1,N}, y_{2,1}, \cdots, y_{M,N}\right)^\mathrm{T} = \xi\boldsymbol{b}(\theta_0)\otimes\boldsymbol{a}(r_0,\theta_0) \qquad (7\text{-}6)$$

其中，$\boldsymbol{x}_\mathrm{s} \in \mathbb{C}^{MN\times1}$，$\boldsymbol{a}(r_0,\theta_0) \in \mathbb{C}^{M\times1}$ 和 $\boldsymbol{b}(\theta_0) \in \mathbb{C}^{N\times1}$ 分别为发射导向矢量和接收导向矢量，具体表示为

$$\boldsymbol{a}(r_0,\theta_0) = \boldsymbol{a}(r_0)\odot\boldsymbol{a}(\theta_0)$$

$$= \left(1, \exp\left(-\mathrm{j}4\pi\frac{\Delta f}{c}r_0\right), \cdots, \exp\left(-\mathrm{j}4\pi\frac{\Delta f}{c}(M-1)r_0\right)\right)^\mathrm{T} \odot \qquad (7\text{-}7)$$

$$\left(1, \exp\left(\mathrm{j}2\pi\frac{d}{\lambda_0}\sin\theta_0\right), \cdots, \exp\left(\mathrm{j}2\pi\frac{d}{\lambda_0}(M-1)\sin\theta_0\right)\right)^\mathrm{T}$$

$$\boldsymbol{b}(\theta_0) = \left(1, \exp\left(\mathrm{j}2\pi\frac{d}{\lambda_0}\sin\theta_0\right), \cdots, \exp\left(\mathrm{j}2\pi\frac{d}{\lambda_0}(N-1)\sin\theta_0\right)\right)^\mathrm{T} \qquad (7\text{-}8)$$

其中，$\boldsymbol{a}(r_0) \in \mathbb{C}^{M\times1}$ 和 $\boldsymbol{a}(\theta_0) \in \mathbb{C}^{M\times1}$ 分别表示距离导向矢量和角度导向矢量。相应的发射空间频率 $f_{\mathrm{Tx}}$ 和接收空间频率 $f_{\mathrm{Rx}}$ 可表示为

$$f_{\mathrm{Tx}} = f_r + f_\theta = -\frac{2r_0}{c}\Delta f + \frac{d}{\lambda_0}\sin\theta_0 \qquad (7\text{-}9)$$

$$f_{\mathrm{Rx}} = f_\theta = \frac{d}{\lambda_0}\sin\theta_0 \qquad (7\text{-}10)$$

其中，$f_r = -2\Delta f r_0/c$ 和 $f_\theta = d\sin\theta_0/\lambda_0$ 分别表示距离频率和角度频率。

从式（7-7）和式（7-9）可以看出，与传统 MIMO 雷达不同，FDA-MIMO 雷达的发射导向矢量和发射空间频率均具有距离-角度二维依赖性。图 7.1 给出了传统 MIMO 雷达和 FDA-MIMO 雷达中目标信号在发射-接收二维域的功率谱分布。在传统 MIMO 雷达中，目标信号的发射空间频率与接收空间频率是相同的，因此

目标信号在发射-接收二维域的分布沿对角线。而在 FDA-MIMO 雷达中，目标信号在发射-接收二维域的分布具有任意性，这是由于 FDA-MIMO 雷达的发射空间频率不仅是角度的函数，也是距离的函数。

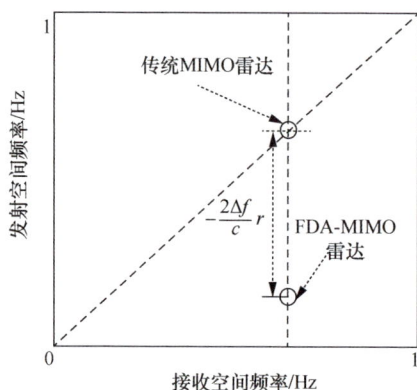

图 7.1　传统 MIMO 雷达和 FDA-MIMO 雷达中目标信号在发射-接收二维域的功率谱分布

## 7.2.2　干扰特性分析

本小节分析压制干扰与欺骗干扰的特性。在当今电子战中，这两类干扰被广泛应用，而对传统相控阵雷达而言，难以同时抑制这两类干扰。例如，实时假目标产生器能够截获雷达信号并产生大量的假目标副本，干扰雷达目标检测，使得雷达性能急剧恶化。图 7.2 给出了欺骗干扰环境下的雷达目标检测示意。实际中的干扰雷达同目标是合作关系，干扰雷达能随时获取目标的运动信息和位置信息，同时干扰雷达利用已截获的雷达信号，通过距离欺骗、多普勒调制等手段产生一系列的假目标，形成对一定空域的电子压制，保护目标完成入侵、突防等任务。尤其是当假目标位于主瓣区域时，将大大增加雷达探测真目标的难度，传统雷达性能急剧恶化。

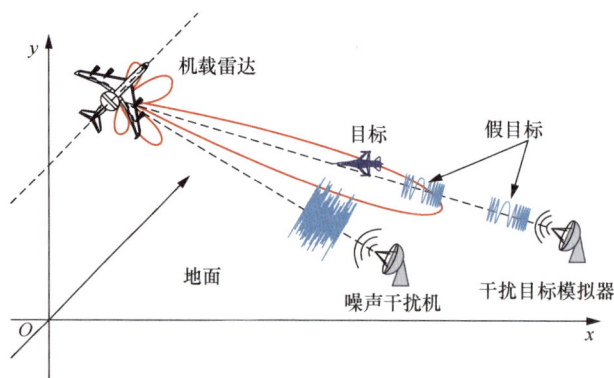

图 7.2　欺骗干扰环境下的雷达目标检测示意

## 1．压制干扰特性分析

假定有 $L$ 个来自 $\theta_l$（$l=1,2,\cdots,L$）方向的干扰信号，接收干扰可表示为

$$x_i = \sum_{l=1}^{L} \xi_l \boldsymbol{b}(\theta_l) \otimes \boldsymbol{n}_{al} \tag{7-11}$$

其中，$\xi_l$ 为均值为 0 的均匀复高斯随机变量，其方差为 $\sigma_l^2 = E\left(\xi_l \xi_l^*\right)$（$l=1,2,\cdots,L$），$E(\cdot)$ 为求数学期望运算；$\boldsymbol{n}_{al} \in \mathbb{C}^{M \times 1}$ 和 $\boldsymbol{b}(\theta_l) \in \mathbb{C}^{N \times 1}$ 分别表示相应类噪声的干扰发射导向矢量和干扰接收导向矢量。干扰具有噪声统计特性和强迫性，因此，$\boldsymbol{n}_{al}$ 也满足零均值高斯噪声分布，即 $\boldsymbol{n}_{al} \sim CN\left(0, \boldsymbol{I}_M\right)$。$\boldsymbol{b}(\theta_l) = \left(1, \exp\left(j2\pi d \sin(\theta_l)/\lambda_0\right), \cdots, \exp\left(j2\pi d (N-1)\sin(\theta_l)/\lambda_0\right)\right)^{\mathrm{T}}$。既然干扰之间相互独立，那么干扰的协方差矩阵可表示为

$$
\begin{aligned}
\boldsymbol{R} &= E\left(x_i x_i^{\mathrm{H}}\right) \\
&= E\left(\sum_{l=1}^{L} \xi_l \xi_l^* \left(\boldsymbol{b}(\theta_l) \otimes \boldsymbol{n}_{al}\right)\left(\boldsymbol{b}(\theta_l) \otimes \boldsymbol{n}_{al}\right)^{\mathrm{H}}\right) \\
&= \sum_{l=1}^{L} \sigma_l^2 \boldsymbol{b}(\theta_l) \boldsymbol{b}(\theta_l)^{\mathrm{H}} \otimes \boldsymbol{I}_M
\end{aligned}
\tag{7-12}
$$

## 2．欺骗干扰特性分析

数字调制频率存储器的出现使得假目标产生器可以进行监听、存储并重复雷达发送的信号来欺骗雷达系统。假目标产生器需要几个脉冲重复周期来识别雷达的发送波形，然后利用截获到的波形复制出多个假目标。这种假目标产生器通常被称为数字调制频率存储重复干扰机，它产生的假目标会出现在任意距离环和多普勒阵元上。

考虑有 $J$ 台干扰机，第 $j$（$j=1,\cdots,J$）台干扰机在距离 $r_j$、角度 $\theta_j$ 处会产生许多假目标。考虑一个假目标产生器位于距离 $r_j$、角度 $\theta_j$ 处，该假目标产生器截获到的波形可以表示为

$$\chi(t) = \sum_{n=1}^{N} \varphi_n\left(t - \frac{\tau_j}{2} - \tau_{j,n}\right) \exp\left(j2\pi f_n\left(t - \frac{\tau_j}{2} - \tau_{j,n}\right)\right) \tag{7-13}$$

其中，$\tau_j = 2r_j/c$，$\tau_{j,n} = -d(n-1)\sin(\theta_j)/c$。假目标产生器将截获到的波形进行存储并对波形进行调制，将调制结果转发给雷达接收机。需要说明的是，假目标产生器会在下一个雷达脉冲到来之前通过延迟一定的存储脉冲时间来产生具有负偏移的假目标。实际上，通过合适的时序控制，假目标既可以有负偏移也可以有正偏移。

对于主瓣欺骗式假目标，假目标角度与真目标角度相同，即 $\theta_j = \theta$。在不失一般性的前提下，考虑有 $J$ 台干扰机，每台干扰机都会产生 $P_j$ 个假目标，则第 $m$ 个阵元接收到的来自第 $p$（$p=1,2,\cdots,P_j$）个假目标的信号可以表示为

$$y_m \approx \rho_p \exp\left( j2\pi \frac{2v_p}{\lambda_0 f_{PRF}} t \right) \sum_{n=1}^{N} \left( \varphi_n \left( t - \tau_j - \tau_{j,m} - \tau_{j,n} - \Delta\tau_p \right) \right.$$
$$\left. \times \exp\left( j2\pi f_m \left( t - \tau_j - \tau_{j,m} - \tau_{j,n} - \Delta\tau_p \right) \right) \right) \tag{7-14}$$

其中，$\rho_p$ 和 $v_p$ 分别表示第 $p$ 个假目标的幅度调制信息和速度调制信息，$f_{PRF}$ 表示脉冲重复频率，$\Delta\tau_p$ 表示第 $p$ 个假目标在干扰机内的调制存储时延。假目标所在的距离门由其在假目标产生器中的存储时延来决定。因此，第 $p$ 个假目标的等效实际距离为 $r_p = r_j + c\Delta\tau_p/2$。

经匹配滤波处理后，假目标可以分解为

$$y_{j,m,n} \approx \xi_{j,p} \exp\left( -j4\pi \frac{\Delta f}{c} r_j'(m-1) \right) \exp\left( j2\pi \frac{d}{\lambda_0}(m-1)\sin\theta \right)$$
$$\times \exp\left( j2\pi \frac{d}{\lambda_0}(n-1)\sin\theta \right) \tag{7-15}$$

其中，$\xi_{j,p}$ 包括幅度调制、速度调制和脉压增益信息。注意，式（7-15）等号右侧的第一个指数项与信号在空间中的传播距离及频率步进量有关，与在假目标产生器中的存储时延以及速度调制无关。因此，接收信号中包含假目标产生器的真实距离-角度信息。在 FDA-MIMO 雷达中，假目标信号可以表示为

$$\boldsymbol{x}_j = \sum_{j=1}^{J} \sum_{p=1}^{P_j} \xi_{j,p} \boldsymbol{b}(\theta) \otimes \boldsymbol{a}(r_p, \theta) \tag{7-16}$$

值得注意的是，假目标的距离门信息与式（7-16）中的 $r_p$ 是不匹配的，这是由假目标产生器中的存储时延造成的。假目标产生器产生的假目标在雷达接收机中相对应的发射空间频率和接收空间频率分别表示为

$$f_{Tx,j} = f_{r,j} + f_{\theta,j} = -2\frac{\Delta f}{c} r_p + \frac{d}{\lambda_0}\sin\theta \tag{7-17}$$

$$f_{Rx,j} = f_{\theta,j} = \frac{d}{\lambda_0}\sin\theta \tag{7-18}$$

一种典型情况是，假目标产生器将产生的假目标放置在真目标所在的距离门，由于假目标功率比真目标功率高，因此真目标通常被淹没在假目标背景中，从而难以被检测到。在这种情况下，FDA-MIMO 雷达的接收信号可表示为

$$x = x_s + x_i + x_j + x_n$$

$$= \xi b(\theta_0) \otimes a(r_0, \theta_0) + \sum_{l=1}^{L} \xi_l b(\theta_l) \otimes n_{al} + \sum_{j=1}^{J} \sum_{p=1}^{P_j} \xi_{j,p} b(\theta) \otimes a(r_p, \theta) + x_n \tag{7-19}$$

其中，$x_n$ 为独立噪声，我们假设其为零均值、方差为 $\sigma^2 I_{MN}$ 的均匀分布的高斯矢量。此处，信号来向未知，在这种情况下，$x$ 满足高斯分布，且其均值为 $x_s$，协方差矩阵为 $Q = R + \sigma^2 I_{MN}$。由于真目标和假目标的导向矢量依赖于距离和角度，而假目标产生器中的存储时延和速度调制对假目标的距离-频率没有影响，因此，尽管假目标会与真目标处于相同的距离门，但它们的导向矢量是不同的。

## 7.3　FDA-MIMO 雷达抗干扰原理

### 7.3.1　抗主瓣转发欺骗干扰基本原理

下面结合雷达系统与信号处理的概念，阐述 FDA-MIMO 雷达的距离维可控自由度在对抗欺骗干扰中的应用，给出 FDA-MIMO 雷达对抗欺骗干扰的条件及方法。

首先，考虑自卫式干扰机的工作过程。通常干扰机是在发现自身被雷达跟踪锁定之后，开始截获雷达信号并释放假目标以实现突防或机动的。在实际雷达系统中，目标的航迹跟踪预测是在一定的角度、距离和多普勒邻域内进行的。若干扰机释放的假目标在距离上与真目标的偏差很大，且在数据处理阶段会形成新的航迹或不能形成有效航迹，则起不到干扰效果。因此，干扰机通常采用两种典型的干扰策略：（1）在目标附近产生大量的假目标，如图 7.3 所示，使得雷达处理器的数据量急剧增大并达到饱和，从而获取突防和机动时间；（2）严格控制假目标时延，产生的假目标历经停拖期、拖引期和休止期 3 个典型期，使得雷达跟踪并锁定到假目标上，并最终丢失真目标。

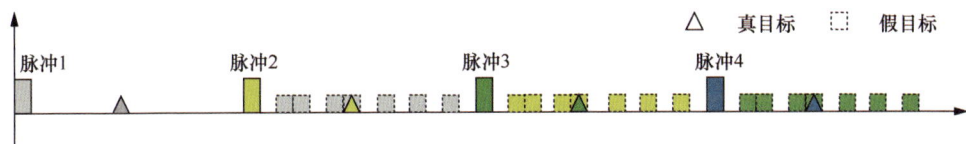

△　真目标　　□　假目标

脉冲1　　脉冲2　　脉冲3　　脉冲4

图 7.3　伪随机分布的假目标示意

由于 LFMCW 模糊函数是时频耦合的，因此，通过频率偏移的设计可以实现假目标的超前和滞后。然而，对于 MIMO 雷达中的多相编码波形，其模糊函数是图钉形的，因此，转发的假目标必然滞后于真目标。这里给出一个例子。假设雷达脉冲宽度为 2μs，子脉冲宽度为 0.02μs，则形成的假目标与真目标的时延至少相差 2μs。按照电磁波传播速度计算，对应距离为 300m，而雷达的距离分辨率高达 3m，即两目标相差 100 个距离门。因此，若要有效发挥干扰目标效能，干扰机通常需要分选雷达参数并设计干扰时序，形成快时间域上超前和滞后的假目标。欺骗式假目标产生时序的示意如图 7.4 所示。

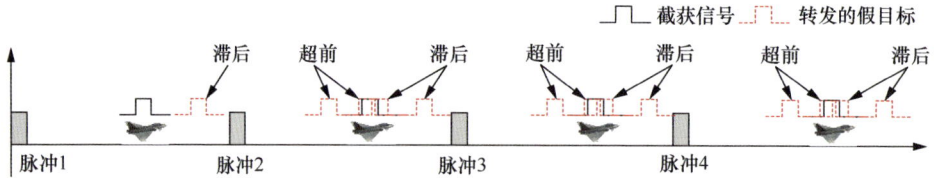

图 7.4 欺骗式假目标产生时序示意

对于上述自卫式干扰机产生的假目标，在传统体制下，真目标和假目标无法区分。而在本书介绍的 FDA-MIMO 体制下，假目标的发射导向矢量中包含时延信息，尽管假目标和真目标在距离上存在超前和滞后的关系，但假目标在发射导向矢量中的等效距离一定大于干扰机的真实距离。下面分析 FDA-MIMO 雷达对抗欺骗干扰的基本原理。为不失一般性，如图 7.5 所示，依据干扰机产生的假目标在雷达回波中的位置，将假目标分为两类：位于Ⅰ区的假目标和位于Ⅱ区的假目标。Ⅰ区的假目标是由干扰机快速转发出去的，假目标与干扰机后向散射信号（真目标）位于雷达同一个接收脉冲重复周期之内；Ⅱ区的假目标在干扰机内的存储时延较长，假目标相比干扰机后向散射信号晚一个或几个脉冲重复周期。这里主要针对Ⅱ区的假目标给出对抗方法。对于Ⅰ区的假目标，理论上，雷达采用前沿跟踪即可实现有效对抗。

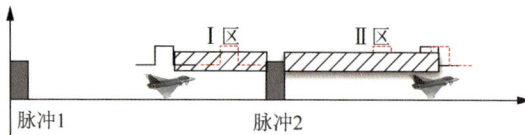

图 7.5 两个时间区间的欺骗式假目标

考虑雷达搜索过程中获得的干扰机先验信息，包括距离、角度等，假设干扰机的参数为 $\left(r_j, \theta_j\right)$，则干扰机后向散射信号对应的发射空间频率和接收空间频率分别为

$$f_{Tj} = -\frac{2\Delta f r_j}{c} + \frac{d_T}{\lambda_0}\cos\theta_j \qquad (7\text{-}20)$$

$$f_{Rj} = \frac{d_R}{\lambda_0}\cos\theta_j \qquad (7\text{-}21)$$

其中，$d_T$ 表示发射阵元的阵元间距，$d_R$ 表示接收阵元的阵元间距。经过干扰机存储转发的第 $p$ 个假目标与位于 $(r_{j,p}, \theta_j)$ 处的真目标完全一致，其对应的发射空间频率和接收空间频率分别为

$$f_{Tj,p} = -\frac{2\Delta f r_{j,p}}{c} + \frac{d_T}{\lambda_0}\cos\theta_j \qquad (7\text{-}22)$$

$$f_{Rj,p} = \frac{d_R}{\lambda_0}\cos\theta_j \qquad (7\text{-}23)$$

由此可见，由同一个干扰机存储转发的假目标的接收空间频率相同，并且与干扰机后向散射信号的一致。而不同假目标的存储延迟不同，其发射空间频率也不同。本质上，区分干扰机后向散射信号与假目标是利用了存储时延的信息。因此，可以考虑对回波信号按距离门进行发射角频率补偿，补偿之后的后向散射信号与假目标对应的发射空间频率可以表示为

$$\tilde{f}_{Tj} = \frac{d_T}{\lambda_0}\cos\theta_j \qquad (7\text{-}24)$$

$$\tilde{f}_{Tj,p} = -\frac{2\Delta f r_u q}{c} + \frac{d_T}{\lambda_0}\cos\theta_j \qquad (7\text{-}25)$$

其中，$r_u = c/(2f_{PRF})$，$q = 1,2,\cdots$ 表示转发延迟的脉冲数。由此可见，经过补偿后，干扰机产生的假目标在发射-接收二维域是离散分布的，等效距离模糊数一致的假目标具有相同的空间谱分布。当转发延迟的脉冲数有限时，假目标在二维域是离散并且有限的。图 7.6 给出了真目标和假目标在发射-接收二维域的分布示意。图中分别给出了真目标、延迟 1 个脉冲重复周期的假目标、延迟 2 个脉冲重复周期的假目标和延迟 3 个脉冲重复周期的假目标的示意。由图 7.6 可见，经过发射角频率补偿之后，真目标在发射-接收二维域是沿对角线分布的；而假目标由于时延而位于滞后的脉冲重复周期内，其在发射-接收二维域的分布不同于真目标。

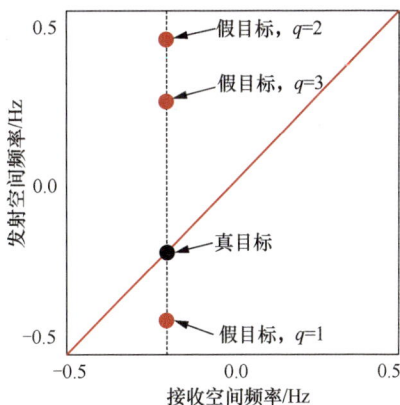

图 7.6　真目标和假目标在发射-接收二维域的分布示意

## 7.3.2　抗干扰约束条件

雷达系统通过参考本地振荡器来确定回波的时延，目标回波是被目标后向散射还是被干扰机延迟转发并无区别。虽然式（7-14）中的信号对应干扰机产生的假目标信号，但如果在距离 $r_p = r_j + c\Delta\tau_p/2$ 处有目标，则两者的信号形式是完全相同的，仅凭回波信号本身是不可能区分真目标和假目标的。在实际应用中，在某些特定先验知识条件下才可能将真目标与假目标区分开。

对于欺骗干扰信号的抑制，重要的是使期望目标信号在某一特征域内与假目标有所区别。图 7.7 提供了一个直观的例子。有一架飞机携带干扰机，在这个例子中飞机本身是期望目标。干扰机截获雷达波形，然后将该波形复制并转发给探测雷达设备。由于存在时延，假目标在下一个脉冲被雷达接收。由于距离模糊，在下一个脉冲中，假目标可能早于或晚于真目标出现，甚至与真目标重叠。

**图 7.7　目标信号和欺骗干扰信号示例**

一般来说，我们假设：（1）期望目标的距离-角度在当前雷达阶段是可用的；（2）假目标被延迟至少一个脉冲（周期）。这两个约束条件是区分真目标和假目标所必需的。对于第一个约束，它是合理的，因为雷达系统在前一个搜索阶段就可以得到距离-角度的估计。此外，在当前的抗干扰阶段，对参数的估计精度要求相对较低。下面在已知期望目标的距离-角度的前提下，利用距离门先验信息，沿距离门进行距离依赖补偿。因此，期望目标和假目标的等效发射空间频率可以写成

$$\hat{f}_{\text{Tx}} = \frac{d_{\text{T}}}{\lambda_0}\sin\theta \qquad (7\text{-}26)$$

$$\hat{f}_{\text{Tx},j} = -\frac{2\Delta f R_{\text{u}} q_{j,p}}{c} + \frac{d_{\text{T}}\sin\theta}{\lambda_0} \qquad (7\text{-}27)$$

其中，$R_{\text{u}} = c/2f_{\text{PRF}}$ 为雷达最大无模糊距离，$q_{j,p}$ 为第 $j$ 个干扰机产生的第 $p$ 个假目标对应的延迟脉冲数。将 $\alpha = 2\Delta f R_{\text{u}}/c$ 定义为 $\Delta f$（频率步进量）与 $f_{\text{PRF}}$ 的比值，这是一个系统确定的参数，我们可以将第 $(j,p)$ 个假目标的等效发射空间频率改写为

$$\hat{f}_{\text{Tx},j} = -\alpha q_{j,p} + \frac{d_{\text{T}}\sin\theta}{\lambda_0} \qquad (7\text{-}28)$$

由此可见，期望目标和假目标在发射域上有 $\alpha q_{j,p}$ 项的差别。为了区分期望目标和假目标，基于归一化角频率的周期性，$\alpha q_{j,p}$ 项需要满足以下约束条件

$$\alpha q_{j,p} \notin \mathbb{Z} \qquad (7\text{-}29)$$

通常情况下，假目标的延迟脉冲数是未知的。因此，我们考虑以下两种情况。

（1） $q_{j,p} = 0$。

在这种情况下，由于 $\alpha q_{j,p} = 0$，假目标和真目标仍然停留在同一个脉冲中，它们的发射空间频率相同，无法进行区分。因此，欺骗干扰信号与真目标没有差别。

（2） $q_{j,p} \in \mathbb{N}_+$（正整数集）。

在这种情况下，假目标被延迟至少一个脉冲。为满足式（7-29）所示的约束条件，参数 $\alpha$ 应设计为

$$\alpha \notin \left\{ \frac{l}{m} \middle| l \in \mathbb{Z}, m \in \mathbb{N}_+ \right\} \tag{7-30}$$

在实际应用中，假目标的延迟脉冲数不能无限大，也就是说，$q_{j,p}$ 是一个有限正整数，$\alpha$ 会有很多解以满足这个约束。

从理论上讲，由于真目标和假目标在发射域存在差异，因此对欺骗干扰信号可进行识别和抑制。本小节揭示了抑制欺骗干扰的必要条件，即现阶段雷达可获得期望目标的距离-角度信息，以及假目标相比真目标至少延迟一个脉冲，满足跨脉冲重复周期转发的条件。

## 7.3.3　抗干扰约束条件分析

由式（7-9）和式（7-17）可知，发射空间频率包含距离维信息，可利用这一特点来进行真、假目标的辨别。当距离模糊存在时，真目标的距离 $r_0$ 进一步表示为

$$r_0 = r_0' + (q-1)R_u \tag{7-31}$$

其中，$r_0'$ 为真目标的主值距离（由距离门数和距离门大小确定）；$q$ 为真目标的距离模糊数，且有 $q = \mathrm{int}(r_0/R_u)$，$\mathrm{int}(\cdot)$ 表示向下取整；$R_u = c/2f_{\mathrm{PRF}}$ 为最大无模糊距离。

考虑假目标由 FTG 将截获的雷达信号延迟至少一个或多个脉冲后进行转发，则第 $p$ 个假目标的距离可表示为

$$r_p = r_p' + (q'-1)R_u \tag{7-32}$$

其中，$r_p'$ 表示第 $p$ 个假目标的主值距离；$q'$ 为假目标的距离模糊数，且有 $q' = \mathrm{int}(r_p/R_u)$。真目标与第 $p$ 个假目标的发射空间频率差为

$$\Delta f_{\mathrm{diff}} = \frac{2\Delta f}{c}R_u = \frac{\Delta f}{f_{\mathrm{PRF}}} = z + u \tag{7-33}$$

其中，$z$ 为 $\Delta f/f_{\mathrm{PRF}}$ 的整数部分；$u$ 为 $\Delta f/f_{\mathrm{PRF}}$ 的小数部分，且 $u \in (0,1)$。值得注意的是，一旦给定雷达的 $\Delta f$ 和 $f_{\mathrm{PRF}}$ 参数，$z$ 和 $u$ 为常数。由于相位差具有 $2\pi$ 周期性，可忽略整数部分 $z$ 的影响。

假设真目标主值距离可以获取，则可以对接收的回波信号进行主值距离依赖

性补偿。以真目标的主值距离为基准，计算发射端频率补偿量 $f_C = 2r_0'\Delta f/c$，构造发射域补偿矢量

$$\boldsymbol{h} = \left(1, \exp\left(j2\pi f_C\right), \cdots, \exp\left(j2\pi\left(M-1\right)f_C\right)\right)^T \tag{7-34}$$

则联合发射-接收二维域补偿矢量可表示为

$$\boldsymbol{g} = \boldsymbol{1}_N \otimes \boldsymbol{h} = \left(1,1,\cdots,1\right)^T \otimes \left(1, \exp\left(j2\pi f_C\right), \cdots, \exp\left(j2\pi\left(M-1\right)f_C\right)\right)^T \tag{7-35}$$

其中，$\boldsymbol{1}_N$ 表示 $N$ 维全 1 列向量（或全 1 矢量）。利用频率补偿量分别对真目标和假目标的发射空间频率进行补偿，则补偿后的真目标与假目标的发射空间频率可以表示为

$$f_{\text{Tx-comp}} = -\left(q-1\right)u + \frac{d}{\lambda_0}\sin\theta_0 \tag{7-36}$$

$$f_{\text{Tx},j\text{-comp}} = \frac{2r_\Delta\Delta f}{c} - \left(q'-1\right)u + \frac{d}{\lambda_0}\sin\theta_j \tag{7-37}$$

其中，$r_\Delta = r_0' - r_p'$ 表示补偿后假目标的剩余主值距离。由此可见，经过补偿后的真、假目标在发射空间频率上存在差异，因此可利用这一特性在联合发射-接收二维域上实现真、假目标的鉴别，真、假目标的发射空间频率差可以表示为

$$\Delta\tilde{f}_{\text{comp}} = \left|f_{\text{Tx-comp}} - f_{\text{Tx},j\text{-comp}}\right| = \left|\left(q'-q\right)u - \frac{2\Delta f r_\Delta}{c}\right| \tag{7-38}$$

# 7.4 FDA-MIMO 雷达抗干扰方法

## 7.4.1 传统自适应波束形成方法

雷达接收的包括目标、干扰、噪声在内的信号会经过一个发射-接收二维波束形成器，因此，合理设计该波束形成器成为关键。众所周知，MVDR 波束形成器已被广泛应用。因此，借助于 MVDR 波束形成器，可以在 FDA-MIMO 雷达中设计以下凸优化问题

$$\min_{\boldsymbol{w}}\left\{\boldsymbol{w}^H\boldsymbol{R}_{j+n}\boldsymbol{w}\right\}$$
$$\text{s.t.} \quad \boldsymbol{w}^H\boldsymbol{u}\left(q_0,\theta_0\right) = 1 \tag{7-39}$$

其中，$\boldsymbol{R}_{j+n}$ 为干扰加噪声协方差矩阵，$\boldsymbol{u}\left(q_0,\theta_0\right)$ 为真目标的导向矢量，可以表示为发射导向矢量、接收导向矢量的克罗内克积形式

$$\boldsymbol{u}\left(q_0,\theta_0\right) = \boldsymbol{b}\left(\theta_0\right) \otimes \boldsymbol{a}\left(q_0,\theta_0\right) \tag{7-40}$$

其中，$\boldsymbol{w}$ 为 $MN\times1$ 维最优权矢量，计算如下

$$\boldsymbol{w} = \mu\boldsymbol{R}_{j+n}^{-1}\boldsymbol{u}\left(q_0,\theta_0\right) \tag{7-41}$$

其中，系数 $\mu = 1/\left(\boldsymbol{u}\left(q_0,\theta_0\right)^H\boldsymbol{R}_{j+n}^{-1}\boldsymbol{u}\left(q_0,\theta_0\right)\right)$。接收信号经过设计的发射-接收二维波

束形成器后，其中的假目标由于距离维的失配而被抑制。通过仿真实验验证 FDA-MIMO 雷达抗干扰方法的有效性。FDA-MIMO 雷达系统仿真参数如表 7.1 所示。

表 7.1　FDA-MIMO 雷达系统仿真参数

| 参数 | 参数值 | 参数 | 参数值 |
|---|---|---|---|
| 第一个天线载频 | 10GHz | 阵元数 $N$, $M$ | 10 |
| 频率步进量 | 1 871 250Hz | 阵元间距 | 0.015m |
| 脉冲重复频率 | 5000Hz | 距离门数 | 200 |
| 目标距离 | 100km | 目标角度 | 0° |
| 假目标 1 距离 | 245km | 假目标 1 角度 | 0° |
| 假目标 2 距离 | 250km | 假目标 2 角度 | 0° |
| 假目标 3 距离 | 265km | 假目标 3 角度 | 30° |
| SNR | 15dB | 干噪比 1 | 20dB |
| 干噪比 2 | 25dB | 干噪比 3 | 30dB |

图 7.8 给出了真、假目标功率谱分布及方向图。如图 7.8（a）所示，在传统 MIMO 雷达中，由于真目标、假目标 1 和假目标 2 具有相同的发射/接收空间频率，因此它们在发射-接收二维域沿对角线分布。而在图 7.8（b）中，由于 FDA-MIMO 雷达的发射导向矢量具有距离-角度二维依赖性，因此目标在发射-接收二维域上任意分布。真、假目标具有不同的发射空间频率，经过发射频率补偿后，可以在联合发射-接收二维域被区分开。值得注意的是，对于处在同一距离门内的真目标和假目标 2，由于它们具有不同的模糊次数，其发射空间频率存在差异，因此可以在发射-接收二维域上被区分开。图 7.8（c）为对应的 FDA-MIMO 雷达距离-角度二维自适应波束形成结果。由于仅真目标的距离-角度信息与约束相吻合，因此经过自适应波束形成器能获得最大输出功率，而假目标由于距离维信息不匹配而被抑制。图 7.8（d）对比了传统单输入单输出（Single-Input Single-Output，SISO）雷达、传统 MIMO 雷达以及 FDA-MIMO 雷达的方向图剖面。传统 SISO 雷达不具备抗干扰的能力，而在传统 MIMO 雷达中，主瓣干扰的存在会导致目标信号相消，引起自适应方向图畸变。

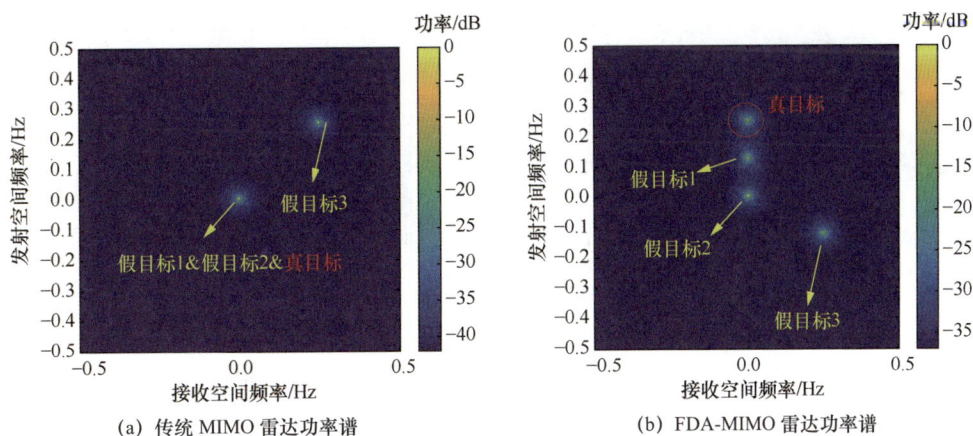

(a) 传统 MIMO 雷达功率谱

(b) FDA-MIMO 雷达功率谱

图 7.8　真、假目标功率谱分布及方向图

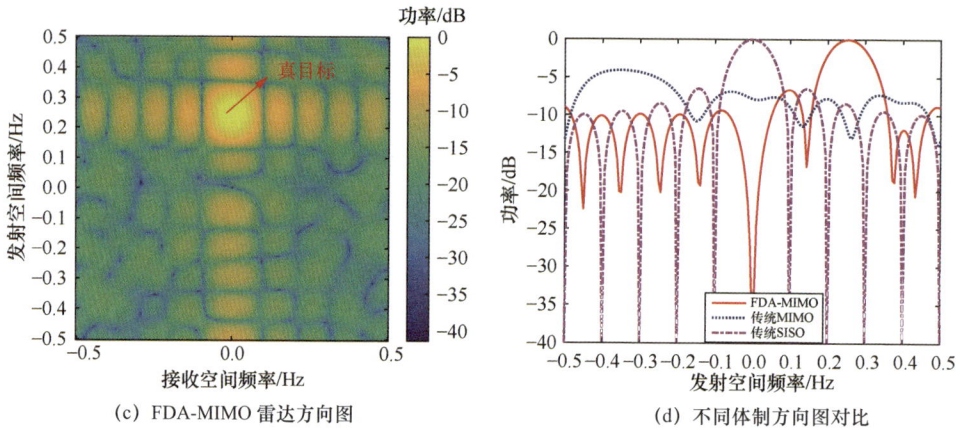

(c) FDA-MIMO 雷达方向图    (d) 不同体制方向图对比

图 7.8　真、假目标功率谱分布及方向图（续）

图 7.9 给出了距离-角度二维自适应匹配滤波输出。如图 7.9（a）所示，对于 FDA-MIMO 雷达，通过距离-角度二维自适应匹配滤波，真目标获得最大输出功率，而假目标由于距离维信息的失配而被抑制。图 7.9（b）对比了传统 SISO 雷达、传统 MIMO 雷达和 FDA-MIMO 雷达在 0°的输出功率剖面。对于传统 SISO 雷达，由于同时缺乏距离-角度维自由度，目标检测的虚警率较高，在所有假目标处仍有较高的输出功率。对于传统 MIMO 雷达，由于没有距离维自由度，仅靠角度维自由度无法抑制距离欺骗干扰信号，只能抑制角度失配的假目标 3。而 FDA-MIMO 雷达具有距离-角度维自由度，由于假目标距离维信息不匹配，因此经过距离-角度二维自适应匹配滤波后，所有假目标均能被有效地抑制，从而解决了主瓣转发欺骗干扰抑制这一问题。

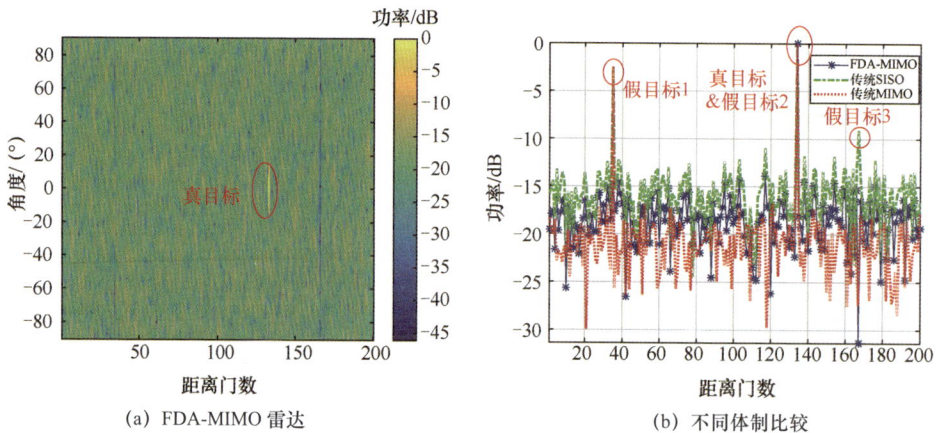

(a) FDA-MIMO 雷达    (b) 不同体制比较

图 7.9　距离-角度二维自适应匹配滤波输出

## 7.4.2　训练样本挑选自适应波束形成方法

自适应波束形成方法是一种基于数据的信号处理方法，因此天线的接收数据是影响自适应波束形成器性能的重要因素。在实际处理中，接收数据对自适应波束形成器的影响主要源于：（1）接收数据中的干扰样本不满足独立同分布特性；（2）基于接收数据估计干扰协方差矩阵时目标信号混入训练样本，造成训练样本污染；（3）期望的导向矢量约束与真目标的导向矢量约束存在偏差。导向矢量约束存在偏差的问题可以借助稳健算法来解决。估计干扰协方差矩阵时目标信号混入训练样本的问题可以根据先验知识进行目标去除。由于欺骗式假目标在距离维的分布通常是伪随机的，单个脉冲距离阵元内的信号可能是目标、干扰或者噪声，欺骗干扰样本不满足独立同分布特性，直接进行自适应波束形成无法有效地进行干扰抑制，此时的干扰协方差矩阵的估计和一般杂波干扰或压制干扰有所不同。针对干扰样本不满足独立同分布特性的情况，提出了一种样本挑选的方法。该样本挑选方法的主要思想是：基于主瓣方向子空间投影技术，采用功率检测方法对补偿后的回波数据 $x_{comp}$ 进行样本挑选，挑选出含有欺骗干扰的训练样本，并据此估计干扰协方差矩阵 $\hat{R}_L$。

通过样本挑选方法估计出协方差矩阵以后，可以通过自适应波束形成方法进行欺骗干扰抑制。

下面通过仿真数据进行实验分析，验证所提方法的有效性。为不失一般性，假定雷达主瓣方向存在一个干扰机（也是感兴趣的目标），干扰机截获雷达信号并进行转发，转发的假目标位于下一个接收脉冲内。在旁瓣某方向存在一个压制干扰机。响应雷达系统仿真参数如表 7.2 所示。

表7.2　响应雷达系统仿真参数

| 参数 | 参数值 | 参数 | 参数值 |
|---|---|---|---|
| 工作频率 | 1GHz | 脉冲重频 | 10kHz |
| 频率步进量 | 10.5kHz | 脉冲数 | 100 |
| 发射阵元数 | 10 | 接收阵元数 | 10 |
| 发射阵元间距 | 0.15m | 接收阵元间距 | 0.15m |
| SNR | 5dB | 目标角度 | 0° |
| 目标距离 | 10km | 目标速度 | 100m/s |
| 假目标数 | 4 | 假目标干噪比 | 10dB |
| 假目标速度调制 | 无 | 假目标时延调制 | [50,80,110,130]μs |
| 压制干噪比 | 30dB | 压制干扰方向 | 30° |

图 7.10 给出了距离依赖性补偿前后的回波信号在发射-接收二维域的功率谱仿真对比结果。由仿真对比结果可见，FDA-MIMO 体制下的回波信号在发射域中包含信号的距离维信息，即使是同一方向的不同距离的目标信号，在发射域的分布也不同。

距离依赖性补偿反映了信号随距离变化的信息，剩余的信息反映了回波信号延迟的脉冲数，此时信号在发射-接收二维域具有聚焦特性。换句话说，补偿前信号在发射域的功率谱是散焦的（扩散的）[见图 7.10（a）]，补偿后变为聚焦的，见图 7.10（b）。值得注意的是，补偿过程按照距离门进行，对应的补偿距离是离散的，而实际回波信号对应的距离是连续的，因此，补偿过程中存在补偿残余，会造成微弱散焦。此外，目标本身运动导致的距离变化，可能使得补偿后的目标分布位置发生轻微的变化。

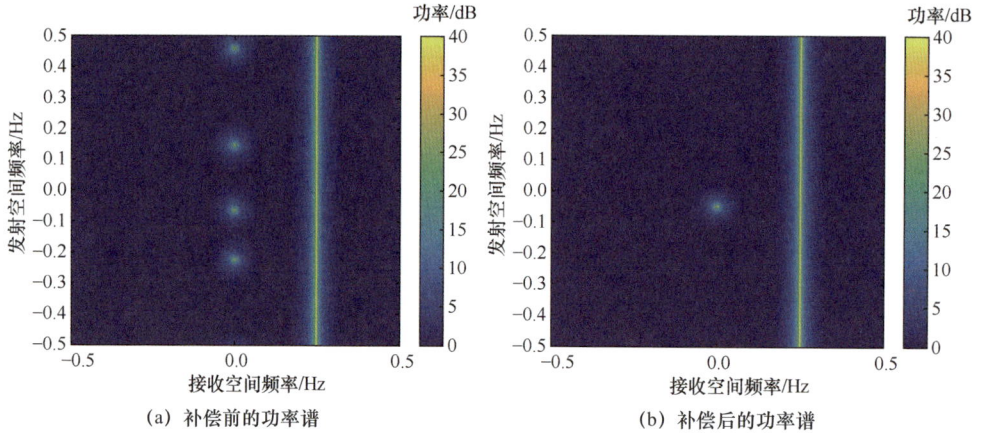

图 7.10 补偿前后的回波信号在发射-接收二维域的功率谱特性

假目标在距离维的分布是不可预测的。在利用所有距离门的样本数据进行协方差矩阵估计时，由于样本不满足独立同分布特性，因此估计的协方差矩阵存在较大误差，特别是当假目标样本在训练样本中所占的比重很小时，在估计协方差矩阵时对于假目标部分存在功率欠估计的问题，将会造成假目标抑制性能的损失。图 7.11 给出了接收主瓣方向补偿前后对应的发射域功率谱仿真对比结果。如图 7.11 所示，采用挑选的训练样本进行估计，可以逼近真实的假目标功率谱；而采用未经挑选的训练样本进行估计，假目标功率欠估计明显。实际中，假目标功率与目标功率相当，而目标信号在远距离时的 SNR 较低，若不进行样本挑选，则假目标的抑制性能将受到严重影响。

图 7.12 给出了发射-接收二维波束形成器响应特性。如图 7.12 所示，普通波束形成器是在高斯白噪声背景下的最优滤波器，它不具有抗干扰的能力。理想波束形成器是基于干扰协方差矩阵精确已知的条件得到的，因此，理论上具有最优的输出信干噪比性能。自适应波束形成器是基于未经挑选的训练样本估计的协方差矩阵得到的，由于假目标存在功率欠估计的问题，自适应的假目标抑制凹口会受到影响。图 7.12（d）～图 7.12（f）均为基于挑选后的训练样本设计的波束形成器。其中，MVDR 方法直接利用挑选的训练样本估计协方差矩阵，当假目标数

较少时，得到的训练样本数较少，此时协方差矩阵估计的性能会降低，这里将慢时间的数据也用于训练协方差矩阵，因此基于 MVDR 方法的性能损失不明显。对角加载方法是一种稳健的波束形成方法，通常的对角加载量为噪声功率估计的 5 倍。最差性能优化的稳健波束形成方法具有对目标导向矢量的任意误差（角度估计误差、随机幅度相位误差）稳健的特点，同时对协方差矩阵估计误差具有较好的稳健性。图 7.13 给出了信号处理输出的仿真对比结果。如图 7.13 所示，基于挑选后的训练样本设计的波束形成器均能够有效地抑制假目标，而基于未经挑选的训练样本估计的协方差矩阵，相应的波束形成器输出中的假目标的虚警概率较高。

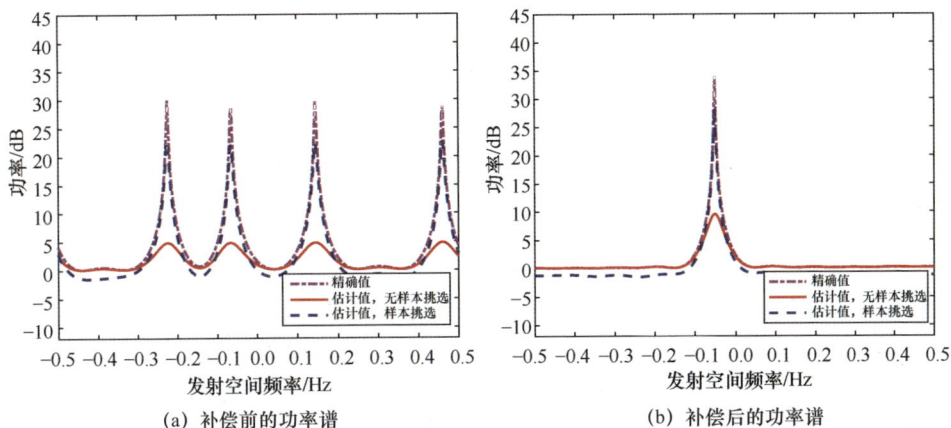

(a) 补偿前的功率谱　　　　　　　　　　(b) 补偿后的功率谱

图 7.11　接收主瓣方向补偿前后对应的发射域功率谱仿真对比结果

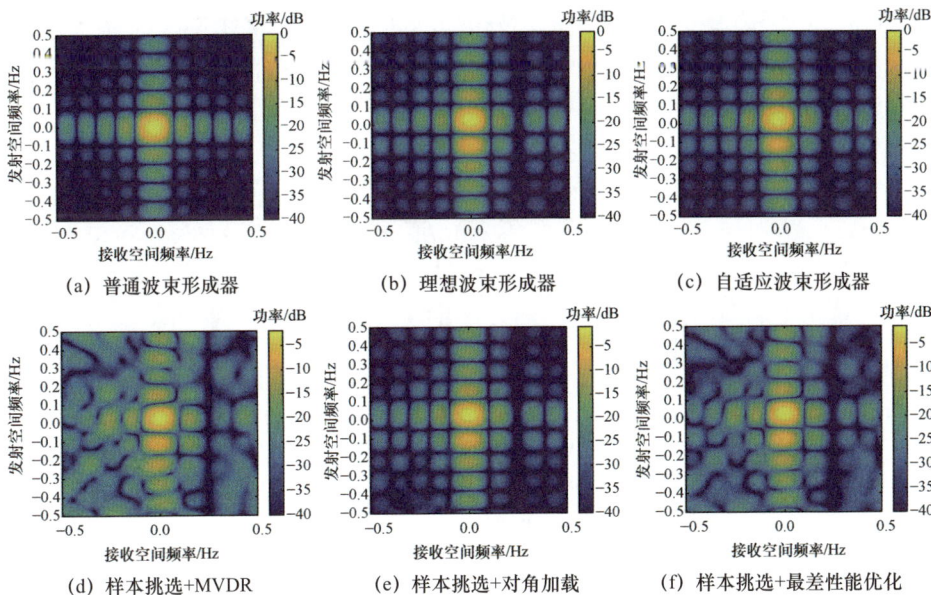

(a) 普通波束形成器　　　　　(b) 理想波束形成器　　　　　(c) 自适应波束形成器

(d) 样本挑选+MVDR　　　　(e) 样本挑选+对角加载　　　　(f) 样本挑选+最差性能优化

图 7.12　发射-接收二维波束形成器响应特性

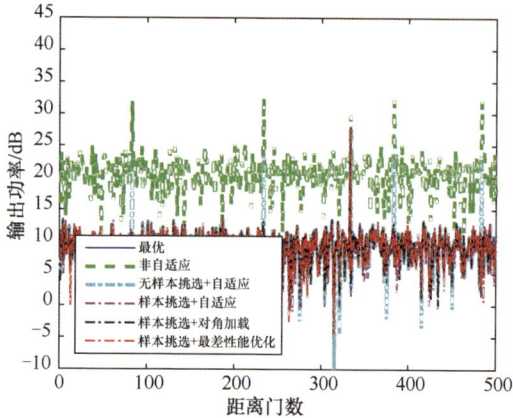

图 7.13　信号处理输出的仿真对比结果

图 7.14 给出了输出信干噪比损失随频率步进量的变化。由图 7.14 可见，非自适应的波束形成器在存在干扰时性能损失严重：一方面，假目标造成严重的虚警；另一方面，压制干扰造成输出的噪声电平太高，目标检测概率大大降低。基于未经挑选的训练样本的协方差矩阵估计得到的波束形成器性能呈现波动现象，相比基于训练样本挑选的方法的性能损失达 5dB，实际中，该性能损失与假目标的功率、假目标样本占总样本量的比例等诸多因素有关。需要说明的是，在没有误差的情况下，选择合适的频率步进量可以提高抗干扰性能。基于训练样本挑选的协方差矩阵估计方法能够得到逼近真实的协方差矩阵，因此其性能损失较小。考虑到实际中存在诸多误差因素，采用稳健的波束形成技术，在保证性能损失不大的情况下（相对最优值损失在 3dB 之内），可应对主瓣指向估计误差、阵列幅相误差等非理想因素存在的情况。

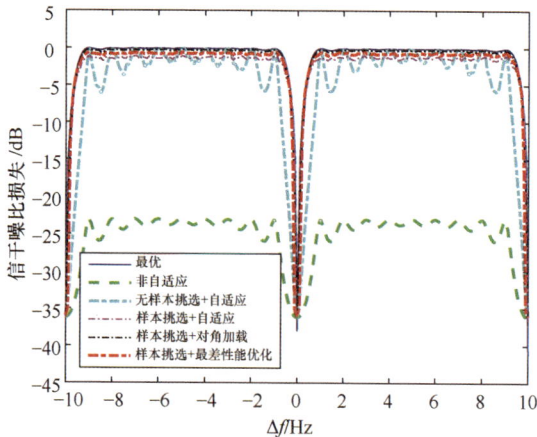

图 7.14　输出信干噪比损失随频率步进量的变化

## 7.5　本章小结

　　本章介绍了 FDA-MIMO 雷达抗主瓣转发欺骗干扰技术。本章构建了 FDA-MIMO 雷达信号模型，讨论目标信号、压制干扰信号特征和发射-接收二维域分布特征；介绍了 FDA-MIMO 雷达抗干扰的基本原理，即利用 FDA-MIMO 雷达发射脉冲辨识能力或慢时间距离维自由度，实现对跨周期转发的假目标干扰进行区分的目的，给出了 FDA-MIMO 雷达抗主瓣转发欺骗干扰的约束条件，讨论了实际应用可行性。本章还介绍了 FDA-MIMO 雷达抗干扰方法，介绍了稳健波束形成器设计方法。

# 参考文献

[1]　GENG Z, DENG H, HIMED B. Adaptive radar beamforming for interference mitigation in radar-wireless spectrum sharing[J]. IEEE Signal Processing Letters, 2015, 22(4): 484-488.

[2]　ZHOU C, LIU Q H, CHEN X L. Parameter estimation and suppression for DRFM-based interrupted sampling repeater jammer[J]. IET Radar, Sonar & Navigation, 2018, 12(1): 56-63.

[3]　XIANG Z, CHEN B X, YANG M L. Transmitter/receiver polarisation optimisation based on oblique projection filtering for mainlobe interference suppression in polarimetric multiple-input–multiple-output radar[J]. IET Radar, Sonar & Navigation, 2018, 12(1): 137-144.

[4]　YUAN Y, CUI G L, GE M M, et al. Active repeater jamming suppression via multistatic radar elliptic-hyperbolic location[C]//2017 IEEE Radar Conference (RadarConf). Seattle, WA, USA. IEEE, 2017: 692-697.

[5]　XIONG W, WANG X H, ZHANG G. Cognitive waveform design for anti-velocity deception jamming with adaptive initial phases[C]//2016 IEEE Radar Conference (RadarConf). Philadelphia, PA, USA. IEEE, 2016: 1-5.

[6]　许京伟, 朱圣棋, 廖桂生, 等. 频率分集阵雷达技术探讨[J]. 雷达学报, 2018, 7(2): 167-182.

[7]　许京伟, 廖桂生, 张玉洪, 等. 波形分集阵雷达抗欺骗干扰技术[J]. 电子学报, 2019, 47(3): 545-551.

# 中国电子学会简介

中国电子学会于 1962 年在北京成立，是 5A 级全国学术类社会团体。学会拥有个人会员 17.8 万人、团体会员 1900 多个，设立专业分会 48 个、专家委员会（推进委员会）9 个、工作委员会 9 个，主办期刊 10 余种。国内 31 个省、自治区、直辖市和计划单列市有地方电子学会。学会总部是工业和信息化部直属事业单位，在职人员近 200 人。

中国电子学会的 48 个专业分会覆盖了半导体、计算机、通信、雷达、导航、微波、广播电视、电子测量、信号处理、电磁兼容、电子元件、电子材料等电子信息科学技术的所有领域。

中国电子学会的主要工作是开展国内外学术、技术交流；开展继续教育和技术培训；普及电子信息科学技术知识，推广电子信息技术应用；编辑出版电子信息科技书刊；开展决策、技术咨询，举办科技展览；组织研究、制定、应用和推广电子信息技术标准；接受委托评审电子信息专业人才、技术人员技术资格，鉴定和评估电子信息科技成果；发现、培养和举荐人才，奖励优秀电子信息科技工作者。

中国电子学会是国际信息处理联合会（IFIP）、国际无线电科学联盟（URSI）、国际污染控制学会联盟（ICCCS）的成员单位，发起成立了亚洲智能机器人联盟、中德智能制造联盟。世界工程组织联合会（WFEO）创新专委会秘书处、中国科协联合国咨商信息与通信技术专业委员会秘书处、世界机器人大会秘书处均设在中国电子学会。中国电子学会与电气电子工程师学会（IEEE）、英国工程技术学会（IET）、日本应用物理学会（JSAP）等建立了会籍关系。

关注中国电子学会微信公众号                    加入中国电子学会

# 从0到1

**梦开始的地方, 本书带你速通UE5新手村**
**搭建心中的赛博世界**

# Unreal Engine 5
# 游戏开发入门
# 全图解

马殷雷 著

人民邮电出版社

北 京

图书在版编目（CIP）数据

Unreal Engine 5 游戏开发入门全图解 / 马殷雷著 .
北京 : 人民邮电出版社，2025. -- ISBN 978-7-115
-66867-7

Ⅰ . TP391.98-64

中国国家版本馆 CIP 数据核字第 2025F7S153 号

## 内 容 提 要

本书通过 3D 游戏案例，讲解使用 Unreal Engine 5 进行游戏开发的技术要点。从搭建 3D 游戏世界、用 Blueprint 编写游戏程序、用 User Interface Widget 搭建玩家控制界面，到给游戏添加一个会动的主角、添加粒子特效、设置一个竞技对手，以及游戏制作完成后打包成独立游戏等，引导读者体验游戏开发实际全流程。本书适合游戏开发者，游戏设计相关专业的教师、学生，游戏相关培训机构人员，以及所有对 3D 游戏制作感兴趣的人士阅读。

◆ 著　　　　马殷雷
　　责任编辑　赵　轩
　　责任印制　胡　南

◆ 人民邮电出版社出版发行　　北京市丰台区成寿寺路11号
　　邮编　100164　电子邮件　315@ptpress.com.cn
　　网址　https://www.ptpress.com.cn
　　涿州市殷润文化传播有限公司印刷

◆ 开本：720×960　1/16
　　印张：12.25　　　　　　　2025 年 6 月第 1 版
　　字数：216 千字　　　　　 2025 年 11 月河北第 3 次印刷

定价：79.80 元
读者服务热线：(010)81055730　印装质量热线：(010)81055316
反盗版热线：(010)81055315